国家自然科学基金青年项目（71101069）研究成果

Decision Mechanism and Organization Management of Large Scale Construction

大型工程建设
重大决策机制和组织管理

李 迁　高星林　王 茜　著

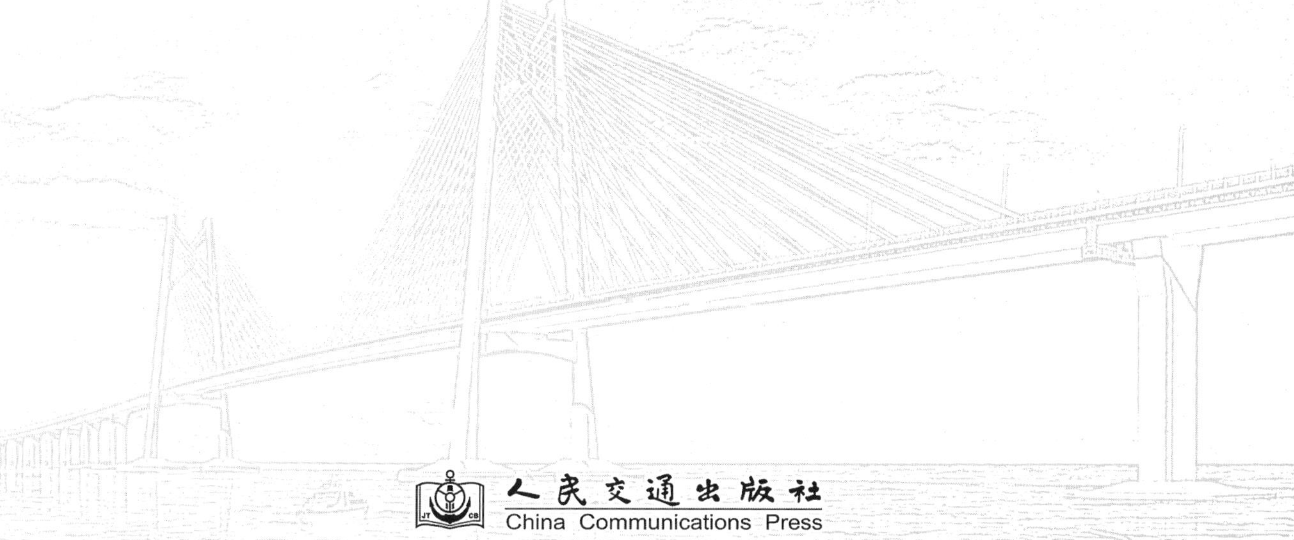

人民交通出版社
China Communications Press

内 容 提 要

本书首先分析了大型工程的建设活动、复杂性表现及管理所面临的挑战，在此基础上分析了综合集成方法论和综合集成管理对提高重大决策科学性和组织管理有效性的适用性和合理性；其次，分析了大型工程决策的任务和复杂性特征，重点研究了大型工程决策中群体协同管理和决策过程管理，指出政府在前期决策中主导地位和决策过程的柔性管理对于有效开展大型工程决策的重要意义；再次，分析了大型工程组织的基本内涵和组织管理的难点，在综合集成方法下设计了大型工程建设管理的组织平台及相应的组织结构，提出了组织管理和自组织管理相结合的柔性控制机制，特别强调“混序”及“柔性”是工程组织的重要品质，组织的宏观控制能力和微观创造能力是组织的重要能力；最后，以港珠澳大桥的前期决策和苏通大桥的组织设计和管理为例，阐述了上述管理理念、方法等对于大型工程建设管理的有效性和可行性。

本书可作为工程管理、系统科学、管理科学与工程等学科教师、研究生的参考用书，也可供工程领域中的实践人员参考。

图书在版编目（CIP）数据

大型工程建设重大决策机制和组织管理／李迁，高星林，王茜著. —北京：人民交通出版社，2013.8

ISBN 978-7-114-10860-0

Ⅰ.①大… Ⅱ.①李…②高…③王… Ⅲ.①大型建设项目－项目决策－研究②大型建设项目－工程项目管理－研究 Ⅳ.①F28

中国版本图书馆 CIP 数据核字（2013）第 205534 号

书　　名：大型工程建设重大决策机制和组织管理
著 作 者：李　迁　高星林　王　茜
责任编辑：袁　方　王绍科
出版发行：人民交通出版社
地　　址：（100011）北京市朝阳区安定门外外馆斜街 3 号
网　　址：http://www.ccpress.com.cn
销售电话：（010）59757973
总 经 销：人民交通出版社发行部
经　　销：各地新华书店
印　　刷：北京市密东印刷有限公司
开　　本：787×1092　1/16
印　　张：12.75
字　　数：247 千
版　　次：2013 年 8 月　第 1 版
印　　次：2013 年 8 月　第 1 次印刷
书　　号：ISBN 978-7-114-10860-0
定　　价：43.00 元

序 言

XU YAN

改革开放三十年来,我国工程建设在投资规模、建设能力、技术创新及产业发展等方面都得到了不断的突破并取得了巨大的成就,如我国交通基础设施工程先后在长江、黄河、珠江、闽江、黄浦江等大江、大河以及近海建成,江阴大桥、苏通大桥、杭州湾大桥、港珠澳大桥等大型桥梁工程有力地促进了我国社会、经济的快速发展,并积累了丰富的工程建设技术与组织管理经验,也为进一步开展大型工程建设管理的理论研究奠定了基础。

回顾我国工程建设发展历程,在总结成功经验的同时也需要认真总结教训。如因大型工程决策缺乏科学性而导致决策失误现象时有发生,大型工程组织设计与任务、环境和制度之间的不匹配导致组织效能不理想及组织内部主体冲突明显等,这些问题严重影响了我国大型工程建设的综合效益和工程管理水平的提高。因此,能否在科学理论指导下,切实、有效改善和解决上述问题事关全局、意义重大。

本书作者选取了大型工程建设的决策管理和组织管理两项最重要的职能开展研究具有十分重要的理论意义和现实价值。大型工程决策是对工程立项、规划及可行性研究等关于工程全生命周期内的工程功能、效益等重要问题做出的战略性、全局性的社会选择,一旦决策失误或决策方案失效不仅对大型工程自身建设目标,而且对与工程密切相关的社会、经济、自然环境将造成巨大危害。而工程组织则承担着工程决策、协调、现场控制等职能,是决定工程建设系统管理能力的重要载体,也是工程管理理论中最本质和最核心的内容。

近年来,随着我国工程建设规模越来越大、工程建设环境越来越复杂,工程决策和组织都面临着一系列挑战,如决策即时规定性与长远性的矛盾、决策主体认知偏差和认识能力不足、组织面临的多样化任务、工程全寿命周期内组织的柔性、多元自主主体的利益冲突、组织中主体行为异化等。认识和驾驭这类复杂性给工程管理带来的挑战不仅需要具体管理技术和方法上突破，更需要有效的管理方法论和方法的指导。

为此，本书作者从系统科学，特别是复杂性科学来认识大型工程决策管理和组织管理的复杂性，将综合集成作为管理决策和组织复杂性的方法论。虽然工程建设及其管理在物理上有多种复杂性的表现，但从系统科学来看这些复杂性总是存在着一定规律。综合集成方法论及其管理理论不同于一般的系统工程，它强调对决策和管理目标的凝练和综合，资源的整合和重组，过程的迭代和逼近。具体表现在决策机制上的多元决策目标认识和凝练、政府和市场主体的协同平台构建、定性定量方法综合及共识形成过程的逼近等；在组织管理上主要表现为组织管理的非均衡有序及多级递阶控制、序主体的资源整合、多主体协同的组织平台建设、自组织与组织相结合的协调机制设计等。通过上述关键技术的研究，来进一步保证大型工程决策的科学性及组织管理有序性。

另外，本书作者在大型工程决策机制和组织管理中突出强调“柔性”思想，这对于工程建设过程的不确定性和动态性的管理是十分重要的。在决策中，“柔性”可以理解为一种决策的适应性思维和能力，决策主体需对决策环境、决策目标、决策能力进行动态匹配；在组织中，柔性表现为组织系统的“生存”特性，组织要素、结构和协调机制在工程项目全寿命周期内进行适应性调整和优化。因此，柔性对于工程决策和工程组织都是一种品质和能力。

本书作者是一位高校青年教师，自 2003 年以来一直从事大型工程建设管理的研究，参与了苏通大桥、无锡地铁、港珠澳大桥、灌河大桥等多项工程实践，在实践中学习工程、理解工程、研究工程，逐渐实现了工程管理理论研究与工程实践“两张皮”的结合。这本书就是他近年来研究的理解和体会，也包括了一些研究的理论成果。青年教师在这种实践中从事研究工作的做法值得提倡，同时也希望本著作的出版能进一步促进我国工程管理理论的研究及其在工程实践中的应用。

盛昭瀚

2013 年 7 月，于南京大学

前言

QIANYAN

大型工程是一个开放的复杂系统，大型工程建设管理是一个复杂系统工程，其实质是运用复杂性科学来认识、分析、管理和控制工程建设，提升其系统管理能力，保证工程建设质量。大型工程的决策质量和建设管理组织有效性是决定大型工程建设质量和工程质量的关键职能活动，尤其是大型工程的前期决策更是对工程建设全过程的整体性布局，因此本书的重大决策主要是指工程的前期决策。

随着工程在社会经济发展中地位不断提高以及工程规模的日益扩大，大型工程决策问题日益复杂，影响因素越来越多，决策内容涉及社会、政治、经济、技术、文化、环境、资源等方面，必须进行全面系统的论证与综合考量，同时由于工程覆盖领域广、影响深远，其决策也需要政府主体、各领域专家群体、科研单位、咨询单位以及社会公众等多方利益主体共同参与决策。另外，随着大型工程投资领域市场化进程的不断推进，工程决策也面临着外部环境动态多变等不确定性因素的影响。可以说，在新形势下大型工程前期决策正面临着前所未有的挑战，而要应对这些挑战则必须正视大型工程前期决策的复杂性特征，并运用科学的理念和方法进行组织与管理。

同时，我国大型工程建设面临着社会经济环境的多元、市场机制的不完善、行业建设主体能力不足、多利益干系人的冲突等特点，要求工程组织管理重点是要实现如下转化：目标从分散到集中、主体从非理性行为到理性行为、资源从不足到资源充足、信息从不充分到充分、环境从适应弱到强的转化。因此，大型工程组织须具备较强的宏观控制能力和微观的创造能力，但传统的职能型或项目型的组织结构和协调机制难以适应上述要求，因此有必要去构建具备柔性能力的组织体系。

我国系统学家钱学森教授提出了认识和驾驭复杂性的综合集成方法论，在此基础上，盛昭瀚教授在工程实践的基础上提出了综合集成管理的基本理论和框架体系，这为应对大型工程决策复杂性和组织管理复杂性提供了方法论和方法层面的指导。

大型工程决策管理面临诸多复杂性问题，综合集成方法论是解决上述问题的科学的方法论。在该方法论指导下，根据我国大型工程决策特点与需求，探索并建立基于综合集成方法论的决策管理理论框架，重点从决策问题认识、决策主体、决策过程三个角度出发，对大型工程决策的复杂性、群体协同决策模式、决策过程的柔性管理等科学问题进行研究，并进一步提出了决策柔性管理的内涵及应用方式。

本书进一步在综合集成方法论基础上，系统分析了工程组织的内涵，构建了由组织战略、组织平台、组织结构、柔性控制机制组成的一套完整的组织体系来实施组织管理。在相当大的程度上，基于综合集成方法论的工程组织从理念、组成、模式、机制、功能及实践等方面都与传统的工程组织有很大的差距，集中表现为其组成更多元、结构更复杂、机制更灵活、功能更强大。

将大型工程的决策机制、组织管理研究成果与工程实践有机结合起来，分别分析了港珠澳大桥工程前期决策的复杂性及其决策管理，苏通大桥建设管理的组织模式和协调机制。实践证明了研究成果对工程实践指导的有效性。

本书的完成得益于盛昭瀚教授团队的指导和支持。盛昭瀚教授团队相继承担了苏通大桥、港珠澳大桥等国家科技支撑计划项目及国家自然科学基金等项目研究，团队成员间的互助、追求科学的精神给了我极大的帮助。另外，特别感谢刘亚敏、丁翔、时茜茜、左名浩对本书的校对做了很多工作，同时，特别感谢苏通大桥的游庆仲、何平、丁峰、姚蓓、俞春生等，港珠澳大桥的朱永灵、余烈、苏权科、张劲文、江晓霞、刘刚等，泰州大桥的钟建驰、夏国星、李洪涛、林海峰、顾碧峰、庞道宁等，灌河大桥的周建林、刘世同、薛岭、刘发等给予的工程实践方面的支持。

本书的出版得到了国家自然科学基金青年项目——重大工程战略资源的整合模式、管理机制及实现平台研究(71101069)的资助。

作者
2013 年 7 月

目 录

MULU

第1章　概　　论

大型工程项目是指对国民经济、社会生产和人民生活具有重大意义，对环境、生态系统的可持续发展能够产生深远影响，对工程科技的进一步提高能够起到显著推动作用的一类大型公共项目的总称。

本章阐述了大型工程建设活动及基本特征，重点分析了环境开放性、多元自主主体、混沌有序、初始敏感性等建设管理的系统复杂性，并进一步地凝练大型工程建设管理所面临的共性管理难题和所带来的管理挑战。

1.1　大型工程及工程活动

1.1.1　大型工程界定

工程是现代文明、社会经济运行和社会发展的重要内容和组成部分，有广义与狭义之分。广义工程包含一切人类活动，狭义工程与生产实践密切相关，是人类为了实现既定目标，运用自然科学原理和现代技术手段，通过对各种资源的有序整合以造物为核心的活动，工程过程一旦结束，则形成物化之产物，即工程实体，本书中的工程属于狭义工程的范畴。

大型工程是从规模角度对工程的进一步分类，工程规模一般从项目的投资额、参与人数、工程复杂性、引起社会的关注度等角度来定义。近年来，随着我国国民经济的持续稳定发展，在社会主义建设过程中出现了越来越多的大型工程项目，如三峡工程、西气东输工程、南水北调工程、青藏铁路、苏通大桥、港珠澳大桥工程等。对于大型工程，难以给出明确的界定，普遍意义下的大型工程一般具有如下特点：

(1)投资额度大。大型工程一般是国家为解决所面临的重大经济、社会、安全问题，在国力允许的范围内组织实施的工程，这些工程具有投资额度大、资源消耗大的特点，其投资额度均超过亿元，有些甚至高达数百亿、上千亿。例如：三峡工程投资总概算为2039亿元人民币，南水北调工程预计总投资超过5000亿元人民币，西气东输工程总投资高达1200多亿元人民币，港珠澳大桥工程投资700多亿元人民币，小浪底工程共投资347亿元人民币。

(2)论证与建设周期长。例如：三峡工程前期论证与决策过程前后历时75年，三峡工程建设也历经17年时间；黄河小浪底工程从列入国家规划到竣工完成经历了46年的时间，其主体工程建设持续了8年多的时间。可见这类工程一般都需要经历较长的前期论证过程与建设过程。

(3)技术复杂。相比较中小型项目,大型工程不仅技术复杂,还面临许多世界级技术难题。例如:小浪底工程要顺利建设必须解决国际水利工程中的施工技术难题,苏通大桥需要攻克四项世界级技术难题等。也正因为如此,大型工程成为国家实施科技创新,提升技术能力的重要载体,其建设水平也往往成为国家综合实力的象征。

(4)参与方众多。大型工程规模宏大、技术复杂,涉及多领域、多方面内容,需要多领域团队合作建设。规模越大的工程项目,其参与方越多,参与人员数量越大。例如:小浪底工程包含三个大型国际联营体承担三个大型土建标,参加该工程建设人员来自全球50多个国家。苏通大桥工程建设一桥连七方,包括设计、施工、海事、建设、咨询等主体,不同主体都包含大量的参与团队。

(5)风险大。工程投资规模越大、建设周期越长,不可预见的因素就越多,使得项目风险难以估量。特别是在工程技术创新过程中存在大量不确定因素,进一步增加了项目建设的风险,项目的一次性和不可逆转性,也决定了工程一旦被迫中断将会给社会带来巨大损失。

(6)对社会生态环境影响大。大型工程建设在促进社会经济发展的同时,也可能会对社会生态环境产生一定影响,引发许多社会问题,因此大型工程在建设过程中还需要妥善解决其所引发的环境问题以及社会问题等。例如,三峡工程中的移民问题,工程建设中的生态破坏问题、工程施工中的噪声及污染问题等。

综合上述特点,本书所指的大型工程可界定为一类投资额度大、经历周期长、技术复杂、参与方众多、风险大,对环境、生态系统的可持续发展能够产生深远影响,对工程科技的进一步提高能够起到显著推动作用的一类项目的总称[1]。

当然,由于不同的研究角度,目前在学术领域中对于工程项目还有着许多基于其他角度划分方式,例如:有些学者从投资主体的角度将工程划分为政府投资项目和私人投资项目,有些学者根据项目的公共属性将其划分为公共项目、准公共项目和私人项目,有些学者根据工程建设的复杂程度将其划分为复杂工程、常规工程,还有一些学者根据工程对国家发展的影响及意义角度,将工程划分为国家战略工程、国家重大工程或一般工程等。基于上述不同视角,可以对本书所研究的大型工程作进一步界定,即大型工程除了具有前述六项特点外,主要是指对国家发展具有重大战略意义和价值的,由政府管辖的公益性项目,也正因为其意义重大、规模大,这些工程项目的组织建设过程将涉及大量的人力、物力和财力,其高度的开放性及系统集成性,使其成为复杂程度较高的一类复杂工程项目。

1.1.2 大型工程的基本特征

工程及工程活动既不是单纯的技术活动,也不是单纯的经济活动,而有其自身的性质、特征及活动规律,因此要建设和管理大型工程,首先必须从本质上认识工程及工程活动的基本特征。

"工程"一词古已有之,我国古代所指"工程"主要为土木建筑,强调施工过程,有时也指其结果;西方早先的"工程"主要是指战争设施,后来也包括民用设施、道路、桥梁、城市排水系统等建造活动。虽然随着现代社会的进步和经济的发展,工程一词被赋予了更广泛的含义,例如有学者将工程理解为"一种解决特定实际问题的活动过程",有学者将"把服务于特定目的的各项工作的总体"称之为工程,从而出现了诸如生物工程、环境工程、信息工程等新的工程领域,但是对于大型工程这一特定概念而言,工程即为具体的基本建设项目,是指运用庞大而复杂的装备技术、原材料进行建设、生产工作[2]。从更本质的意义上来看,这里的工程可理解为人类为了实现某一特定的目的,依据一定的科学技术原理与自然规律,通过有序地整合资源,以造物(或改变事物性状)为核心的活动[3]。

工程项目无论规模和意义影响是否重大,研究其基本特征都具有普遍意义,因此这里对大型工程基本特征的分析,目的并不在于区别大型工程与一般工程,而在于从本质上把握工程及工程活动的性质与特征,以深刻揭示工程的内涵,从而使工程管理符合工程及工程活动自身的规律。从大型工程本身及工程活动的基本构成和基本过程来看,大型工程及工程活动的基本特征可概括如下:

1.1.2.1 大型工程具有构建性和实践性

任何大型工程项目最本质的特点在于构建或创造了一个新的存在物,也就是说工程实体本身不是客观存在的自然系统,而是从无到有构建起来的人造系统,并且这一构建过程必须通过人类的实践活动才得以实现。例如三峡工程、苏通大桥工程、港珠澳大桥工程等原本并不存在,是工程建设者们通过一系列的规划、设计、建造等活动将其构建起来的具有物质性结构和特定功能的客观实体。

从大型工程构建的过程来看,其构建性并不仅仅体现在建设阶段利用各种资源(原材料、资金、技术、设备)进行建设或建造的实践活动中,更体现在工程建设前期人们对工程的概念设计与规划过程中,例如对工程定位、工程结构和功能的设计、工程整体规划等。也就是说,大型工程建设具有明确的目的性,是人们围绕特定目标展开的以造物为核心的活动。正因为如此,大型工程构建活动常常被划分为两个大的阶段:第一阶段是工程概念设计阶段,主要是主体运用各种知识对工程进行定位和系统规划,以明确工程建设的目标、工程与外部环境的关系,设计工程结构、功能,并对工程建设过程的各项活动进行整体规划与设计,以保证工程的整体性与建设阶段活动的有效开展;第二阶段是工程的建造阶段,主要是运用技术手段和各种资源将工程的概念模型转化为物质实体,保证其功能和价值的实现。由此可见,大型工程的构建性在不同阶段的表现是不同的,其中,第一阶段更加强调主体的主观性与能动性,其构建性体现在思维层面,第二阶段更加强调技术和资源,其构建性体现在行动层面。

大型工程的实践性与构建性紧密相关,一方面大型工程的构建过程包含着大量实践活动;另一方面大型工程的构建过程本身也是科学、技术和知识转化为实际生产力的实践过程。由于工程及工程活动的实践性特征,客观上要求工程建设者在构建过程中必须充分考虑外部自然条件对工程活动的约束,考虑资源对工程建设的约束,考虑技术水平和条件对工程构建产生的影响等。

1.1.2.2　大型工程具有集成性和创造性

大型工程要实现从无到有的转变需要各种各样的资源,因此集成数量庞大、种类繁多的资源就成为工程构建过程中的一项基本活动。大型工程构建所需资源按照其属性可划分为硬性资源和软性资源。硬性资源主要包括材料、土地、设备、资金等,它们或是工程物质实体的重要组成部分或构建过程的必备物资;软性资源则主要包括科学、技术、知识、经验、智慧以及在此基础上产生的管理制度、管理机制等,它们是工程建设有序性和有效性的重要保证。由于工程涉及多种学科、技术、因素和环节,因此工程建设往往需要依赖多个领域专家和技术人员、多个学科的知识和技术交叉与融合,从而使得工程呈现出规模越大、复杂程度越高,集成特征越显著的特点。

大型工程的集成性与创造性是相辅相成的,集成的目的即为实现创造。工程是以造物为核心的活动,因此一项工程建设完成本身都标志着一个新的创造物的产生。众所周知,由于工程所处自然环境及约束条件的不同,加之工程定位与功能的多样性,每个工程都具有独特性,也正是因为工程的独特属性使得每个工程在构建过程中都会面临着许多未知的新问题,没有经验可以借鉴,需要建设者运用已有的科学、知识和经验不断摸索、试验,并通过技术手段加以实现,而这一过程正是创造的过程。由此可见,工程的创造性是由其独特属性客观决定的,并且是在每项工程构建过程中必然存在的。当然不同类型和性质的工程其创造性程度会有所不同,但是通常对于国家战略具有重大意义的大型工程项目都需要在工程实践中攻克许多技术难题、管理挑战,实现工程技术上的创新与跨越。同时也正是由于工程为技术创新与管理创新提供了实践平台,工程也被看作是科技成果转化及技术创新的主战场,对于国家综合发展而言是一项重要的战略资源。

1.1.2.3　大型工程具有科学性和经验性

大型工程建设的各项活动必须遵循科学理论的指导,符合事物产生、发展与变化的客观规律,不能与已经验证的科学原理和定律相违背,同时在构建过程中也需要依赖工程师、工程建设者和工程管理者的知识、经验与智慧,从而使工程呈现出科学性和经验性相辅相成、相互补充的特征。

在以造物为核心的工程活动中,科学是工程建设的理论基础。大型工程及其工程活动是物质世界、系统组织和人的动态统一,因此一项成功的工程项目在构建过程中不仅要遵循物质世界的客观规律、法则(可称之为“物理”),以实现合理改造自然和适应自然的目的,还要遵循组织、系统管理的特点与规律(可称之为“事理”),保证工程各项活动

的整体性与效益性,同时也必须充分重视人的利益观、价值观及个人与群体行为给工程活动带来的影响(可称之为"人理")。实际上,随着社会的进步和科学技术的发展,工程、工程活动与科学技术融合越来越紧密,可以说,科学技术已成为工程与工程活动中不可或缺的重要基础和理论依据,如果没有科学理论与技术的支持,工程活动将无从展开,工程也无法构建。在科学技术与工程实践的融合中,一门新的科学——工程科学已经诞生,成为工程与工程活动的科学理论基础。工程科学是以"物理"为核心的自然科学、以"事理"为核心的组织科学、管理科学、系统科学以及以"人理"为核心的人文科学、行为科学、心理科学等知识在工程实践中应用所形成的新的知识体系[4]。可以说,这一新知识不仅体现了科学理论在工程实践中的应用成果,也体现了工程对于科学技术进步的深刻影响与积极推动作用。

工程与工程活动是人类的实践活动,是一种有计划、有组织、有目的的人工活动,因此具有主观能动性的"人"(工程师、工程建设者、工程管理者)对于工程与工程活动具有决定性的影响和作用。如前所述,工程建设必须遵循事物的客观规律,但是由于大型工程规模大、影响因素多,工程建设主体不可能掌握工程构建过程中所有活动涉及的全部知识,同时由于人类对于客观自然认识的局限性,许多自然规律也仍然属于人类未知的领域,仍需不断的探索和论证。因此,工程活动中不可能所有问题都具有科学理论依据,许多情况必须依赖于工程建设主体的实践经验。实际上,工程起源于人类的实践活动,工程的发展也可看作是多少年来工程建设者实践经验不断积累的结果,虽然当今科学技术的作用日益重要,但是也决不能忽视工程参与主体的实践经验对于工程建设的重要作用,因此在工程活动开展过程中,科学知识与实践经验两者是相互补充、相辅相成的。

1.1.2.4 大型工程具有系统性和复杂性

系统是由若干相互关联的要素组成的具有特定功能的有机整体[5]。大型工程是由材料、土地、资源、设备、技术、管理等要素按照特定目标和技术要求形成的具有价值功能的有机整体。基于系统的视角,大型工程可看作是一个工程系统,具有显著的系统性特征。大型工程的系统性主要体现在:首先,大型工程及工程活动具有明确的目的和功能要求,工程构建过程中的各项活动都是为了实现工程目的和功能而展开的;其次,大型工程各组成要素之间是相互关联的有机整体,任何要素的变化都会引发其他要素及系统的变化,同时一旦系统的组成要素脱离了整体也将失去其在系统中的价值和作用;再次,大型工程同外部环境联系密切,工程依赖于环境、也受制于环境,并且工程系统将通过与外界环境之间的信息、物质、能量的交换来适应外部变化,因此工程是具有开放性和动态性的系统。

随着工程规模的不断扩大以及工程自身复杂程度的不断提升,大型工程复杂性特征更加凸显。在新的形势下,大型工程的复杂性不仅是指工程规模大、影响因素多、涉及层面广、施工环境复杂、工程建设技术难度大等显性复杂性,还包括由于多元化的项目参与主体、多领域、学科技术融合与交叉、多变和不确定的项目环境以及管理主体能力局限性等所引发的更为深刻的隐性复杂性，从而使大型工程构建过程面临着许多冲突、矛盾。实际上，大型工程的复杂性并不仅仅是其自身的复杂性，还融合了工程所处外部环境的复杂性以及社会、人文的复杂性，是自然、社会、人文和工程四者复杂性的综合体。因此，大型工程不仅是一个工程系统，更是一个复杂的工程系统，而对于复杂工程系统则需要运用系统科学以及复杂性科学来更好地解决问题。

1.1.2.5　大型工程具有社会性和公众性

大型工程因为社会和公众的需求而产生其自身存在的价值和意义，并在其构建过程中呈现出社会性和公众性的基本特征。首先，大型工程的一切活动都是在自然—人—社会这样一个综合环境下展开的，每一个工程都具有独特的社会时代背景，代表着特定时期社会的经济发展、科学技术水平和社会文明等；其次，大型工程是由具有社会属性的群体参与建造而成的，其参与主体包括工程投资者、决策者、工程师、工程建设者、工程管理者等，因此工程在建设过程中必然受到这些主体主观意识、价值观念、行为方式等影响，同时这些参与主体在工程建设过程中分工协作、相互配合使得工程活动以社会组织与社会实践的形式进行，从而使工程活动呈现出社会性；再次，工程，特别是大型工程建设往往会对社会经济、生态环境、人民生产生活等方面产生深远的影响，因此工程决策必须综合考虑社会、经济、政治、自然、生态、资源、技术、地区发展等多方面因素，进而凸显了工程的社会价值特征。实际上，随着社会的进步和国家综合实力的发展，新形势下的大型工程建设往往更加注重其对国家未来发展的战略价值以及对社会产生的影响，而不再像传统工程一样只注重物质实体本身的功能价值。

大型工程项目建设并不是为了某些个人或某些团体，而是以国家、地区和社会公众的共同利益而组织实施的，因此其建设目标本身就具有公益性和公共性特征，同时由于大型工程建设会对地区甚至国家的社会经济发展和人民生产生活产生重要影响，工程建设需要社会公众的协助与配合，由工程建设所引发的社会问题、环境问题、质量与风险问题等也必然会受到社会公众的广泛关注和舆论监督，从而使工程与工程活动呈现出公众性。实际上，社会公众本身就是大型工程的核心利益主体，在工程决策及建设过程中具有表达诉求、参与决策、过程监督的权力，因此大型工程在决策及建设过程中不仅要广泛听取社会公众的需求、诉求，关注和解决社会公众提出的各种问题，还需要完善公众参与大型工程决策及监督工程实施的手段与方法，使工程建设能够符合社会公众的需求，以最大限度实现公众利益。

1.2　大型工程建设管理的系统复杂性

从系统科学，特别是复杂性科学来审视大型工程，将其作为一个大系统来看时，我们会发现大型工程是一个复杂工程系统。复杂系统广泛存在于社会、经济和工程领域。复杂系统具有以下一些特点[6]：

(1)系统是开放的，它与系统外的环境具有物质、能力和信息的交换；

(2)系统由大量的具有某种功能的主体组成，简称自主主体。自主主体可以是个体，也可以是群体，它具有自组织、自学习和自适应等功能；

(3)系统的不同微小变化，如初始状态、初始条件的微小差异都可能导致系统在一系列变化后产生重大差异；

(4)系统在没有任何外界作用情况下，通过自身的组织与协调，最终可使系统发生质变。这种质变既是复杂系统的演化过程，又是复杂系统产生整体涌现的过程。

以上特点有时也称为“系统复杂性”，显然，大型工程都是复杂系统，因此它们都表现出各种系统复杂性。

1.2.1 工程环境的开放性形成的系统复杂性

大型工程的环境包括社会经济环境和自然环境。首先，开放的社会经济环境使项目利益干系人之间利益不完全一致，甚至引发利益冲突，如工程要求有一支训练有素、素质高的施工队伍。但施工企业为了降低成本，加之丰富的劳动力资源，使得企业大量使用缺乏技能培训的人员，从而给工程质量与安全带来风险。其次，一方面市场经济规则在工程采购、承包等运作中具有重要作用，但另一方面，市场秩序、工程建设秩序又很不完善，因此，在实际管理中，经常会遇到“有章难循，甚至无章可循”的情况。其中许多实际问题不仅涉及工程、技术与管理，甚至触及到法律与社会层面，造成了多领域、多层面、多方面矛盾的交叉。最后，工程的建设具有明显的时代特性，管理模式、组织架构和相关的制度建设都与当前的社会经济环境密切相关。对于工程而言，相关联的制度与体制一动，从而工程管理的模式与制度也要跟着动，这进一步导致了工程建设管理的系统复杂性。

在自然环境方面，大型工程建设往往都存在着特定的地理环境，如桥梁、隧道等基础设施工程建设会受到地质、水文、气象、通航等方面影响，并且还会涉及生态和环保等方面。工程建设前期的勘察测量及相关数据的分析为工程方案设计提供基础，但在施工阶段，复杂的自然环境会导致原有方案的失效，需要重新进行方案研究或方案变更，而且直接的自然环境，如台风、潮汐等都会直接影响工程建设的进度安排。

综上可以看出，无论是社会经济环境还是地理环境，均因其高度的开放性而使大型工程管理的复杂性进一步提高，使协调工程多元自主主体之间冲突的难度进一步增加，甚至使工程自身物理结构及相应的管理体系更加复杂。所有这些都不仅局限于工程直观层面，而且延伸至工程系统与系统复杂性层面。

1.2.2 工程建设的多元自主主体形成的系统复杂性

大型工程涉及多个类型的参建单位，如勘察测量单位、设计单位、施工单位、咨询单位、监理单位、政府部门专家等，这些个人、组织或单位统称为自主主体。自主主体具有独立的身份，这就直接造成了主体之间存在着价值观和文化差异，对工程的形象、使命、战略等方面存在着不同的认同标准。各个主体利益诉求不同也直接产生了工程建设过程中的利益冲突，当工程需求与主体利益产生冲突时，主体往往首先会考虑到保护自身的利益，而对工程需求可能不予响应，这就导致了工程质量、进度、安全管理的困难和复杂不仅来自于自然、技术因素外，还来自于主体的不同属性。诸如政府将工程作为一项重要的战略资源来开发，不仅考虑其产生直接的经济效益，而且还要依此为载体来带动技术创新和行业能力的提升。

由上可见，大型工程建设中的多元自主主体在服务于工程建设目标的同时，存在着多元交互，一方面形成系统能力的涌现，但另一方面也会产生利益和运作冲突的涌现，影响工程建设的顺利开展。

1.2.3 混沌有序并存形成的系统复杂性

复杂性科学认为，复杂性介于有序与无序、秩序和混沌（乱）之间[6]。一般而言，“有序”在直觉上是已知的、确定的、明确的、有规律的和有把握的，而“混沌”一般是未知的、不确定的、规律不清的和尚未有把握的。而这种直觉是随着人们对事物认识的不断深刻和对未知规律的逐步掌握而变化的。在一个阶段、一个层次上看是“混沌”的，在另一个阶段和层次上看是“有序”的；在一个阶段、一个层次上看是“复杂”的，在另一个阶段和层次上看是“简单”的。具有复杂性的系统能将这种有序与混沌并存于系统并使其稳定下来，正是这种状况，才使复杂系统既具有稳定性，又有自我创新与发展的能力。

工程及工程管理都追求安全性和可靠性。因此，建设单位或施工单位在面临技术难题时自然希望尽可能地在工程中使用规范的、成熟的技术，或至少在其基础上通过集成创新来攻克工程技术难关。这就意味着在技术领域要通过系统的“有序”（规范、成熟的技术）集成解决系统的“混沌”（新的关键技术难题）。而“有序”集成所以能解决“混沌”，是因为这种集成形成了系统的新的“涌现”。那如何能形成“涌现”，则又关系到如何构建多主体协同的组织平台等复杂问题。例如多参建单位如何联合，运作机制如何设计，这些问题不解决，集成创新就无法实现。

工程的建设是依托于各参建单位的齐心协力，但由于工程环境开放性、技术复杂性、建设人员的多角色等特点，工程建设的组织管理不能是静态的管理模式，组织必须有足够的创造性和柔性来充分发挥各建设单位的能力，同时需要有足够的稳定性以免使其陷入整体的混乱中。因而最好的选择是在管理控制与自组织之间保持适宜的平衡和一致性，做到宏观“有序”、微观“混沌”。

总而言之，大型工程建设面临着对立统一的特性，如稳健和创新使得建设过程更加复杂，但同时这种对立统一性也是解决这类复杂问题的方法。辩证学告诉我们，对立面的协调、统一总是不断变化，而变动性又带来新的复杂性，这意味着必须反复认识并学习驾驭工程中的各种对立统一，反复因时因地协调矛盾，不可寄希望于找到“一劳永逸”的解决方案。

1.2.4 初始敏感性形成系统的复杂性

大型工程建设过程中，各类人员、各种设备、各种原材料在复杂的工艺规范和管理程序下构建一个复杂系统。单就施工设备，现场不少大型设备都是为大型工程“量身定制”的，对设备制造商而言，工程建设中的装备、技术及规范等是他们的“首件”，甚至是“唯一件”，而且有些制造商远在国外，这就极易形成设备质量监控的“盲区”。另外，整个管理系统不完全是“物”的机械系统，更是“人”与“物”共同组成的系统，因此，系统的状态既取决于设备、材料的质量，又取决于人员的生理、心理的状况，还取决于管理程序和水平，这个系统在施工现场表现出来的复杂性远远大于工程设计表现出来的复杂性。

这些特点使得在工程建设中，每一个设备质量尽可能高、每一个工艺环节尽可能完善、每一个人员技术水平尽可能完美、每一个管理程序尽可能严密，但正如墨菲定理指出的那样，总会有在某一个环节出现失误的可能，总会有某个差错导致事故的可能。如一个设备某个部件质量的“瑕疵”、现场一个人员生理与心理的波动、管理环节上的任何一次缺位、自然环境的任何一次变化都可能导致事故的发生。不过，对于较为简单的工程而言，这种导致的事故即使发生也往往不会被放大和辐射，事故总体上是局部的。但是，对大型工程系统来说，情况就完全不一样了。特别是与系统安全有关的任何一个小小的偶然事件，不论其是设备、人员、管理还是自然方面的因素或以上几方面因素的组合，只要它导致某一个哪怕是非常小的故障发生后，工程系统的复杂性可能导致该故障传导、放大，并因此涌现许多基于复杂性的系统状态、行为和信息，而所有这些可能远远超出现场人员掌握的程序化操作规定和以往的经验，甚至远远超出工程设计人员的意料，这使得原来正常的操作都可能成为更大事故产生的起因，即正常意外事故[7]。

1.3 大型工程建设管理的挑战

大型工程建设所面临的工程建设规模大、参建单位多、技术要求高、专业面广、施工难度大以及建设环境复杂等的物理复杂性以及环境开放、多元主体、资源能力不足、要素强关联等的系统复杂性带来了一系列工程建设的复杂性管理问题，如资源整合和创新能力不足、科学决策难度大，组织协调和控制机制的多样化及现场综合控制的多要素关联所引发的“正常意外事故”等。

虽然不同大型工程的功能、规模、建设环境等方面千差万别，即使同一个工程所处不同阶段、不同任务状况下所面临的问题也各不相同，但从管理的基本要素和系统角度来审视工程管理时,这一系列问题存在着共性部分。

1.3.1 大型工程建设管理的复杂性决策

西蒙曾说过"管理就是决策"[8],从某种意义上,工程管理的核心就是工程决策,其中涉及工程复杂性的决策尤为重大和困难,决策主体在这方面往往表现出决策资源和决策能力的不足。

复杂性决策问题主要出现在工程宏观或全局层面,是一类从不同角度反映工程系统复杂性的决策问题。根据复杂性的"介入"深度与反映形式不同,可以将复杂性决策分为两种类型,并针对其不同特点进行分类管理[9]:

Ⅰ类:决策柔性问题。决策柔性问题一般具有以下特点:

(1)决策目标确定或存在着一定的柔性,但存在相互冲突的目标或目标具有不可公度性;

(2)决策主体虽然在决策能力上是有限的,但它基本上具备了解决这类决策问题的能力;

(3)相应的决策过程与机制虽然比第一类程序化决策要复杂,但基本上仍然以系统综合为主;

(4)最终决策方案的形成一般表现为是对多个决策方案重组或是对一个决策方案的调整与完善。

Ⅱ类:柔性决策问题。所谓柔性决策问题是由于工程系统高度复杂性而引发的一类决策问题。它们一般具有以下特点:

(1)决策环境动态性较强并对决策问题的决策过程产生深刻影响;

(2)决策目标不仅是多元的、冲突的,更表现出多方面的变化,从而使决策问题不再具有"固定终端";

(3)决策主体联盟缺乏对决策问题的认识、对决策复杂性的驾驭以及解决这类决策问题的知识和经验等能力;

(4)由于决策的复杂性以及决策主体的有限理性,一般要把决策过程由一步分解为多步,把全局决策问题分解为多个局部决策问题;

(5)最终决策方案一般不再是几个方案重新"拼装"或对一个起初方案的调整与修正,最终方案与起初方案相比,既"非此非彼"又"似此似彼"。

因而,大型工程在整个建设过程中必须解决多层次的决策问题。其中,最困难、最复杂、对工程建设影响最深远、辐射与关联最大的则是前期重大决策问题。

1.3.2 大型工程建设管理的组织协调

工程组织既是工程建设的基石,又是工程管理的指挥部和发动机。工程质量、进度、成本、控制以及在更高层次上关于工程综合目标的实现,无不发端于工程组织,并以工程组织工作的成效为载体。工程组织是由政府、业主、业主代表、承包商(设计承包商、施工承包商、总承包商)、分包商、监理单位等多元主体组成的复杂组织系统,按照工程建设阶段,完成由合同、任务书和工作说明等规定的任务和工作。

工程组织与工程建设环境、工程目标、工程主体、工程能力等有着密切的关系,工程复杂性必然对工程组织的主体构成、工程组织的机制与管理模式、工程组织的功能与综合能力以及工程组织与环境的适应性等都将产生深刻影响。

(1)开放的工程建设环境,包括社会环境、经济环境、市场环境、行业环境等均要求工程组织主体既要依靠行政权力来整合社会资源,又要依靠市场规则优化配置资源,这就要求工程组织能够做到"两个依靠"的统一。

(2)工程建设多主体现象增加了工程建设的复杂性,必然要求工程组织在协调主体之间利益矛盾、化解主体之间的价值观和文化差异等方面有更有效的机制和能力。

(3)工程规模大、建设环境不确定、工程技术要求高,使工程组织在整合工程资源能力方面极易表现出能力匮乏与储备不足等问题。因此,为了增强对工程建设的管理与控制,工程组织除了要具有更强的整合资源的手段和办法,还要有本领获取原本匮乏的资源。

(4)大型工程建设周期长,因此需要工程组织具有加强工程规划和各建设阶段相互衔接,特别是保证工程全生命周期综合效益的能力。

综上所述,大型工程或工程复杂性给工程组织带来了各方面的挑战,需要复杂性科学来指导组织设计,包括模式、结构、机制和流程。

1.3.3 大型工程技术创新管理

大型工程具有多领域、多层次的工程复杂性[10],这些复杂性对工程技术提出了更高的要求,可以认为,为了顺利建成大型工程,首先必须满足这些技术要求,即达到工程技术某一临界值,即"技术阈值",这些"技术阈值"就成为这类工程要解决的关键技术问题。

由于工程建设的特质性,很难有现成的方案可供直接使用,这样就产生了工程技术需求和技术供给的矛盾,逼迫参建单位开展技术创新。同时,工程建设追求最低风险原则,使得在开展技术创新过程中以突破"技术阈值"为目标,同时避免技术创新冗余以规避风险。简言之,大型工程的技术创新不是为创新而创新,而是被工程的复杂性需求和技术供给的不足所逼出来的。

另外,大型工程技术创新还面临着如下的复杂性问题:

(1)技术创新目标的多元化。大型工程技术创新涉及国家利益、业主利益和企业利益。从国家角度来看,工程的建设可以攻克一批技术难题,培养一批技术和管理人才,提升国家在该类工程建设领域上的国际竞争力，工程的技术创新还可以带动本领域和相关领域的技术群的整体进步；从业主角度来看，技术创新可以保证工程建设质量；从企业来说，他们更多追求自身的经济利益，在建造过程中会过多依赖国外成熟技术，缺乏提高企业创新能力的动力。

(2)技术创新的不确定性。首先，技术本身存在不确定性。技术本身没有最优方案，技术创新主要依赖于创新主体的认知方式以及现有技术惯例。其次，技术创新需求的不确定性，工程建设环境和结构复杂，技术难题很难在工程一开始就能确定，而是逐步清晰的过程。

(3)技术创新主体能力不足。大型工程的建设一般涉及地质、气象、水文等多领域，单个参建主体很难具备独立创新能力，需要建设单位创造有利的资源整合环境，形成多家单位协同创新平台。

从上述分析看出，大型工程技术创新是在多主体作用下共同完成，创新主体的行为特性直接影响了技术创新过程中的不确定性，而不确定性和目标多元性会给创新带来较大的风险，并直接影响创新成果。

1.3.4 大型工程建设管理的综合控制

大型工程的建设管理最终要落实到具体的事务和要素控制上，但由于大型工程的高度集成以及工程复杂性的纵向和横向渗透，使得工程建设的安全、风险、质量、进度、投资等单个模块控制和整体协调控制变得复杂。

(1)工程建设中控制目标的直接耦合。工程现场控制中包含了工程项目管理中最重要的安全控制、质量控制、进度控制与投资控制。从单纯的概念看，似乎这些都是边界清晰、控制技术清晰的子系统，各自有专门的知识和规范，只要按章执行就行了。事实上，问题远比此复杂，而复杂的根源就是各模块控制目标高度关联形成紧密的耦合，而且这种耦合，第一不能用还原论分解为彼此独立的目标，第二各目标之间不仅不具有公度性，而且往往产生严重的冲突。对建设主体而言，这些目标之间的博弈使实际控制经常变得“顾此失彼”或“左右为难”。

因此，大型工程建设的现场控制中，需要统筹控制目标的优先权，并对各个目标和综合目标的可靠度进行评价[11]。

(2)工程建设中的多要素非线性关联。初值原理指出，系统的长期行为对其初值有敏感依赖性。工程的强关联与复杂性特点，使某种弱小因素产生的影响，会被扩散、放大，从局部性变成全局性，从而使得原有的控制目标失控，如系统事故(正常事故)。

因此，要做到对工程建设现场的综合控制必须运用有效的方法来整合资源，突破主体能力不足的瓶颈，充分做到资源、信息、能力等从不足到充足的定向和转化，培养和引

导主体的理性行为,增强工程建设对环境的适应能力。对于工程中诸要素的控制要关注系统性和精细化,做好对不确定事件的防范。

考虑到工程决策和工程组织是大型工程建设管理的最关键职能活动,且彼此之间相互关联紧密,本书重点分析大型工程的决策机制,特别是工程前期重大决策的复杂性认知、决策主体的协同及决策过程的柔性管理;进一步,研究驾驭工程复杂性的组织管理模式及控制机制,突出组织平台构建、组织的"混序"结构设计和柔性控制等关键方法和技术。

第2章 大型工程建设管理的方法论和方法

大型工程的建设管理面临诸多种类的复杂性问题,因而需要科学有效的方法论体系作指导。中国系统科学家提出的综合集成对于大型工程建设管理有着深刻而明晰的方法论意义,而综合集成方法要能够有效地支持大型工程建设管理还需要具体的方法和技术,即大型工程综合集成管理。

本章给出了程序化管理、系统管理和复杂性管理的三层方法论体系。阐述了复杂性管理的方法论,分析了综合集成方法论对大型工程建设管理中复杂性问题解决的指导性。在此基础上,给出了大型工程综合集成管理的基本内涵和管理体系。

2.1 大型工程建设管理的方法论

大型工程的建设管理面临诸多种类的复杂性问题,因而需要科学有效的方法论作指导。唐·埃思里奇对方法论定义为对给定领域中进行探索的一般途径的研究、认识、分析和研究问题所遵循的路线[12]。方法论的确立与发展是与人们认识客观世界的水平和技术紧密相关的。历史上,随着科学技术水平的不断发展和人们认识世界的不断深入,先后出现了不同的方法论,如还原论和整体论等。而当复杂性问题越来越受到人们正视的时候,一些新的方法论也被提出。

从管理发展的历史来看,主流方法论主要经历了经验管理、科学管理、系统管理。从系统角度来认识工程和工程管理可以有效的理解其全局和局部的关系,做到"科学理解"和"科学行动"。"理解"是解决工程全局问题,但需要通过对若干局部的行动,并提炼局部行动,形成非局部模式;"行动"是解决工程具体的局部问题,需要超越局部的目标和采取非局部手段,因此需要对全局的理解。

大型工程建设过程中,不同阶段的不同问题因其本身特性和所面临的环境复杂性,其问题常可归为简单管理问题、系统性与不确定管理问题以及复杂管理问题,如图2-1所示。

一般地,工程管理越往上越呈现系统特性。在底层操作的具体环节上,也就是图中的A区,面临是简单管理问题,依据标准化的规范和制度要求进行管理,这可归为程序化管理;在相对较高的层次上的工程进度、质量、成本等,如图2-1中的B、C区域,其环境和工程本身都表现为较大的复杂性。对此,我们可以运用系统管理,即用基于系统方法论

认识、分析和处理这类管理问题。这一层次上的管理活动,重点在于对工程中子(分)系统的要素、结构与功能进行分析,在实践中主要使用规范的工具和程序,包括建模、仿真、综合评价与优化,以求得最优或满意的管理方法,这就是说,在工程管理中,在"中观"系统层次上,对其中的工程管理问题,需要运用比程序化管理更高的系统方法论。

在更高的层次上,即图中的 D 区域部分,由于工程与环境复杂程度都高而引发的一类复杂管理问题,需要进行复杂性管理,复杂性管理将会成为新世纪管理学发展的主流方向[13]。实践证明,一般系统方法论在处理这类管理问题时,往往解决不了系统复杂性问题,这时需要有新的与系统复杂性相匹配的工程管理方法论,可简称为复杂性管理方法论。因而,对大型工程工程管理问题而言,总体上其方法论应是由三个层次的方法论组成的立体结构:最低层次为程序化方法论,中间层次为系统方法论,其中最上层为复杂性方法论,见图 2-2。

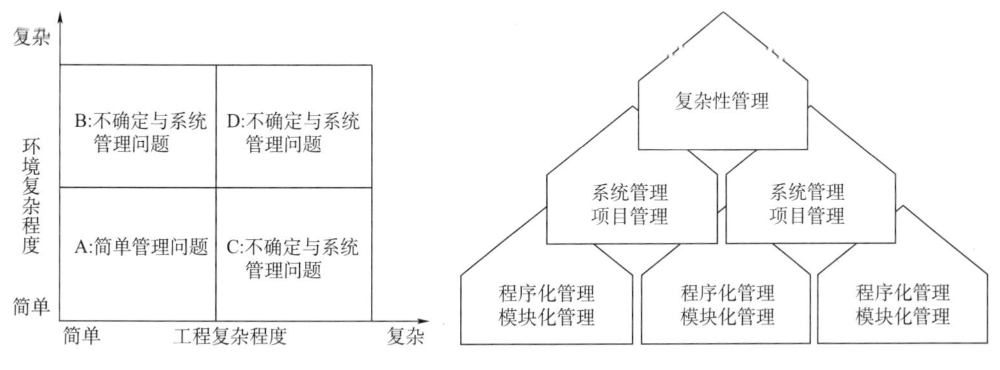

图 2-1　大型工程问题分类　　　图 2-2　大型工程管理的方法论体系

2.2　大型工程建设管理的综合集成方法论

传统管理学思维方式是基于牛顿力学基础之上的,把管理对象看成是确定性的、有序稳定的和可预测的,它是在构成论意义上而非生成论意义上来考察现实世界[14]。当复杂性问题越来越受到人们正视的时候,相关的复杂性科学也得到了快速的发展,随之而来,一些新的工具和方法也被提出。随着复杂理论研究的不断深入和人们认识世界和改造世界的边界不断扩大,传统的管理方法遇到了挑战。控制论及管理科学专家比尔说:"旧世界的特点是管理事务,新世界的特点需要处理复杂性[15]。"乔治·华盛顿大学著名管理学家威廉·哈拉尔也指出:"复杂性的增加将需要做出变革,因为人们不可能通过自上而下的中心控制体制对复杂的环境加以控制[16]。"因此需要把复杂性引入管理,即"复杂性管理",它包含两层含义:一个是被管理的对象是个复杂系统,另一个是要运用复杂系统的相关理论来进行管理[17]。

建立在牛顿机械力学的基础上,人们对世界的认识采用了简单性原则,重点通过将事物分解为简单、确定、可分离、可还原、可量化的组成部分来研究其本质与规律，即还原论方法。还原论方法意味着物质客体具有一个其外在结构可以归属的潜在结构，其表面结构被还原为潜在的原子结构，这种结构可以提供更本质的认识。基于还原论指导下，人们遵循着分析、分解、还原的途径，不断把整体分解为部分，把高层次分解为低层次，认为经过分解、还原，把各个部分、各个低层次弄清之后，再把它们叠加、整合。

还原论方法在很大程度上促进了近现代科学的发展，但还原论只是在机械简单的视角下才是合理的，随着人们对事物认识的进一步深入，还原论的不足正日益明显。还原论方法集中于研究事物规律上，很少研究或不研究非决定规律的现象，忽略在部分综合过程中的“涌现”现象，否定人与认识对象之间的内在联系，不相信自然具有经验性，所以也就不研究人与自然组成的系统和事物之间的内在联系，不研究事物的经验方面，仅从外部通过试验和测量的方法对认识对象进行干预控制。

当还原论的方法在认识客观世界过程中面临越来越多问题时，整体论方法逐渐受到人们的青睐。早在20世纪30年代，德国著名的物理学家Plank说：“科学是内在的整体，它被分解为单独的整体，不是取决于事物本身，而是取决于人类认识能力的局限性，实际上存在着从物理学到化学，通过生物学和人类学到社会学的连续链条，这是任何一处都不能打断的链条。”SFI首任所长COWAN说：“通过诺贝尔奖的道路通常是用还原论方法开辟的，你为一群不同程度被理想化了的问题寻求解决的方案，但却多少背离了真实的世界，并局限于你能够找到一个解答的地步，这就导致科学越分越细，而真实的世界却要求我们采用更加整体的方法[18][19][20]。”

整体论作为一种方法论，它是关于整体研究方法的理论、体系或学说。它具备两个特征：一是，不对整体进行分解还原；二是，关于整体的学科、理论、定律、概念不能从关于部分的学科、理论、定律、概念中推导出来，但能用某种整体的研究方法得到。整体论虽能把握事物之间的整体关系，但由于缺乏一套有效的工具和方法，而是采用模糊的方法来认识事物，不能对其本质进行深入把握，因而整体论发展缓慢，在实际运用中更多是一种理念和思维方式。

从20世纪开始，人们对事物的认识开始从简单性和简单系统向复杂性和复杂系统转变，单个还原论方法或整体论方法都无法满足要求，因而需要方法论的突破和超越[21]。

在复杂性的组织管理上，美国乔治·梅森大学的集成科学现代研究所提出了交互式管理模式[22]，比尔（S. Beer）在“组织控制论”上提出了极富影响的“生存系统模型”（Viable Systems Model，VSM）[23]。生存模型强调与外部环境的动态交互，且在系统内部具有分工明确的多个独立子系统，主要包括执行系统、协调系统、控制系统、辅助系统和规划系统，且通过自主管理和上层控制有机结合来协调整个系统的运作。如图2-3所示。

另外，交互式规划和全面系统干预等方法也是用来进行复杂性管理的有效方法论和方法[24]。在具体的复杂系统建模上，还有诸多的方法，如以遗传算法和神经网络等为代

表的演化算法、以Agent为基础的复杂系统建模思想及相应的Swarm、Repast等软件平台、计算人工生命以及隐喻等。这些方法虽然从不同角度提供了认识和管理复杂性的技术和工具，但由于缺乏有效的方法论指导，复杂性研究也进入了困惑阶段[25]。

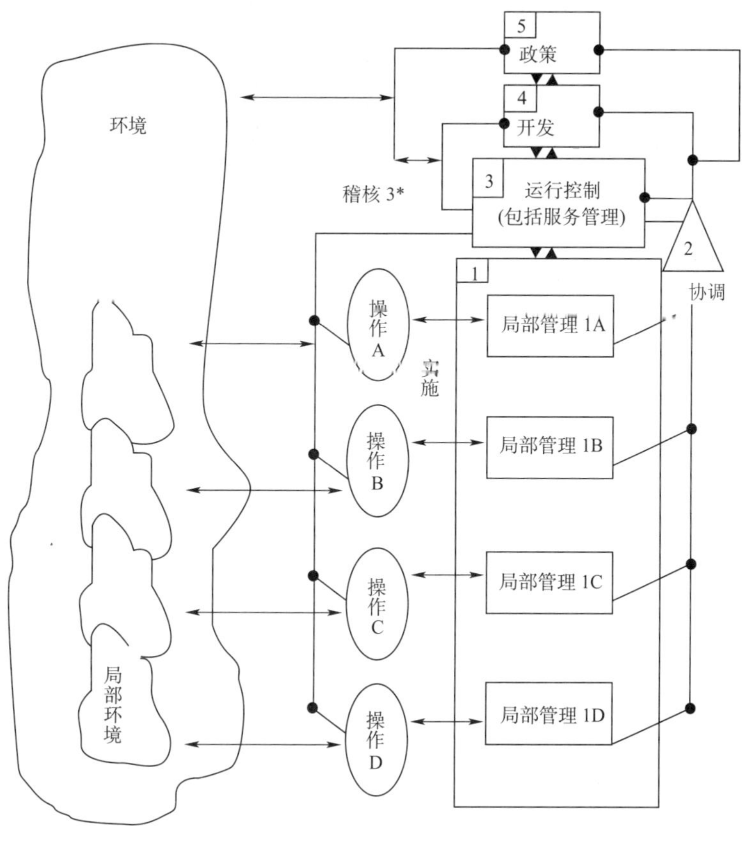

图2-3 生存系统模型(VSM)

平行于西方系统反思的浪潮，东方学者结合西方系统方法与东方系统思想，提出了一些用来处理复杂性问题的方法论，其中有代表性的是日本系统学家椹木义一(Y. Sawaragi)提出的Shinayakan系统方法和我国著名系统科学钱学森与其合作者提出的解决开放复杂巨系统的“从定性到定量的综合集成方法论”，顾基发提出的“物理—事理—人理”[26]以及王浣尘提出的旋进式方法论等[27]。

20世纪70年代，我国科学家钱学森明确指出“我们所提倡的系统论，既不是整体论，也非还原论，而是整体论与还原论的辩证统一”，也就是在认识复杂事物时，从系统整体出发将系统进行分解，在分解研究的基础上，再综合集成到系统整体，实现1+1>2的整体涌现，最终解决问题。20世纪80年代，钱学森又先后提出“从定性到定量综合集成方法”以及它的实践形式“从定性到定量综合集成研讨厅体系”，并将运用这套方法的集体称为总体部。钱学森的基本思想是在分析、组织和管理复杂系统(当然包括大型工程系统)时,需要从系统层面上研究和解决问题,为此,需要对不同领域、不同层次的信息和知识进行综合、需要采用人—机结合和以人为主的研究方法、需要专家的合作和智慧的综合、需要从定性到定性定量结合再到从定性到定量的综合集成等[21]。

综合集成方法的运用是专家体系的合作以及专家体系与机器体系合作的研究方式与工作方式。具体地说,是通过从定性综合集成到定性、定量相结合综合集成再到从定性到定量综合集成这样三个步骤来实现的。这个过程不是截然分开,而是循环往复、逐次逼近的。通过上述综合集成过程可以看出,在逐次逼近过程中,综合集成方法论本质上是用结构化序列去逼近非结构化问题,如图 2-4 所示。

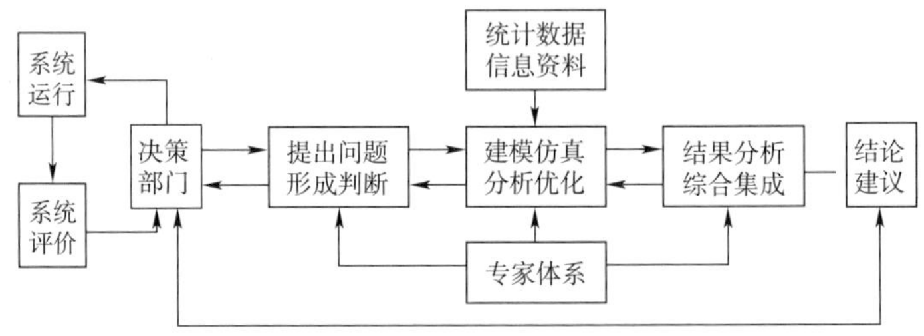

图 2-4　综合集成方法论

综合集成方法论是钱学森教授在长期工程实践背景下,融合多学科、多领域的基础上,所提出的一种用来认识、组织、管理和驾驭复杂系统的方法论。本质上,系统的复杂性主要来源于主体的认知能力、客体本身的规模和结构复杂以及环境的动态开放。综合集成方法论在处置这类复杂系统时可以做到:

(1)可以通过集成各类资源而涌现新的能力,如集成专家的经验、知识和智慧。

(2)可以综合各类方法论而分步求解问题,如定性、定量方法的结合;人—机集合,宏观—微观—宏观,同步—异步—同步,分解—综合—分解。

(3)可以通过用一个比较无序、比较非结构、比较模糊、比较优化但不断改进、不断完善的系统序列实现对一个复杂系统的认识、组织与管理。

综上所述,综合集成方法论不仅是还原论和整体论的辩证统一,而且还融合了认识论、矛盾论和生成论的思想。在认识论上,它不仅强调客体的复杂性,而且也要强调主体的认知能力,在方法和技术上不仅要研究对复杂事物认识和分析的方法和工具,而且也要研究认识主体的能力的提高,如专家的经验、知识和智慧、信息技术和人的结合、综合集成研讨厅和总体部等;在矛盾论上,它强调对立的辩证统一,专注于充满矛盾的事物,在方法和技术上强调多样性的统一,如同构和异构、分布和集中、组织和自组织、定性和定量、分析和综合、宏观和微观、有序和混沌等方面的有效转化和融合,达到一种多力的平衡;在生成论上,强调建构、反馈、迭代和优化,通过整合各类资源适应复杂性管理的需要,并与周围环境建立一种可持续的动态平衡,在方法和技术上强调信息、资源、知识等

从不充分向充分的转化，并以相对结构化的问题序列来逼近非结构化的问题。因而，综合集成方法论在应对复杂系统的开放性、非线性、时滞性、不可逆性等方面都具有较强的能力。

2.3　大型工程建设的综合集成管理

2.3.1　综合集成管理内涵

我国著名学者盛昭瀚教授在大型工程建设管理实践基础上首次提出了大型工程综合集成管理的基本理论，主要包括基本原理、职能与关键技术[28]。

综合集成管理是延续综合集成思想、方法论，在综合集成体系基础上产生的管理新思维、新理论。与一般管理有所不同，综合集成管理面临的问题是一类具有全局复杂性、不确定性、动态性的复杂事务，由于管理对象是一个复杂系统，因此要实现对复杂系统的管理，基于系统的视角，其管理系统也必然是一个与管理对象复杂程度相匹配的复杂管理系统。综合集成管理是在综合集成方法论指导下，通过对主体资源、管理资源、知识资源、信息资源等的综合集成来构建管理系统，并通过构造与管理系统动态协同运转相适应的运行机制，促使要素之间优势互补，产生集成创新能力，实现对管理对象复杂性的管理与控制。

对于综合集成管理，有以下几点说明：

(1)综合集成管理的对象是一类具有系统复杂性的复杂事务，简单问题或程序化问题不属于综合集成管理的范畴，一切复杂性事务，无论是何种问题，只要具有复杂性特征，都适用于综合集成管理，因此综合集成管理是针对复杂性的管理；

(2)综合集成管理是以综合集成思想、综合集成方法论为核心建立起来的管理体系与管理理论。即综合集成管理的认识论是复杂系统理论，依据复杂系统理论认识问题、分析问题、解决问题；综合集成管理的方法论是还原论与整体论的统一，遵循从定性到定量的综合集成方法寻求复杂问题解决方案；综合集成管理的优势在于发挥多主体、多方法、多知识综合集成基础上的整体效应；综合集成管理的目标在于实现集成创新，通过创新产生新知识、新能力的涌现，以应对纷繁多变的复杂性。

由于综合集成管理的管理对象不再是静态、机械的简单事务，管理过程也增加了众多的不确定因素，处于多变的环境中，因此综合集成管理是动态性管理。

2.3.2　大型工程综合集成管理职能

管理职能即为管理的功能，反映着管理的基本内容和活动方向。管理职能与管理主体、管理客体以及外部环境的性质紧密相关。面临动态多变的社会环境、错综复杂的管理对象以及管理过程中应接不暇的新问题、新情况，一般意义下决策、计划、组织、领导、控制、创新等管理职能已经难以适应复杂性管理任务的要求,出现了管理职能的不足与缺位。

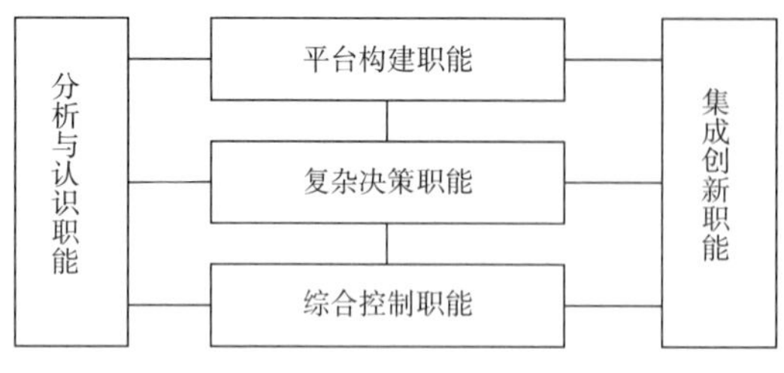

图2-5 综合集成管理的基本职能

针对复杂环境背景下,综合集成管理主体与客体的实际情况,根据客观形势的管理需求,综合集成管理的基本职能主要包括:分析与认识、平台构建、复杂决策、综合控制以及集成创新五个方面(图2-5)。

2.3.2.1 分析与认识职能

复杂性管理问题涉及众多要素,而且各要素之间的相互联系和相互作用呈现出错综复杂的非线性关系,随着时间或空间的变化,其影响要素以及要素之间的相互关系也会发生变化,使管理问题处于不断发展变化的动态过程中,要对众多的复杂性实施科学管理,首要任务就是系统的分析与全面的认识。

对于复杂性事务的分析与认识既包括定性认识,也包括定量分析,是从定性与定量有机结合,到螺旋式推进的逼近过程。对那些难以定量化的影响因素,需要运用专家智慧、经验判断等方式进行考虑和测量,再借助于各种定量模型及计算机、信息技术等分析工具,对其进行精密论证,并在不断深化的过程中形成物理、事理与人理。由于管理对象的动态性,分析与认识贯穿于整个管理的全过程。实际上,综合集成管理的分析与认识,其客体不仅包括管理对象,也包括管理过程中自主主体,外部环境以及管理系统结构、机制以及运行效果等所有在管理过程中出现的复杂性因素、复杂性问题、复杂系统。信息的获取、传递,多参与主体知识、智慧、经验的集成及群体研讨、共识的形成、定量化问题求解等都是综合集成管理分析与认识过程中必不可少的重要环节。

2.3.2.2 平台构建职能

“平台”一词最早出现在计算机领域,指计算机硬件或软件的操作环境,例如计算机技术平台被定义为服务于研制应用软件的一套完整的支持性产品及相关文件,包括技术体系、技术架构、相关工具等;计算机业务平台被定义为快速生成业务逻辑组件,并组织、调度业务逻辑组件应用的软件工具和众多行业经验积累的、成熟的业务组件库。在计算机领域中,平台的建立能够最大限度的实现资源复用,灵活应对环境的变化以及顾客多变的需求,其广泛的可移植性、降低开发成本以及灵活性、适应性等优势,使其逐渐成为计算机行业中企业获得核心竞争能力的关键。同时“平台”理念也被广泛应用到各个领域,极大地拓展了其应用价值。

综合集成管理中的平台,其核心在于为驾驭复杂性能力提供资源支持以及创造必要的环境,其方式则为整合资源和配置各种资源,特别是汇集各方面专家的经验、知识以及智慧。关于平台的特征,通过对各领域平台的构建与使用,可基本概括如下:

(1)平台是与应用或操作相关联的各种通用的资源、组件、单元等的汇集地,可看作一个堆放着不同性质、不同类型资源的“大仓库”;

(2)平台中的资源、组件、单元等具有广泛的通用性和可复用性,可以根据实际需要任意搭配成不同组合,形成多种方案;

(3)平台具有完全的开放性,也可以自我完善,不断丰富和发展;

(4)平台的构建可视为管理主体的组织过程,但这一组织过程面向整个管理过程,而非个别问题。由此可见,平台的职能实际上是一般管理理论中组织职能的丰富与发展。如图 2-6 所示。

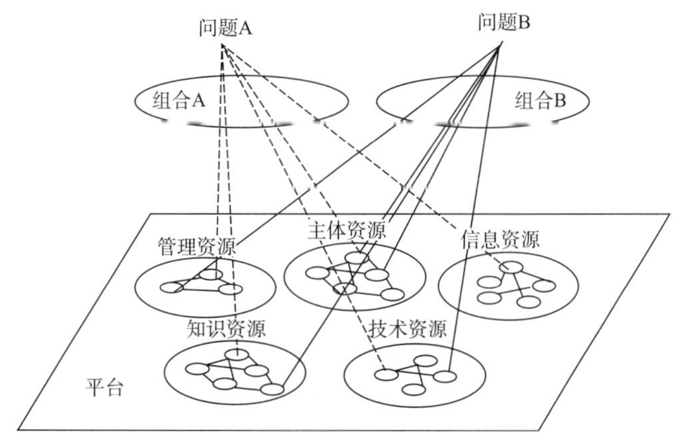

图 2-6　综合集成管理平台

平台职能充分体现了综合集成管理是针对复杂性的管理与组织特点。构建平台通过对管理过程中所需资源的有效整合,为管理主体应对复杂性提供了必要的支撑和全面的准备。以“构件”形式存在的各种资源在管理过程中有其自身的作用与优势,针对管理过程中的不同问题,管理者可以通过对构件的组合配置形成解决方案。这种以平台为基础制订管理方案的方式,不仅具有反应灵活、快速应对的优势,而且有利于降低管理成本,其便捷的可移植性以及可拓展性也都在很大程度上提升了综合集成管理应对复杂性的能力。此外,平台与组织职能的最大差别还在于:平台有利于知识共享基础上的新知识涌现,特别是主体资源是具有学习能力和主观能动性的自主个体,在信息资源、知识资源、技术资源共享与交互的过程中,主体资源能够形成新知识、新能力,一方面使平台获得不断完善与发展,一方面也通过知识与能力的涌现增强了管理主体应对复杂性的能力。

2.3.2.3　复杂决策职能

“管理就是决策”,决策贯穿于管理始终,对于综合集成管理来说,决策依然是一项基本职能,所不同的是综合集成管理中的决策面向的问题更加复杂,其决策过程、决策方式也随之产生了深刻的变化。

综合集成管理中决策面临的问题多为非结构化的复杂性问题，其决策主体一般不是个别人，甚至不是少数人，而是由不同性质主体组成的群体，通常这些主体或者来自于不同领域、不同专业，具有各自的专业视角，或者代表不同的利益集团，有各自的利益诉求，它们共同参与决策一方面在于集成不同领域的知识、智慧，形成对决策问题全面系统的认识，另一方面在于通过决策过程实现对多利益主体的利益整合，以保证最终决策建立在民主科学的基础上。群体决策过程中的多主体性以及多元目标共存的特征决定了其决策过程必然是一个不断交互、比对收敛的过程，以达成群体共识。由于问题具有复杂性特征，还需要通过定性与定量相结合的方式，不断深化对问题的认识，制订科学有效的解决方案。可以说，决策的最终方案，已不再是某一个初始意见，它既源于某一个（一些）初始意见，又比任一个（一些）初始意见更完善、完整和完美，它既广泛吸取了决策群体中个别成员的经验、知识与智慧，甚至还吸取了计算机与数学模型分析出的意见。又因为充分整合了群体的意见，而修正了个别意见中的谬误、完善了其中的片面性，因此提升了意见的整体质量。

此外，一般管理决策的基本过程包括识别机会或诊断问题、识别目标、拟订备选方案、做出决定、选择与实施战略和监督七个步骤。对于一般决策而言，上述过程都是相对稳定和明确的，但是综合集成管理中由于决策问题的复杂性、管理主体的有限理性以及群体决策中多元目标的存在，增加了决策过程的不确定性和动态性，从而使综合集成管理的决策更加强调柔性特征，包括决策主体的柔性，即根据决策问题选择决策群体的构成；关于决策的信息需要不断更新和完善；决策目标需要根据实际情况进行调整与多元目标的凝练，决策机制也更加倾向于动态的调整与灵活应对，而不再拘泥于固定、机械的决策流程。

2.3.2.4　综合控制职能

一般管理中的控制是指管理者对组织的运行情况以及战略计划和经营计划实施情况的监督，是减小计划与实际之间的偏差，确保组织朝向目标迈进。综合集成管理是面向复杂性、动态性和不确定性的管理，并不是应对复杂性的基本职能。综合集成管理的策略是通过构建一个复杂系统实现管理，因此综合集成管理中的控制核心是对管理系统的控制，其目标在于实现管理系统内部各要素之间的协调有序，以实现驾驭管理对象复杂性的能力。其控制内容既包括对活动之间关联性的协调，也包括对多自主主体的自组织行为的控制以及活动之间、主体之间产生冲突的协调控制等，由此可见，综合集成管理的控制实质上是一种“综合控制”。

综合集成管理中综合控制是通过一系列制度和机制实现的，综合控制中的制度和机制主要用以解决管理运作过程中各种影响管理系统协同有序运作的情况，例如多主体之间多元价值目标产生的矛盾与冲突；管理系统为适应外部环境改变或管理客观需要而进行内部调整产生的结构与功能紊乱；管理活动之间难以有效衔接等，上述问题都会不同

程度地影响管理系统的有效运作，其产生的内耗或混乱等现象，不仅可能使管理系统失效，而且可能会在各种因素非线性的相互作用下，产生更多更深刻的复杂性问题，因此加强对综合集成管理过程的综合控制是十分重要的，管理主体深入分析管理过程中可能出现的问题，并建立有效的制度和机制，避免管理系统的失控、失效，以实现管理的协同有序。

2.3.2.5 集成创新职能

创新可以使组织的管理不断适应时代的发展。在知识经济、信息技术以及复杂多变的社会环境的背景下，管理的创新已不再是单一层面、单一领域的问题，必须充分考虑战略思维、专有技术、知识、创造力、创新以及速度等因素，并把新知识、新技术、多元目标集成起来，通过跨学科合作的创新行为，形成解决复杂问题的核心能力，即集成创新。集成创新是创新的融合，这种融合通过利用并行的方法把管理的不同阶段、流程以及不同创新主体的创新能力、创新实践、竞争力集成在一起，从而形成能够产生新的核心竞争力的创造力。综合集成方法论的核心思想即为集成，包括专家知识、经验、智慧的集成、理念、工具、方法的集成、多种方法论的集成、形象思维与逻辑思维的集成、人与机器的集成等。综合集成管理是以综合集成方法论为指导的管理理论，因此集成创新也是综合集成管理的一项基本职能。平台建设为集成创新提供了必要支持与条件环境。管理主体在管理过程中应破除传统思想的束缚，充分发挥其主观能动性，利用平台中的各项资源，实现管理思维的创新、管理理念的创新、管理方法的创新以及管理工具的创新。面对复杂性的问题和复杂性的管理过程，只有进行创新才能适应动态多变的管理需求，才能提升其自身应对复杂性和驾驭复杂性的能力。

综合集成管理中的分析与认识职能、平台构建职能、柔性决策职能、综合控制职能以及集成创新职能是针对复杂性管理的特点和需求总结出来的五项基本职能。面对复杂性问题必须加强管理中各系统的分析与认识，以此采取科学有效的手段，管理主体通过整合资源搭建平台，一方面为管理主体解决复杂性问题提供必要的支持，另一方面为提升管理主体应对复杂性的能力提供条件与环境。决策与综合控制是综合集成管理中的主要内容，随着复杂性的提升，要实现上述两项基本职能，需要不断地进行集成创新，以寻找应对复杂性的有效途径。

2.3.3 大型工程综合集成管理的关键技术

伴随着科学技术的发展和管理实践的不断进步，各种管理技术不断涌现，形成了包括定性技术、定量技术、分析技术、综合技术、评价技术、信息技术、控制技术、优化技术、协调技术等众多技术群在内的技术体系。综合集成管理理论应用到工程管理实践中，需要有具体的方法和技术来完成，通过对管理目标、职能、任务、活动的分解，提炼出综合集成管理的关键技术。多方法论与多方法集成是综合集成管理的技术特征。不同领域、不同专业的各种技术都是综合集成管理可采用的单元技术，因此综合集成管理的技术边界是开放和动态的，同时其解决问题所涉及的技术内容与组合也是变化多样的。在单元技术之上，综合集成管理也需要具有自身管理特点的关键技术，主要包括定性定量相结合技术、人机网络一体化技术、群体协同决策技术、综合评价技术以及协调控制技术。

2.3.3.1　定性定量相结合技术

对于复杂问题的解决，一方面需要发挥管理主体的主观能动性，在已有科学理论和经验知识的基础上，运用感知、联想、抽象、分析、预测、判断、归纳等能力，对具有模糊性、不确定性的复杂问题及其性质、状态变化等进行描述、解释和研究，并形成经验性假设、基本判断、设想、思路以及技术路线等；一方面需要运用严谨的逻辑推理、数学演绎、试验仿真等技术与工具，对主观做出的未知或不确定的判断、假定、概念、思路等进行精密求解与论证，以从感性认识上升为理性认识。上述两个方面中前者涉及的技术为定性技术，例如系统分析技术、系统综合技术、归纳演绎技术等，后者为定量技术，主要包括各种数学模型、逻辑推理、数据运算等。

综合集成管理的本质是从定性到定量再到新的定性的跃升，因此如何实现定性指导下的定量以及定量分析后的综合定性是综合集成管理的核心，其所依靠的技术支撑既不是单纯的定性技术，也不是单纯的定量技术，而是定性技术与定量技术基础之上的定性定量相结合技术。综合集成管理中定性定量相结合主要是通过建立包括专家体系、模型体系、机器体系、知识体系和规则体系在内的管理支持平台来实现的。如图 2-7 所示。

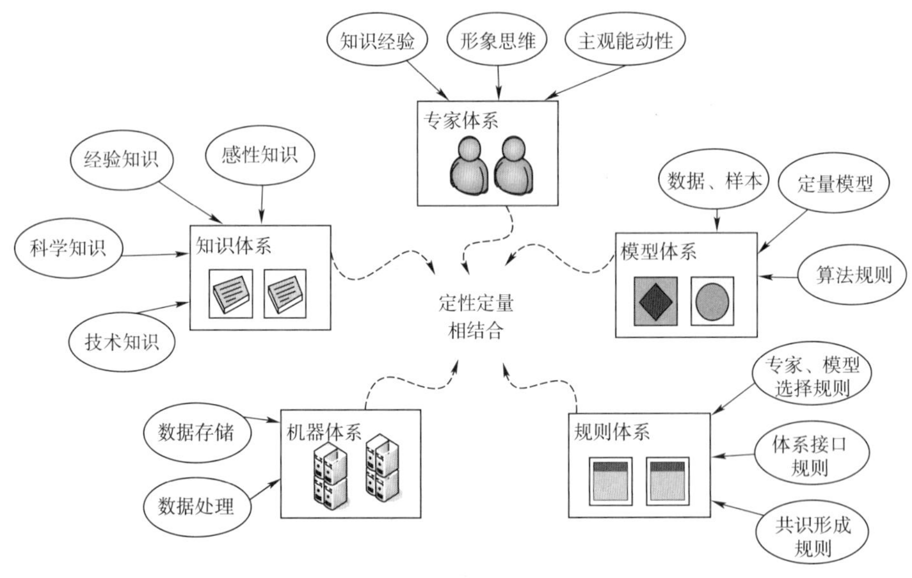

图 2-7　综合集成管理的定性定量相结合技术

(1)专家体系:由参与解决复杂问题的管理主体、各领域专家、学者及其他有关人员组成,是复杂问题解决的承担主体。专家体系的作用在于通过发挥各个参与主体在知识、智慧、经验基础上的形象思维能力、逻辑判断能力、抽象分析能力以及创造力等,形成对复杂问题及其解决思路、方案的定性认识。

(2)模型体系:包括大量的数据资源、模型资源与算法资源等,为定量解决问题提供数据、模型及方法的支持。

(3)机器体系:包含具有高性能数据处理能力的计算机软硬件及提供各种服务的服务器,既是定性定量相结合的中介与载体,也是定量分析的有效工具。

(4)知识体系:既包括经验知识、感性知识,也包括科学知识和应用技术知识,能够为专家体系和模型体系提供智力支持。

(5)规则体系:既包含专家体系、模型体系、机器体系、知识体系建立的原则、规则与方式,也包括不同体系之间的衔接规则,例如如何将专家体系的定性认识转化为机器语言,如何根据机器语言选择适当的模型方法等。

2.3.3.2 人机网络一体化技术

人机网络一体化技术的目的在于实现综合集成管理的信息化与智能化,涉及计算机技术、信息技术、人工智能技术以及知识工程技术等众多领域的技术群。"人机网结合,以人为主"是该技术体系的本质,其中"人"主要是指复杂问题解决的承担者,不仅具有知识、经验与智慧,还具有形成逻辑思维、形象思维、灵感思维以及创新思维的能力,"机"是以计算机为核心形成的智能体系,包括硬件机器及软件工具构成的软硬件支持环境、以协同感知及思维推算功能等为核心的知识体系、用以处理流程的执行体系,"网"是以 Internet 为代表的互联网,具有信息聚集与扩散、知识转移、思想传递等功能。

综合集成管理的人机网络一体化主要通过以人为主、人机网络一体的技术路线,在人、机器、网络的综合集成的基础上,形成一个结构合理、分工协作、协同运行的具有软硬件环境支持的新型超智能执行系统。在以往的研究中,路甬祥、陈鹰对人机网络一体化系统构建和功能实现的技术内涵进行总结,主要包括结构与组成技术、感知与操作技术、决策支持与协作技术、通信与多媒体技术、全局并行工程、人机一体化控制技术以及人机网络体系进化与适应性技术等,为人机网络一体化技术的系统提升提供了方向和依据[29];沈小平、马士华在各种资源库集成基础上设计了人机一体化的系统模型与网络结构,为综合集成管理的人机网络一休化建设提供概念框架[30]。如图 2-8 所示。

对于综合集成管理而言,人机网络一体化体系是一个逐步深入、不断完善提高的构建过程,由于涉及的技术先进,前期投入较大,各个组织应根据自身情况开发与自身管理需求相适应的一体化体系,但是无论何种形式的一体化体系,借助于技术手段致力于实现人、机器、网络的共享信息、共同感知、共同思维、协同执行都是其最终目的。

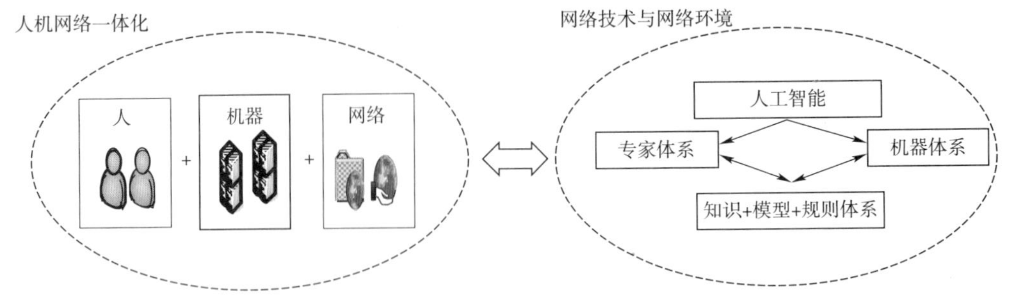

图 2-8　综合集成管理的人机网络一体化技术

2.3.3.3　群体协同决策技术

群体协同决策技术是针对多决策主体共同参与决策的组织技术、交互管理技术以及共识形成技术的总称。群体决策一般包括汇集、交互、检验和共识四个阶段:汇集阶段的任务在于决策主体的集成,其管理内容包括对决策主体进行选择、确定规模、对决策权进行分配、选择决策方式、设置决策规则等;交互阶段的任务在于决策主体之间针对问题或议题进行意见表达与研讨协商,其管理内容包括实现个体意见与群体共识优化与平衡;检验阶段的任务是对群体初步共识开展定量论证,并将论证意见反馈于决策群体,做出进一步决策的参考与依据,其管理内容主要是不同层次间的主层递解决策问题的协同与优化;共识阶段的任务在于对个体决策意见的综合评价基础上的共识统一,并最终做出决策,其管理内容包括不同决策主体偏好的集结、决策共识形成的测度以及优化协同基础上的最终决策方案的形成等。如图 2-9 所示。

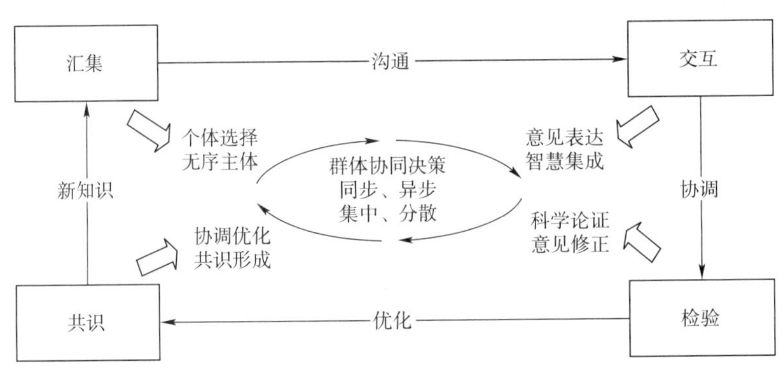

图 2-9　综合集成管理的群体共识技术

综合集成管理中群体协同决策技术包含两个核心方向:一是群体决策的组织管理技术群,以主体选择、决策权分配、偏好集结、共识形成技术为核心;一是群体决策人机网络一体化技术,以计算机技术、信息技术、网络技术为核心。

2.3.3.4　综合评价技术

在复杂条件下,由于评价对象受到不同层次多种因素的影响,对其价值判断过程必须综合考虑不同角度的多个方面,才能做出客观的评价。这种运用多个指标对多属性评价对象进行的整体性、全局性价值估计与判断即为综合评价(Comprehensive Evaluation,CE)。综合评价涉及多项指标,但其评价过程并非多个指标的简单相加,需要根据各个指标对评价对象的影响程度、多个指标的层级结构以及内在联系,制定科学合理的综合评价方法与步骤,即综合评价技术。

综合评价是一个多要素构成的有机系统,包括评价客体、评价主体、评价指标、权重和评价模型五个部分。评价客体为被评价对象,可以是一个具体的对象,也可以是实践的活动或过程;评价主体是做出评价选择和评价结果的主体,一般是由多专家组成的群体;评价指标即为评价对象的属性,从多个角度和层次来客观评判评价对象;权重系数表示各个评价指标之间的相对重要性,权重系数不同会对评价结果有直接影响;评价模型是综合评价的核心部分,它将多属性的评价指标通过一定的方法转换成具有全面性、综合性的评价值,以此作为最终评价的依据。

综合评价贯穿于综合集成管理的整个过程。管理问题复杂程度的度量、群体决策过程中意见的综合、多元化决策目标的统筹、备选方案优劣的综合评定、决策方案的选择以及管理绩效评定都离不开综合评价。无论何种技术和方法都有其优缺点及适应范围,评价对象的复杂性和多样性决定了综合评价技术的多方法性,目前较为普遍的综合评价技术及方法主要包括主成分分析法、数据包络分析法、模糊评价法、打分综合法、综合指数法、功效系数法等。综合集成管理过程的综合评价技术并非单一技术,通常是多评价技术的有机集成,同时随着信息化水平的不断提高,综合评价技术常常都建立在定性定量相结合以及人机网络一体化基础上,因此综合评价技术可看作是利用主客观信息、定性定量知识、计算机技术的综合技术。

2.3.3.5 协调控制技术

协调控制是指在综合集成管理执行过程中根据环境的变化以及各种信息反馈对多主体、多资源、多目标、多任务之间结构形式、运行方式、资源配置等的调整与优化,使其满足管理需求的过程。综合集成管理的对象是具有不确定性、动态性的复杂事物,协调控制是保证综合集成管理目标实现的重要环节与有效手段,因此由协调控制的内容、步骤与方法等构成的协调控制技术就成为综合集成管理的关键技术之一。

从内容上看,综合集成管理执行过程中协调控制的对象包括管理的目标、管理的要素、管理的过程以及各种外部环境变量等,其协调控制的步骤主要包括环境扫描、执行反馈、优化调整、过程监督和目标控制等。同传统意义协调控制的技术路线有所不同,由于复杂事物的不确定性、多变性和动态性,综合集成管理目标并不是固定不变的,管理涉及要素和过程的开放性也导致整个管理都将受到外部环境及其变量的直接影响,使其时刻处于变动和不确定的状态中,从而大大增加了协调控制的复杂程度。正因为如此,综合集成管理的协调控制除了需要在执行中进行跟踪、反馈以及优化调整外,将更多地关注外部环境的变化,并需要针对这些变化运用资源整合、资源配置、结构调整、机制优化等方法,保证管理系统与管理需求和外部环境协调一致。

自组织控制技术是综合集成管理协调控制技术中的重要组成部分。所谓自组织控制技术主要通过诱导、激励等方式,促使组织内部的参与主体发挥其自身的主动性、适应性与智能性优势,主动根据环境的变化调整各自的行为方式、彼此之间的关联结构,以适应环境的变化与新的管理需求。显然,自组织控制并不是运用刚性的干预和约束达到控制目的,而是采用柔性的协调与诱导方式,促使参与主体产生有利于自身,也有利于实现整个系统协同有序的自组织行为,自组织控制技术有利于提高管理面对变化的时效性和适应性,在动态多变的环境下尤为有效。

第3章 大型工程建设的前期决策分析与决策管理

大型工程决策包括前期规划、设计、施工等阶段的决策活动，但以前期决策最为复杂，直接关系到后期的工程建设成败和综合效应发挥，因此本书所研究的决策协调机制主要对象是前期决策。大型工程前期决策呈现出多方面复杂性特征，如目标多元、主体多样、信息不完备、环境动态开放等，决策主体要对决策方案进行科学决策，需要在综合集成方法论的指导下开展决策活动。

本章重点分析了大型工程前期决策的特点及其复杂性挑战，阐述了大型工程决策目标，给出了综合集成方法论对工程有效决策的指导意义，突出决策群体的综合集成管理、决策过程的综合集成管理。

3.1 大型工程活动的阶段划分

大型工程从构想提出到建成产生社会经济效益需要经历不同的阶段，这些阶段的工程活动相互衔接共同形成了大型工程完整的全生命周期过程。通过人们对长期工程建设实践的总结，大型工程全生命周期中的活动基于时间维度通常可划分为以下几个阶段：

(1)大型工程的项目定义与决策阶段

社会经济发展过程中许多实际问题都需要通过工程建设的方式予以解决，例如交通问题、防洪问题、水利问题等。然而对于工程本身而言，在起初阶段往往只是针对问题解决产生的一些构想和设想。由于工程一旦决定建设将耗费巨大的人力、物力、财力，并可能对社会经济和生态环境产生深远的影响，因此要将起初的构想和设想转化为切实可行的工程建设方案首先必须对工程项目本身、工程活动的任务范围、工程目标以及工程是否可行等予以清晰的界定，形成明确的大型工程概念模型，并最终做出工程是否可行和予以建设的决定。

大型工程在项目定义与决策阶段的主要活动包括：提出构想、分析机遇与条件、识别工程建设需求、界定工程目标和范围、对工程可行性进行论证、做出项目决策、明确大型工程概念模型等。

从大型工程全生命周期过程来看，该阶段的核心任务在于回答两个关键问题：其一，工程建设的必要性，即是否有必要通过工程建设方式来解决社会经济发展过程中存在的问题，解决这一问题主要是从工程与外部环境关系以及工程在社会经济中的定位角度对工程存在的必要性进行论证，这将涉及国家或地区未来发展规划问题、社会资源的配置问题、工程投资收益问题等；其二，工程建设的可行性，即构想中的工程项目在当前环境情况下是否具备建设的条件，主要是立足于工程本身，从工程资源集成性和条件约束性角度对工程建设可行性进行论证，例如工程的环境可行性、资源可行性、经济可行性、技术可行性以及运行可行性等。由此可见，工程建设与否是一项十分复杂的决策过程，需要经过全面系统的论证，只有当工程各个方面都符合要求和条件，才能予以立项建设。

(2)大型工程的工程规划与设计阶段

大型工程的建设过程是将概念模型转化为物质实体的过程，而这一转化需要综合考虑环境、资源、人力、技术、风险等众多因素，因此要保证工程建设的有序性和有效性，需要在工程建设实施之前根据大型工程整体概念模型，结合对工程系统的全面分析，系统规划和设计工程建设过程中的工程任务、工程实施的程序和步骤、所需资源、技术标准及要求等，并对每一步骤的时间、内容、方法、主体、资源和前后活动衔接做出合理的安排。

对工程系统进行全面分析，制订工程实施总体计划和专项计划，设计工程技术方案、实施方案、技术规范标准、工程组织模式与管理方案、工程运营模式与管理方案，这些是大型工程在工程规划与设计阶段的主要活动。从大型工程全生命周期过程来看，工程规划与设计阶段的核心任务在于科学实现工程从概念模型向物质实体的转变，形成工程建设实施与运营管理的整体方案和各专项方案，并从管理上保证工程建设实施过程中的人力、物力、财力及信息得到合理、经济、有效的配置，保证工程物质实体顺利建成并有效发挥其功能与价值。实际上，工程规划与设计阶段是大型工程全生命周期过程中最为关注工程与工程活动本身系统性与整体性的环节，工程规划是否充分考虑了各方面因素，工程规划是否全面系统，工程结构能否实现功能要求，工程设计是否科学合理等都将会对工程建设成败产生决定性的影响。大量的工程实践也已经证明，工程建设阶段出现的许多连锁不良反应，绝大部分都是由于工程规划与设计不科学、不合理导致的。因此，保证工程规划与设计的系统性与科学性对于大型工程建设与效益发挥具有十分重要的作用。

由于大型工程的工程规划与设计活动是在工程建设实施前完成的，必然面对许多不确定因素，随着工程复杂程度的不断提高和外部环境的动态多变，工程规划与设计的不确定因素越来越多，工程活动也变得越来越困难，因此在工程规划与设计过程中不仅要考虑系统性和整体性，还需要特别重视规划与设计方案的柔性和适应性，以适应新形势下对规划与设计阶段活动的要求。

(3)大型工程的工程实施与控制阶段

对于大型工程而言，无论多么美好的蓝图，多么完美的计划和方案都不会自动变为现实，必须通过参与主体的劳动实践方能实现。运用现代技术、设备和生产工具将“原材料”构建成为看得见、摸得着的人造实体是大型工程建设的核心环节，而工程实施与控制

阶段正是通过工程参与主体的劳动实践将工程概念模型转化为物质实体的实践化过程，也是通过工程参与主体的实际操作和执行将工程规划和设计阶段的各种规划设计方案实践化的过程。

从大型工程全生命周期过程来看，工程实施与控制阶段的主要任务在于按照勾画的蓝图和整体规划要求在规定的时间和成本约束条件下构建出符合既定功能标准和价值要求的工程物质实体。由于工程所处时间、空间都在不停地运动变化中，工程实践活动也存在动态性特征，这使得工程实际进展往往不可能与起初设定的计划相符合，需要对工程活动进行控制，并对计划进行调整。另外，当工程实施过程中出现进度、成本、质量、安全等目标冲突的情况下，也需要做好组织协调工作。因此，控制调整和组织协调也是工程实施与控制阶段的重要任务。通常，大型工程实施阶段的控制主要集中在安全控制、质量控制、进度控制和投资控制四个方面，由于上述四个方面是相互关联、相互影响的，因此其中任何一个目标的调整都需要综合考虑对其他三个方面产生的影响，做到综合控制和综合协调，以保证工程实施整体最优。

大型工程项目完工以及工程物质实体构建完成标志着工程实施与控制阶段结束，至此一个新的人造系统诞生。

(4)大型工程的工程运行与使用阶段

工程运行与使用阶段是工程功能实现与价值创造的关键环节，包括工程项目从投入使用直至终结的全过程。通常，大型工程的物质实体都有其自身的使用寿命，因此工程运行与使用阶段各项活动的目的即为在使用寿命期间，保证大型工程的正常使用与高效的运营，实现其经济与社会价值。当然，由于工程类型的不同，其在运行与使用阶段的活动也会所有差异，但是工程养护、监控以及营运管理活动都是必不可少的。

当工程运行较长时间时由于功能衰退或外部环境变化可能会导致其难以满足工程主体或社会需要，此时工程主体可以选择对工程进行更新或改造，以延续其使用价值，然而当工程难以更新或改造或存在严重弊端时，工程将被废弃，其生命周期随之终止。

综合上述分析可以看到，大型工程的全生命周期包括工程从提出构想、整体规划、建设实施、投入使用到工程终结的整个过程，虽然每个阶段的工程活动都有其各自的内容和目标，但是它们是不可分割的有机整体。因此，各阶段工程活动不仅要符合阶段性目标与要求，也必须面向全生命周期过程。

3.2　大型工程前期决策

3.2.1　大型工程前期决策概念界定

一般意义下，决策是指个人或群体为了实现其目标而采用一定的方法，遵循一定的程序，选择、设计备选方案，并从中选择一个最优方案实现决策目标的过程[31]。大型工程决策，顾名思义即围绕工程及工程活动的开展所进行的决策行为与决策活动的总称。大型工程活动产生于工程项目构想的提出，终止于项目废止，因此广泛意义下的工程决策贯穿于工程全生命周期过程。

大型工程全生命周期过程中不同阶段的工程活动都有各自的目标和任务，因此不同阶段的决策活动也都有其各自的特点。其中，工程实施前的决策通常是围绕工程战略宏观层面以及系统整体层面的决策，属于工程重大问题决策范畴，其决策正确与否不仅影响着工程建设全过程，也在很大程度上决定了工程在社会中的地位和价值，是大型工程决策中最关键的环节。

大型工程开工实施前的决策都可称之为前期决策，这里的前期是相对于工程开工建设而言的。从工程活动阶段性角度，大型工程前期决策主要涵盖两个阶段的工程活动，即项目定义和工程立项阶段以及工程规划和设计阶段；从国家基本建设程序的角度，大型工程前期决策主要是指从工程项目构想提出和工程项目正式立项。所谓立项是指工程项目已经通过政府相关主管部门的立项审批，正式列入投资计划或建设计划。在国家基本建设程序中，项目立项是工程前期筹备阶段和建设实施阶段分界的关键性事件。工程准予立项代表工程项目已获得正式进入建设实施阶段的政府行政许可。根据我国基本建设程序的要求，大型工程立项必须经过机会研究、初步可行性研究、可行性研究、项目综合评价和立项决策若干程序[32]。

大型工程前期决策与投资决策和立项决策既有区别又有联系。从概念上讲，大型工程前期决策是从时间阶段性角度对工程决策活动的区分与界定，既不包含主体因素，也不涉及具体决策问题，更加关注决策与决策活动本身；工程投资决策是选择和决定投资行为方案的过程，是对拟建项目的必要性和可行性进行技术经济分析论证，对不同建设方案进行技术经济比较做出判断和决定的过程[33]，与前期决策概念相比，投资决策是基于投资主体和投资项目问题选择的概念，更加侧重技术经济分析；大型工程立项决策则是对工程能否获得主管部门认可，列入国家或地区计划做出决策，通常是基于政府主体视角对决策活动进行研究[34]。实际上，在大型工程的界定范围下，从大型工程前期决策、大型工程投资决策与大型工程立项决策在决策实践所涉及的决策问题与决策活动来看，三者并无本质区别，只是所处立场与视角略有不同，可看作是从不同角度对发生在项目立项前的各项决策活动及决策结果的概念界定。

本书将拟对大型工程施工前的决策与决策活动进行全面客观的分析，并不涉及主体视角问题，因此称之为大型工程前期决策。基于决策活动的特点，本书对大型工程前期决策进行了界定：大型工程前期决策是指在工程立项前，决策主体根据项目性质及建设运营管理需要，在分析宏观微观环境、工程各个阶段、各项活动及影响因素之间的相互关系、相互作用基础上，提出有待论证和解决的各项问题，并通过系统论证、科学研究与方案比选，最终确定问题解决原则、方向及实施方案的过程与结果。

3.2.2　大型工程前期决策的特点

3.2.2.1　大型工程前期决策对工程具有整体性、全局性和决定性影响

大型前期决策虽然只覆盖大型工程全生命周期过程的前期阶段，但前期决策的正确与否却对整个工程建设具有整体性、全局性和决定性的影响与作用。可以说，正确前期决策能够有效保证工程各项活动的顺利实施，实现工程综合社会效益，为子孙后代造福；错误前期决策则不仅可能导致工程失败，更将给社会经济发展、生态环境以及人民生产生活带来不可挽救的损失。如图3-1所示。

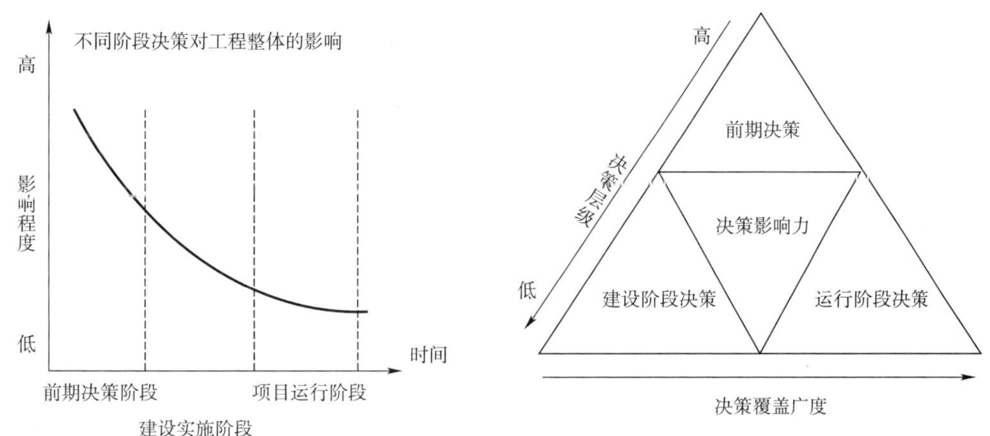

图3-1　大型前期决策对工程的影响

概括来说，大型工程前期决策对于工程建设活动的影响主要体现在以下几个方面：

(1)大型工程前期决策决定了工程未来实践活动的方向和目标。有什么样的工程目标就有什么样的工程。如果工程目标导向出现问题，无论工程建设技术如何先进，都可能直接导致项目失败。

(2)大型工程前期决策是在可行性论证基础上对工程建设进行概念设计与总体规划，可行性论证是否全面、深入，概念设计是否科学合理，总体规划是否具有整体性、系统性都直接影响着工程建设的质量和效率。

(3)工程与工程活动阶段性与整体性的统一决定了工程决策的路径依赖性，前期决策是工程决策链条上的初始阶段，该阶段中的任何微小失误，都可能经过一连串活动无限放大，从而引发更为严重的事情发生，因此前期决策中蕴含的任何风险都可能是工程建设中的严重隐患，必须对其进行全面系统的分析、谨慎决策。

3.2.2.2　大型工程前期决策是以问题体系为导向的系统论证与决策过程

大型工程前期决策主要致力于解决关于工程建设的三个基本问题：为什么要建设这个工程，工程的定位以及工程建设的目标是什么，应如何建设这个工程才能实现期望的目标。根据大型工程前期阶段活动的特点和目标，围绕上述三个基本问题，可将其转化

为一系列更为具体的决策问题,主要包括:工程项目建设的必要性与可行性、工程建设目标、工程的功能、工程选址、建设规模、建设内容、工程结构、技术标准、技术实施方案、投资估算、资金来源、资源配置计划、组织实施方式、总体进度计划、风险识别与应对方案、工程建设导致的社会问题与生态环境问题的解决方案等。如果大型工程前期决策面向全生命周期过程,则还需要对工程运营阶段的各项问题进行决策,包括工程运行方式、运营管理模式、工程维护等问题。

大型工程前期决策问题体系根据其问题性质的不同可划分为宏观战略决策和微观战术决策两个层次。各层次所涉及的决策问题以及不同决策问题之间的相互关系如图 3-2 所示。

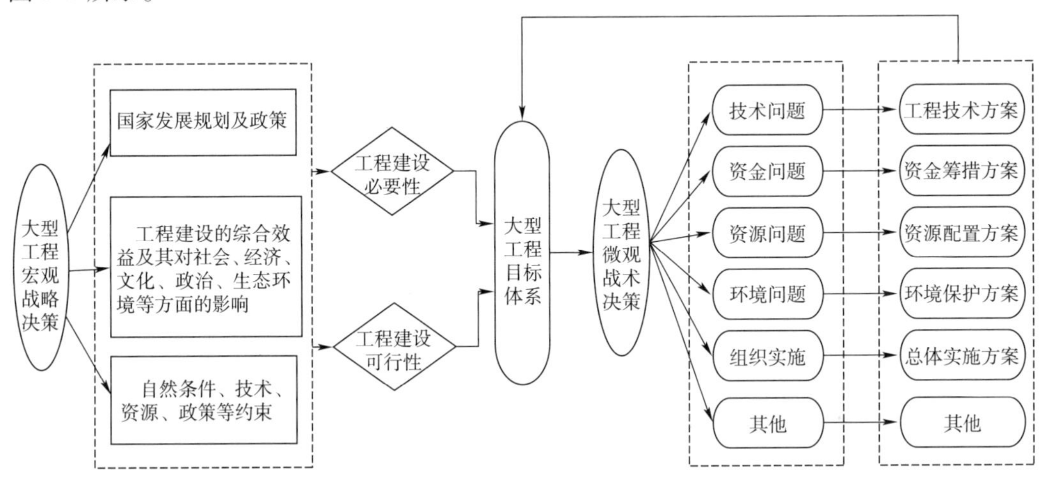

图 3-2　大型工程前期决策问题体系图

大型工程宏观战略决策是对工程建设的总体战略部署的决策,主要通过对大型工程建设的意义和价值进行综合评价,明确工程建设的总体战略目标,并确定在什么时间、什么地方建造什么工程。大型工程前期宏观战略决策是工程决策的上层系统,是基于国家层面对工程总体布局合理性、协调性和经济性的系统把握,更加强调工程的综合效益,关注工程系统与外部社会、经济、政治、生态系统等的适应性与协调性。微观战术决策,则主要是围绕项目战略目标的实现,针对具体问题制订优化方案,是对工程具体实施方案的制订与选择,包括明确工程建设规模、建设内容、技术方案、投资估算、组织实施方式等。工程微观战术决策过程通常是在工程可行性论证的过程中,由项目业主根据设计、科研或咨询单位的研究成果,对多个备选方案进行综合评价和比较分析,从中选择满意方案的过程。

任何大型工程前期决策都将围绕上述问题开展决策活动,研究并制订解决方案与实施方案。特别需要指出的一点是,大型工程前期决策从总体上属于工程概念设计阶段,因此工程前期决策过程中并不包括决策方案实施与反馈调整环节。由于大型工程前期

决策各项方案只有在建设阶段和运营阶段执行后才能判断其正确与否,因此只有在工程建设完成并投入运行后才对工程前期决策得出客观、公平的评价结论,而大型工程决策对社会经济发展以及对生态环境产生的影响往往需要经历更长时间的论证。大型工程前期决策的这一特点客观上要求决策主体必须以十分严谨和谨慎的态度对待各项决策,同时对决策的正确性也提出了更高的要求。工程可行性论证是大型工程前期决策的前提和基础,可以说,目前我国已建成的成功的大型工程,其各项决策都是在系统论证的基础上统筹决策的结果,并且许多重大决策问题往往需要经过长期酝酿、反复论证才能做出科学决策。大型工程前期论证不仅需要对工程本身进行论证,而且需要全面分析影响工程的外部环境条件和工程对环境影响的各个方面,预测未来可能发生的各种情况,从而在系统分析的基础上做出决策[35]。

3.2.2.3 大型工程前期决策是多主体联合行动的结果

大型工程前期决策的核心主体是政府相关部门,它们是工程前期决策的组织者,并对工程立项与否有着最终决策权,但是从决策方案的形成与选择的角度,大型工程前期重大决策方案的形成与确定则是多主体联合行动的结果。就工程前期决策阶段而言,其决策群体构成、各决策主体性质及其在决策中的角色与地位如图3-3所示。

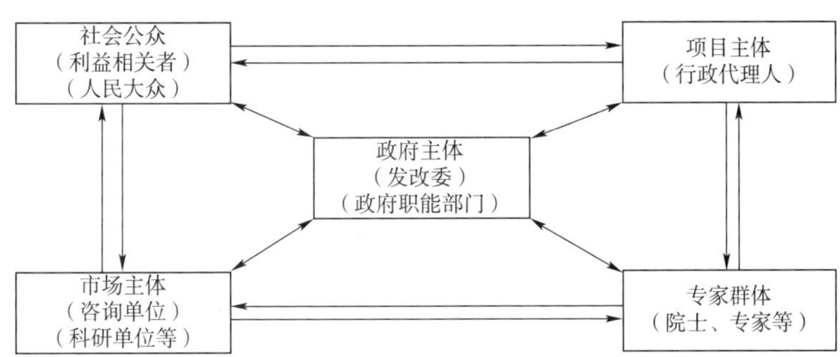

图3-3 大型工程前期决策主体

(1)政府主体

大型工程项目的立项及建设关系到国计民生,一旦建成将会对社会经济发展、人民生产生活以及生态环境产生深远影响,工程能否立项、如何建设等重大问题已不仅仅是技术决策或经济决策,也是政治决策,需要从宏观战略的角度对其进行综合评价和系统规划,也正因为如此,政府主体历来是大型工程前期决策的第一主体。由于工程前期决策问题复杂,影响深远,为了保证决策科学性和正确性,必须在项目建议书通过后开展可行性论证,以此作为能否立项的重要依据。通常,政府主体通过委托项目主体的方式组织开展可行性论证工作,并将局部决策权下放给项目主体,政府主体只对重大关键问题进行决策。对于工程可行性研究的科学性、有效性则通过审查以及专家评审方式进行监督。

由于我国行政管理的条块分割，大型工程前期决策所涉及的政府主体本身也具有多元化特征，包括相关政府行政职能部门、项目所属领域的主管部门以及项目所在地的地方政府、省级政府等。其中，政府行政职能部门又承担着不同职能领域内的审批职责，例如国家发展与改革委员会，承担着组织有关部门审批公共项目投资职责，具有对大型工程项目立项与否的最终审批权，财政部门、规划部门、环保部门、国土资源部门以及项目所属领域主管部门则分别承担关于投资方案、工程建设规划方案、环境影响评价、土地使用与管理以及相关行业技术与标准等方面的审批职能，具有局部审批决策权力，从而使大型工程宏观层面的审批决策呈现出多主体决策的特点。

(2)项目主体

在前期决策阶段，项目主体主要是指以工程前期工作小组或者是前期筹备小组为组织形式的主体，一般由具有丰富项目经验的工程管理人员和工程技术人员组成，负责前期阶段的论证组织与管理工作。在政府投资的工程项目中，前期阶段的项目主体主要受政府委托，因此其决策权力主要来源于政府授权，从委托代理的角度也被称之为行政代理人。一般来说，项目主体的决策权力主要局限于前期决策阶段中观或微观层面的问题，并且其权力来源于政府的授权。对于宏观层面的重大问题，项目主体往往只具有建议权和参与决策权，最终决策权依然集中于政府主体。

(3)中介机构

中介结构是指在大型工程前期决策过程中承担具体问题论证与咨询职责的科研单位、咨询单位等，具有典型的知识型主体特点。由于大型工程前期决策阶段的各项重大问题涉及诸多领域的专业知识，政府主体和项目主体通常并不具备这些知识与技术，需要借助科研单位与咨询单位开展论证活动，获得决策所需的专业意见、咨询意见。由此可见，科研单位和咨询单位属于大型工程前期决策中的重要决策咨询主体。

对于中介机构来说，虽然其在重大问题决策过程中并不拥有最终决定权，但是由于他们拥有决策所需的知识，并且由其主导开展具体问题论证，论证结果以及论证意见都能够对最终决策产生重要影响，因此中介机构也被界定为大型工程前期决策的决策主体，其决策权力主要为建议权。

(4)专家群体

大型工程各项重大决策在决策过程中必须充分听取各领域专家的意见，各项决策方案也都必须通过专家评审才能进行政府行政审批。所谓专家是指决策过程中需要具有丰富经验、熟悉科技发展趋势、通晓科技规律、秉持严谨科学精神的科学家、工程技术专业和学者。由于不同决策问题所涉及的领域必然有所不同，因此专家群体通常由政府主体或项目主体根据决策需求选择专家，并通过成立临时专家组或评议组的方式在技术咨询、方案评审等环节发挥其作用。专家群体的决策权力主要包括建议权、否决权、决策参与权。在大型工程前期决策实践中，专家群体对于前期决策的指导与支持对于保证决策

的科学化发挥着不可忽视的重要作用。

(5)社会公众

大型工程项目既是国家战略工程,也是具有社会性和公益性的公共工程,因此工程建设应该反映并满足社会公众的需求和偏好。在以往工程决策中,社会公众一直处于弱势地位,缺乏参与工程决策渠道和机制,随着决策民主化的不断推进,社会公众对于大型工程重大决策的影响力越来越大,相关法律法规和政策明确指出大型工程所有重大决策方案在制订过程中必须征求公众意见,并需要将决策活动中的信息通报公众,接受社会公众的监督,从而使社会公众在决策过程中发挥着越来越重要的作用。对于大型工程而言,其公众并不是单一的概念,其中也涉及众多群体,例如受到工程建设直接影响利益相关者、受影响团体的公共代表、对社会公共事务关注的社会组织、团体等,他们大多以监督、舆论等方式行使其权利和职责。

3.2.2.4 大型工程前期决策必须遵循国家基本建设程序要求

大型工程属于国家基本建设项目范畴,其前期决策遵循国家基本建设程序。我国目前现行的基本建设程序是在1978年国家计委、国家建委以及财政部联合颁发的《关于基本建设程序的若干规定》及有关文件的基础上,不断借鉴发达国家项目决策成功经验,并结合我国大型工程建设实际情况优化调整形成的。2004年,我国出台《国务院关于投资体制改革的决定》,规定"对于企业不使用政府投资建设的项目,一律不再实行审批制,区别不同情况实行核准制和备案制"。但对于对社会经济发展具有重大影响的大中型基础设施项目仍采用审批制度。按照国家相关规定要求,大型工程前期决策基本程序包括:

(1)提出项目建议

项目建议是通过项目建议书的方式提出的。项目建议书是项目主体根据国民经济发展规划、部门行业发展规划、地区发展规划以及社会经济技术政策等,在调查研究和综合比较基础上,向国家有关部门提出要求建设某一项目的建议文件。该文件是对拟建项目的总体构思及对若干重要问题的总体分析与初步论证,其目的在于表明项目的重要性与可行性。项目建议书的具体内容主要包括工程项目建设的必要性、建设条件及工程方案、投资估算与资金筹措方式、工程实施进度计划、社会经济基本效益五个基本部分。

项目建议书提交后,由国家主管部门对项目进行综合评价,并将那些符合国家发展规划,对社会经济具有重要影响的项目列入国家建设计划,批准上述项目建议申请,并委托项目主体组织开展工程可行性研究[36]。

(2)工程可行性研究

工程可行性研究是在项目建议书通过国家相关部门批准后,由项目业主或承担单位联合有资质的设计单位、科研单位、咨询单位等对项目建设的自然社会、技术经济、材料资源、总体规划、建设方案等进行分析、研究与论证。可行性研究是前期科学决策的重要依据，其核心在于通过科学研究活动以及论证活动对项目建设的必要性、可能性及可行性做出综合评价，以避免盲目投资，减少建设风险。大型工程涉及因素多，横跨自然科学、社会科学、技术科学、经济科学等，往往需要组织多个领域、不同专业的研究团队联合开展研究活动。

编制工程可行性研究报告是该阶段的一项重要工作，也是对本阶段研究成果总结，其中既包括工程论证内容、论证过程、论证方法等内容，还包括工程建设涉及的重大问题推荐方案、方案选择标准、过程、方法以及有待解决的问题或存有争议的问题等。实际上，工程可行性研究报告是项目业主综合多方面论证成果对工程项目建设各项重大问题的决策结果，也是政府立项审批的重要依据。此外，在工程可行性研究过程中，项目业主还需要获得国家或地区相关职能部门的批准，例如工程选址及总体规划方案需要获得规划部批准，土地使用需要获得国土资源部门批准，环保评价需要获得环保部门批准等。

(3)项目总体评估

为了保证论证研究的真实性、科学性与合法性，国家主管部门在进行审批与正式投资立项决策前将组织专家组对论证研究过程及决策结果进行综合审查与评估，由此可见，项目总体评估是对可行性研究的再研究、再评审、再论证，为最终决策提供更加全面客观的参考依据。审查与评估内容包括：工程可行性研究及推荐方案是否与建议书相符；工程可行性研究是否符合国家相关技术、参数标准与要求；论证内容是否全面；论证深度是否达到标准；论证过程、技术与方法是否科学；各项推荐方案是否为最优方案等。按照国家相关规定要求，大中型建设项目由各主管部门、各省、市、自治区或全国性专业公司组织专家对项目进行评估；重大项目和特殊项目则由国家发展与改革委员会同有关部门组织专家进行评估。专家组在综合评定后需要提出具体评审意见，项目主体必须按照评审意见组织委托单位对工程可行性研究进行修改和复审。

(4)投资立项审批

投资立项审批是工程前期决策的最后环节，审批通过标志着项目正式立项。2004年国务院关于投资体制改革的决定中指出，大中型建设项目的审批部门为国家发展与改革委员会，重大项目和特殊项目则由国务院进行最终审批。政府行政审批通过后，工程前期决策阶段完成。准予立项的工程，项目业主即可按照工程可行性研究报告组织实施工程建设。

工程项目，特别是大型工程项目，必须谨慎对待前期决策阶段，严格按照上述基本程序开展活动，无论是论证、决策还是评估都应严格遵循科学化、法制化基本要求，唯有如此才能保证工程项目前期各项决策的正确性、科学性与有效性，实现工程立项价值。大型工程前期总体决策的基本程序如图3-4所示。

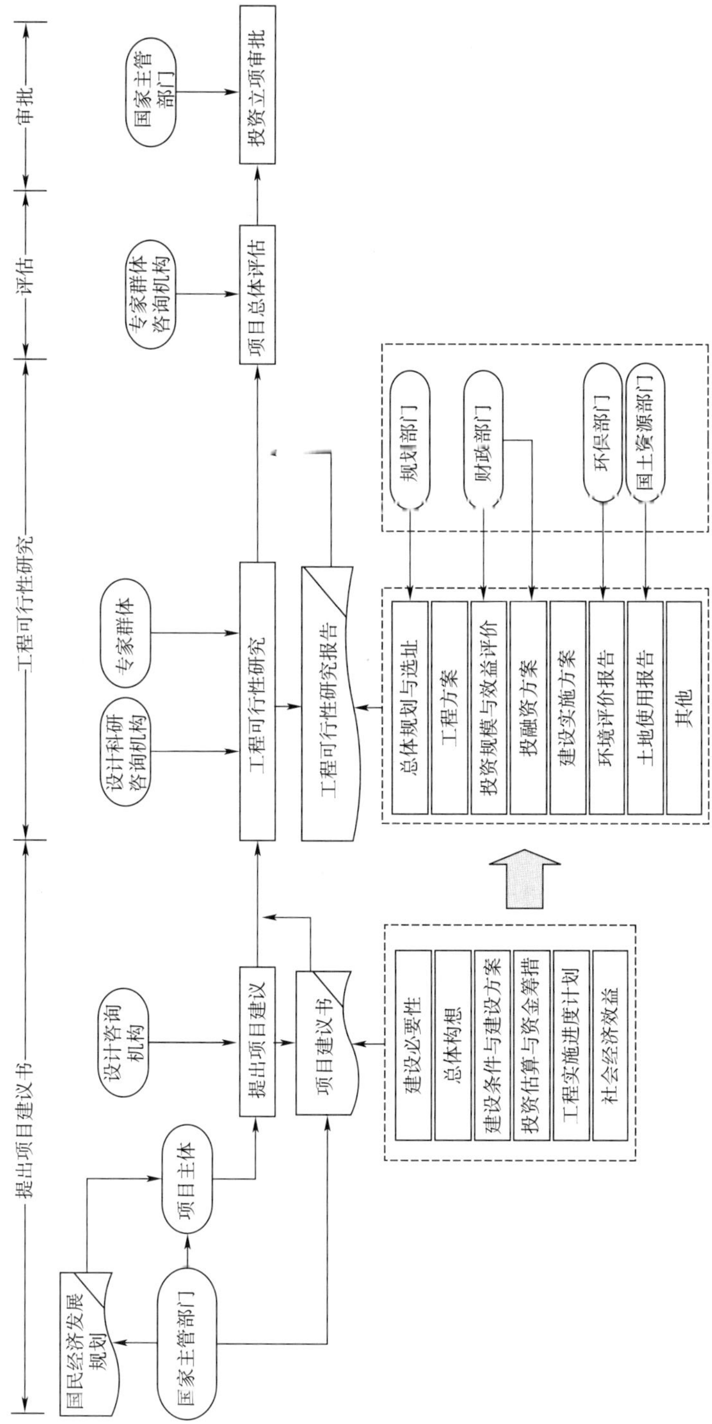

图 3-4　大型工程前期总体决策的基本程序

3.3 大型工程前期决策管理

3.3.1 决策与决策管理概念辨析

著名的管理学家西蒙提出了管理即决策的观点，指出决策贯穿于管理的全过程，从而确立了决策在管理中的重要地位和作用。从组织管理的视角，决策是管理的核心，但是对于决策本身而言，也需要对其涉及的多方面要素和各个阶段的活动进行系统科学的管理，因此决策与管理两者之间是辩证统一的：管理不能脱离决策与决策活动，对决策要素以及决策过程中各项活动也需要进行有效的管理。

J. E. Kottemann 是较早关注决策管理的学者，他于 1986 年夏威夷国际系统科学年会的论文中提出了“元决策”概念，将元决策作为决策或解决问题的重要步骤[37]。之后，我国系统科学著名学者王众托教授将其引入到决策支持系统中，并对这一思想进行了丰富与发展。所谓元决策即为对决策进行的决策，它面向决策全过程，以提高决策整体效能为目标，根据决策主体、决策环境以及决策问题的特点，对决策规则（Paradigm）、决策行动以及决策程序进行总体规划与选择，以保证面向问题决策的有效性、及时性和决策结果的可操作性[38]。其中元是“在……之上”的意思。元决策和具体问题的决策共同形成了一个两层次结构以更好地实现决策的科学化。元决策过程及步骤如图 3-5 所示。

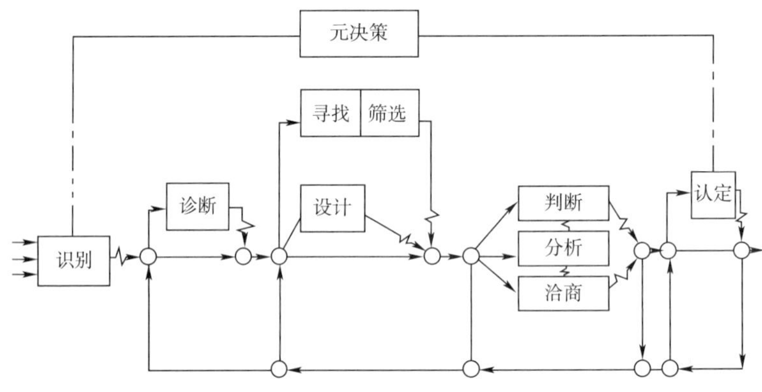

图 3-5 元决策过程及步骤

实际上，不仅需要在决策之前对决策活动各要素进行规划、设计与选择，在决策过程中也需要管理主体通过信息获取、规划、决策、组织、协调、控制等职能的发挥来组织协调各种一切可以利用的资源，以保证决策各项活动能够以最有效的方式制定出科学合理的决策结果，我们将这称之为决策管理。由此可见，决策与决策管理是处于不同层次的两个问题。由于目前对于决策和决策管理的界定十分模糊，不利于研究的进一步开展。本书首先从对象、目的、内容和主体四个方面对决策和决策管理进行了比较分析，以阐明两者之间的差异性，如图3-6所示。

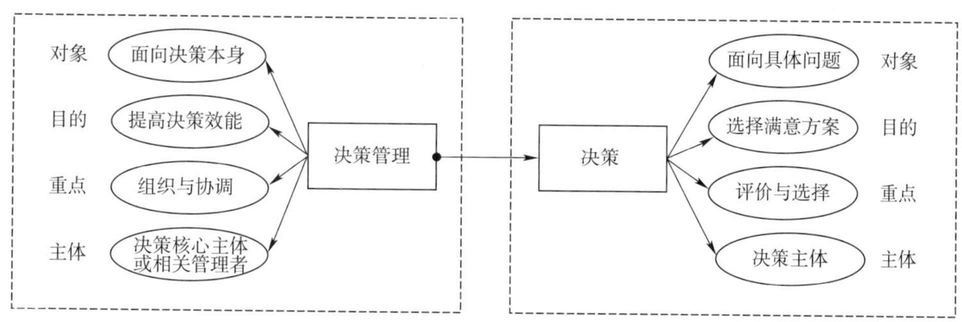

图3-6 决策与决策管理的区别

决策管理与决策有着本质的区别，主要体现在：

(1)从对象上看，决策面向具体问题，是认识问题、分析问题和解决问题的过程，决策管理面向决策系统，是对决策要素以及决策活动进行管理，内容包括决策前的整体规划与设计、机制建立，决策中的过程组织、协调控制以及决策后的综合评价等；

(2)从目的上看，决策的目的在于解决具体问题，其决策方式是在对问题系统分析的基础上拟订备选方案，并根据决策主体的价值取向从多个方案中选择出最符合目标的方案，而决策管理的目的在于利用组织管理手段提高决策与决策过程的效能，其衡量指标包括决策效率、决策速度、决策质量、决策水平等；

(3)从内容上看，决策活动是以问题为导向展开的，而决策管理是以要素与过程管理为导向展开的，其管理重点在于建立有利于提高决策效能的手段、制度与机制；

(4)从主体上看，决策主体是所有参与决策的人或者具有决策权的人，对于最终方案的选定具有重要影响作用，而决策管理的主体是决策要素以及决策过程的组织者与管理者，担任决策管理主体的可以是决策主体，使其不仅具有决策权，也具有决策管理权，也可以是第三方主体，即不参与决策过程，只负责对整个决策过程进行组织、协调、监督和管理的管理主体。此外，在技术与方法方面，决策是以决策技术为核心，需要对不同方案进行评价和选择，而决策管理以管理技术为核心，包括模式的选择、决策过程规划等。

综上所述，决策与决策管理无论从内容、目的还是方式方法上都有本质的不同。本书的研究对象为大型工程前期决策管理，并非大型工程前期决策本身。由于决策管理只有与决策系统的特点与管理需求相适应才能发挥其功效，因此本书从对大型工程前期决策系统分析入手，识别其管理需求，并在此基础上凝练并提出当前大型工程前期决策管理面临的挑战及迫切需要解决的一些问题，从而通过对问题的分析研究提出相应的解决方案，在研究内容上本书以决策模式的选择、决策程序设计和决策激励为核心，不涉及具体的决策技术和决策方法。

3.3.2 大型工程前期决策管理的目标

科学化、民主化、法制化是保证正确决策的前提与基础，提高决策的科学化、民主化、法制化水平也是决策管理不懈追求的目标。要保证大型工程前期决策管理有的放矢，有必要首先对其管理目标及内涵加以深刻认识和清晰界定，并以此明确决策管理的方向。

3.3.2.1 决策科学化

什么是决策科学化？《科学发展观百科辞典》中将其界定为，在科学的决策思想指导下，按照科学的决策规律，遵循科学的决策程序，运用科学的决策方法进行决策[39]；《新世纪领导干部百科全书》指出决策科学化是把科学引入决策过程，利用现代科学技术手段，采用民主和科学的方法设计政策、选择方案、决策问题，把决策变成集思广益的、有科学根据和制度保证的过程，达到最佳化的管理[40]；王利平认为决策科学化要以充足的事实为依据，按照事物内在联系对大量的资料和数据进行分析和计算，遵循科学程序，进行严密逻辑推理[41]；安维复认为决策科学化从内容的角度应遵循所涉及领域的科学原理、技术规程和知识，从主体角度应广泛收集信息，听取各方意见，进行充分研究，从程序角度应遵从决策的规律[42]。综合众多学者的界定，决策科学化的内涵在于将“科学”引入决策活动及决策过程，而这里的“科学”包括三个方面的含义：

科学的第一层含义在于遵循客观规律以及科学原理开展决策活动。由于决策过程既涉及物又涉及事和人，因此其所遵循的规律是物理—事理—人理的集合体，即既需要依据其所涉及的自然规律、生态规律、经济规律、社会规律、技术规律等，遵循事物的运动与发展规律，如决策规律及科学研究规律等，还需要遵循决策主体的认识规律等。

科学的第二层含义在于秉持科学精神。现实中许多决策的失误往往并非技术或方法问题，而是缺乏科学的精神，科学精神是由科学性质所决定并贯穿于科学活动之中的精神状态和思维方式的总称，例如执着探索精神、创新改革精神、理性精神、求实求真精神、实证精神、开放精神、严格精确的分析精神以及实践精神等，是科学研究取得成功的重要保证。科学精神应贯穿整个决策过程，特别是对于复杂性决策而言，它所涉及的许多问题属于未知领域或不确定性领域，需要在科学研究的基础上开展决策，因此科学精神就变得尤为重要。

科学的第三层含义在于运用现代科学知识体系的优良成果，将经验决策转变为科学决策，使决策活动规范化、系统化。例如以科学先进的理论为指导，设计科学的决策程序，制定决策制度与决策机制，完善决策支持系统、决策咨询系统、决策评估系统、决策监督系统以及以决策跟踪与反馈系统为核心的决策体系等等。

基于对决策科学化内涵的剖析，大型工程前期决策管理的核心在于如何在决策过程中实现“科学”三个方面的有机统一，因此迫切需要建立起一套遵循客观规律及科学原理，有利于发扬科学精神，并与大型工程前期决策问题及决策过程特点相适应的系统的、

科学的决策体系，为决策提供科学依据和必要保障。决策体系一般由决策机构、决策程序、决策机制与决策规则构成。由于决策体系包含多个子系统，子系统之间相互联系，要发挥决策体系的整体优势，需要根据实际情况对各个子系统进行必要的协调与优化，保证整个体系能够科学有效的运转。综合上述分析，科学化是大型工程前期决策管理的核心目标，要实现该目标，决策管理应致力于完成以下两项内容：

(1)根据工程前期决策问题及决策过程的特点建立一套遵循客观规律及科学原理，有利于发扬科学精神的、科学的、系统的决策体系；

(2)在决策过程中，根据决策任务与决策需求的变化，对决策体系中各个子系统实施必要的协调与优化，加强决策体系的适应性，保证各子系统之间协同有序，以发挥整体优势。

3.3.2.2　决策民主化

在政治领域中，民主化是与专制化对立而言的，有鲜明的阶级内容，在决策过程中，重大决策民主化则体现为各种不同意见和利益的充分表达，宽松、自由和畅所欲言的民主氛围以及决策过程中的民主程序。于新恒等指出决策民主化是指决策者在决策过程中充分听取广大群众意见，最大限度地让人民群众以及各方面专家真正参与决策[43]；《新语大辞典》认为决策民主化是指决策必须经过一定的民主程序；许耀桐将决策民主化定义为做决策时，既充分重视集体中所有成员的意见和判断，反对独断专行和个人主义，又重视智囊机构的意见和判断，并且尽可能使所有利益关系人都有机会参与决策，在此前提下，使决策充分反映民意的过程[44]。由此可见，决策中的民主并不仅仅是社会公众的民主，而是对决策过程中所有相关干系人的广泛的民主。2004 年 9 月，中共十六届四中全会通过的《中共中央关于加强党的执政能力建设的决定》中，对于重大决策中民主化要求进行了较为全面的界定，主要包括：通过多种渠道和形式广泛集中民智，使决策真正建立在科学、民主的基础之上；对涉及经济社会发展全局的重大事项，广泛征询意见，充分进行协商和协调；对专业性、技术性较强的重大事项，认真进行专家论证、技术咨询、决策评估；对同群众利益密切相关的重大事项，实行公示、听证等制度，扩大人民群众的参与度。

对于大型工程前期决策而言，决策民主化既是民主政治的客观要求，也是保证决策科学化的有效手段。相对于集权式决策而言，民主决策通过广泛集中民智，可以最大限度地提升决策质量，弥补决策者的信息不足、知识不足和能力不足，纠正决策者价值的、理性的、观念的偏见，并且最大限度地调动群众积极性，提升群众的主动性和创造性，从而为决策实施获得最有利的支持和保障。但是同时，民主决策客观上增加了参与决策的主体数量，由于不同性质的参与主体价值标准与利益诉求的多元化，主体之间的价值冲突以及利益冲突，将大大增加决策过程的复杂性，并容易导致“集体行动的困境”。正如邢怀滨所指出的那样，公众在工程中享有知情权、选择权和参与权，并不意味着权利是绝对的和无条件的，对于不同类型的工程和不同的情况，各个主体的权利范围以及行使权力的方式需要具体问题具体分析，实现民主与科学的有机结合[45]。

综合相关分析，决策民主化客观上要求大型工程前期决策采用多主体参与下的民主协商决策模式来替代传统体制下的集权式决策模式。由于决策模式发生了转变，决策管理需要根据新形势下的要求，转变管理思想，明确管理任务。在民主化目标下，大型工程前期决策管理应致力于解决以下问题：大型工程前期决策的民主主体包括哪些，不同的民主主体的权利是什么，各个主体采取何种方式行使其权利既能体现民主化又能体现科学化，当主体之间产生冲突与矛盾应如何协商与协调。由此可见，大型工程前期决策民主化是科学化基础上的民主化，如何实现民主与科学的有机统一是决策管理的重要任务。

3.3.2.3 决策法制化

决策法制化是依法治国原则在决策领域的具体体现，其核心在于用法制手段规范决策内容、程序，约束决策主体权利、行为，决策的所有活动都以法律规章制度为依据，按法律规章制度要求运行。周叶中指出决策法制化既指动态意义上的决策过程的法制化，也指静态意义上决策结果的合法化[46]。张成福认为决策法制化的关键在于理顺决策主体之间关系，完善决策制度与程序[47]。高帆指出了决策法制化的四项主要内容，即制定决策的主体需符合法律规定的权限、决策需要依据法定的程序、决策方案不得与法律规定相冲突、决策失误应依法追究其责任[48]。综合上述观点，对于决策法制化可按照决策前、决策中、决策后的时间顺序对其内容加以理顺，即决策前需要对决策问题、决策目标、决策主体、决策规则等的合法性进行审查；决策中应严格按照法律规定的程序及要求开展决策活动，并对决策结果的合法性进行审查；决策后对于决策失误应追求其责任。

决策的法制化与决策体制与法律环境密不可分。由于受传统体制的影响，我国工程项目投资决策体制经历了从计划经济到市场经济的转变。计划经济下，我国基本建设投资决策权集中于中央。在宏观决策上，由国家计委通过基本建设五年计划和年度计划，确定基本建设的投资规模、投资方向、项目产业和地区布局等重大决策，在项目决策上，所有规模以上项目的计划任务书、初步设计等由国家计划部门和建设部门审批。改革开放后，随着从计划经济向市场经济的转变，工程投资决策与管理模式也发生了较大变化。1983 年 2 月，原国家计委下达关于颁发《建设项目进行可行性研究的实行管理办法》的通知，正式将可行性研究纳入基本建设项目决策程序，同时该办法对可行性研究编制程序、编制内容、预审和复审等方面都提出了明确的要求[49]。1984 年国务院技术经济研究中心组织研究《建设项目国民经济评价方法与参数》，此后国家先后于 1987 年、1993 年、2006 年出版《建设项目评价方法与参数》第一版、第二版、第三版，对不同阶段工程经济评价的程序、方法和指标做出了明确规定和具体说明。此后，国家各部委先后发文，对各自管辖范围内的建设项目可行性研究进行了详细规定。2002 年 4 月，《投资项目可行性

研究指南》出版，是我国第一本在国家层次上指导全国投资项目可行性研究工作的规范性文件。2004年7月，国务院发布《关于投资体制改革的决定》，对新时期工程投资决策及可行性研究诸多重大问题作了明确规定与具体说明。虽然经过二十多年的改革与发展，我国工程投资建设管理法制化水平不断提高，但是当前工程投资建设法律体系仍然存在诸多问题亟须解决。谢琳琳指出我国公共投资领域决策缺乏统一的决策规则，关于公共投资项目决策管理制度及规定分散于建筑法、环保法、交通法、规划法等不同体系的法规条文中，缺乏系统性[50]；徐友全通过对我国建筑业法规条款的研究指出，法律少规章多，过于抽象、规定不完整、缺乏可操作性以及规定之间相互冲突是当前建筑行业法规体系方面普遍存在的问题[51]。

工程投资决策管理法制环境的客观情况，决定了大型工程前期决策管理必然面临诸多复杂性挑战，这对管理主体管理水平与能力提出了更高的要求。在此种情况下决策管理要实现决策法制化目标，一方面，必须严格按照国家相关法律制度的要求开展前期决策活动，保证决策内容、决策主体、决策程序、决策方案的合法性，另一方面还需要根据新形势、新任务的要求，积极创新管理模式，不断完善相应的法律法规建设，为决策规范化、科学化提供法律保障。

科学化、民主化、法制化是大型工程前期决策管理的核心目标，通过上述对其内涵与要求的剖析可以看出，决策科学化必须建立在民主化与法制化的基础上，同样民主化与法制化也必须遵循科学化的原则。在当前市场经济体制条件下，复杂性已经成为大型工程前期决策不容忽视的问题，并对决策组织与管理产生越来越深刻的影响，这里的复杂性不仅是大型工程前期决策本身的复杂性，也包括在实现科学化、民主化与法制化过程中表现出的多方面的组织管理的复杂性。因此，如何遵循科学化、民主化与法制化目标，对大型工程前期决策过程中表现出来的系统复杂性进行管理将是今后大型工程前期决策管理面临的艰巨而具有挑战性的课题。

3.4 大型工程前期决策的综合集成管理

3.4.1 大型工程前期决策的系统复杂性

大型工程的构建是一个复杂的系统工程，在动态多变的外部环境以及对大型工程建设要求的不断提高下，工程前期决策面临着越来越多复杂性的挑战。大型工程前期决策的系统复杂性主要体现在以下几个方面：

3.4.1.1 决策环境开放

决策环境是指进行决策所依据的各种外界条件、情况以及影响整个决策过程的外部因素的综合[52]。大型工程前期决策环境包括：①自然环境，主要是指工程所处地理位置及其气候条件和资源禀赋状况，例如气象、水文、地质、动植物、矿藏等；②经济环境，包括

经济体制、国民经济发展水平、资本市场环境等;③社会文化环境,包括时代特征、价值体系、风俗习惯、历史文化等;④技术环境,主要是指与大型工程建设活动直接相关的技术水平、上下游产业的发展水平、自主创新能力等;⑤政策法规环境,包括国家中长期发展规划、法律法规政策的完善程度以及与工程活动紧密相关的投融资政策、政府支撑性政策等;⑥政治环境,包括社会体制、政局稳定性以及所处时期政党的政策方针等。

工程项目是存在于一定时间和空间的实体,不仅对社会、经济、生态环境产生影响,也会受到各种环境因素的影响和制约。大型工程前期决策环境中的自然环境决定了工程建设的客观条件,经济环境影响着工程投资规模、工程方案以及工程效益评价等,社会文化环境引导着工程目标的确立、工程设计和决策者的价值偏好,技术环境决定了工程设计水平和建设水平,政策法规环境则是规定了工程决策的依据和标准。由此可见,大型工程前期决策环境涉及自然、经济、社会文化、政策法规、技术等多方面因素,是个开放的环境体系,前期决策中只有充分考虑各方面的环境因素,深入地了解工程本身与外部的联系,才能做出科学有效的决策及实施方案。如图 3-7 所示。

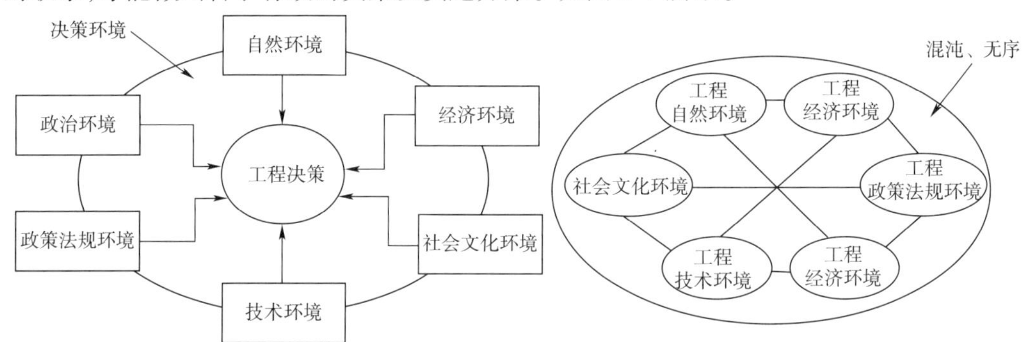

图 3-7　大型工程前期决策环境

由于环境的动态发展变化以及各种环境因素之间相互影响、相互制约,也会由此产生决策环境的混沌性与不确定性。例如,随着大型工程建设市场化的不断推进,市场经济因素和规则在工程决策中发挥着越来越大的作用,它不仅成为决策方案制订中的一项重要指标,也影响着决策活动参与者以及决策者的行为方式。然而由于我国大型工程长期处于计划经济体制环境下,政府行政公权力与市场经济规则发挥协同效应的政策法规环境并不健全,甚至存在许多不适应、不健康的状况,使得大型工程决策环境纷繁错乱、错综复杂。如何识别关键环境因素,如何在动态多变的环境中保证决策的科学性,如何充分利用环境创造机会与优势,都成为决策者不得不面对的问题,从而对决策者提出了更高的要求。

3.4.1.2　决策问题复杂

大型工程前期决策问题一般都是对工程及工程建设具有关键影响、涉及工程宏观层面或全局层面的重大决策问题。与一般问题相比,这类问题不仅涉及范围广、影响因素

多，而且各因素之间关联复杂，具有很强的系统整体性。以三峡工程为例，其前期决策问题既涉及自然环境下的水文、泥沙、地质地震、防洪问题等，涉及社会环境下移民问题、生态环境保护问题，涉及经济发展中的综合经济评估、投资估算等，也涉及工程构建的综合规划、设计施工等技术问题，牵扯领域十分广泛。同时，由于这些决策问题之间存在着错综复杂的关联，任何问题发生变化都可能导致“牵一发动全身”的局面，这就决定了各项决策都必须在对工程系统综合论证的基础上展开，大大增加决策的难度。图 3-8 即为三峡工程前期决策系统图[53]。

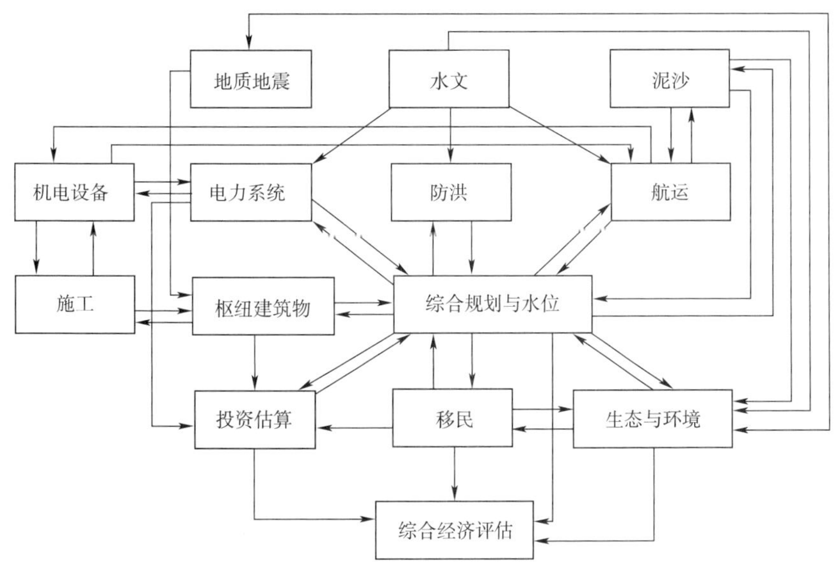

图 3-8　三峡工程前期决策系统图

由于工程所处自然环境、社会环境、工程定位以及技术需求情况的不同，对于任何一个新的大型工程来说都会产生与其他工程不同的新内涵与外延，从而使前期决策面临许多新问题和新挑战。例如，苏通大桥工程主跨 1088m，最大跨径位居世界斜拉桥第一，在制订技术方案时几乎没有经验可以借鉴，完全需要依靠决策主体在现有的知识和经验基础上创造性加以解决，这一过程显然比常规决策问题复杂得多，决策过程也更加曲折。一般而言，工程规模越大，对社会经济与生态环境影响越深远，其前期决策问题涉及内容越广泛，复杂程度越高。改革开放以来，我国组织兴建的大型工程，其前期论证决策都经历了长达数年的时间，有些超大规模工程甚至论证数十年，足见决策问题的复杂性。

3.4.1.3　决策目标多元化

决策目标是决策期望达到的目的和结果，是由决策主体根据决策问题的当前状态以及影响变量，在预测基础上对期望状态的一种设定，体现了决策主体的价值判断和价值选择。决策目标是决策中的关键要素，不仅直接影响着决策方案的选择，而且还影响着决策信息的收集、备选方案的制订与评价等。大型工程前期决策目标具有多元化的特征，这里的"多"主要是体现了决策主体对工程多方面的价值诉求，"多元"则体现了目标之间很难对其进行有效的度量，甚至目标之间可能存在矛盾与冲突。

大型工程前期决策目标总体上包括以下几个方面的内容：

(1)功能目标：基于效用的角度对工程决策的要求。对于工程总体而言，功能目标即项目建成后所达到的总体功能，对于具体决策问题，功能目标则是决策方案实施所能实现的基本功能；

(2)技术目标：基于技术的角度对工程决策的要求。其核心为对工程总体技术水平的要求或限定，主要包括技术标准、技术方式等；

(3)经济目标：基于成本收益的角度对工程决策的要求，主要包括总投资、投资回报率等；

(4)社会目标：基于社会的视角对工程决策的要求，主要包括对国家或地区经济发展的影响、对社会进步的贡献等；

(5)生态目标，基于可持续发展的角度对工程决策的要求，如环境目标，对相关污染的治理等；

(6)战略目标，基于国家战略角度对工程决策的要求，如对人才的培养，依托工程提升国有企业自主创新能力，带动相关产业发展等；

(7)其他有关目标，例如政治目标，基于利益相关者的其他目标等。由此可见，大型工程决策不再是单一目标决策，而是涉及不同领域、众多层面的多目标决策。如图3-9所示。

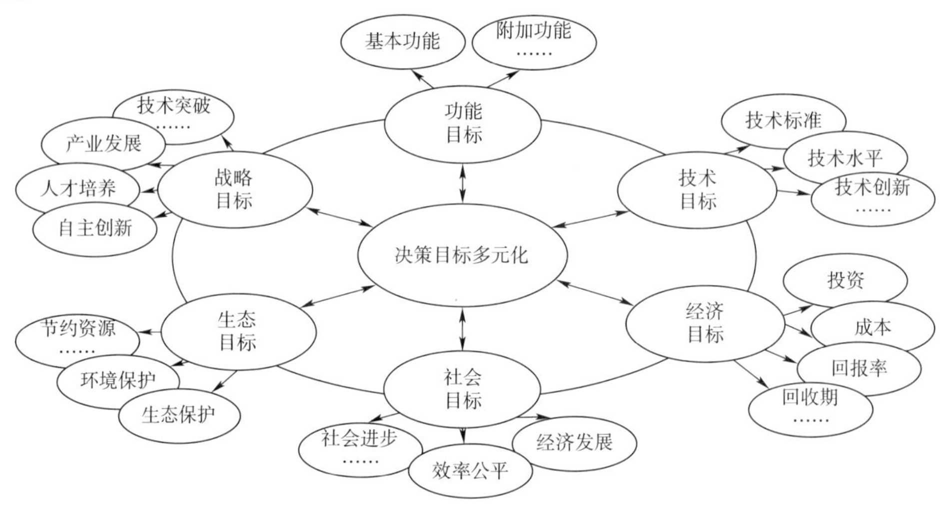

图3-9 大型工程前期决策目标

大型工程决策目标的多元化充分体现了大型工程多元价值实体的特征，是新时期工

程内涵与价值不断丰富的结果。但是对于决策主体来说,多元化的决策目标则带来了多目标统筹、多目标评价等方面的新问题。目标统筹、目标评价与目标选择等多目标决策也使得决策过程变得更为复杂,主要表现在:①多元化的决策目标其复杂性的核心并不完全在于决策目标数量由一变多,而在于多样化的决策目标具有不可公度性,难以进行统筹与凝练,甚至许多目标之间往往相互矛盾、相互冲突,难以取舍;②多元化的决策目标导致在对决策方案评价时,不再存在最优方案,只有满意方案,而满意方案往往在决策目标上有所偏重,在存在多个满意方案时,多元化决策目标的"孰优孰劣"的问题将再次出现;③决策目标的选择依赖于决策主体的价值偏好,由于决策主体的知识背景、工作经历及出发点等方面的差异,不同的决策主体对于决策目标的排序与选择也呈现出较大的差异性,这也进一步增加了决策的复杂性。

3.4.1.4 决策主体多样性

决策主体是指具有决策能力和决策权力的个体或群体。大型工程前期决策的核心主体是政府相关部门,它们是工程前期决策的组织者,并对工程能否立项具有最终决策权。但是大型工程前期各项重大决策方案的形成与确定则是政府主体、项目主体、中介机构、专家群体和社会公众多方主体联合行动的结果,这些主体在方案形成过程中的关系如图3-10所示。

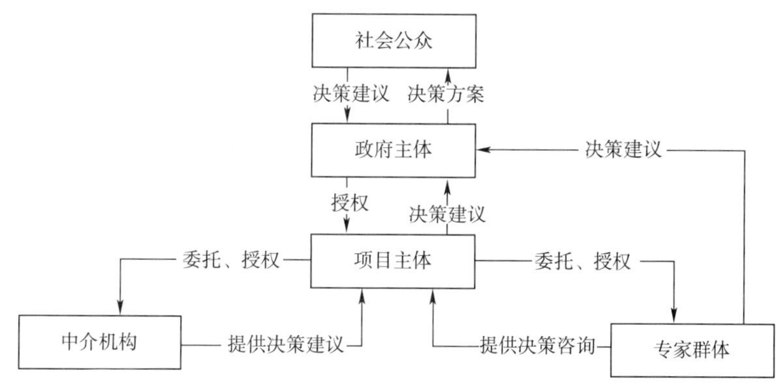

图3-10 大型工程前期决策主体关系图

一般来说,要素性质的多样性和差异性是导致复杂性的产生根源,要素种类越多,相互之间的差异性越大,其整合与管理的难度就越大,从而更容易导致复杂性的产生。因此,决策主体的多样性和差异性也造成决策的复杂性,主要表现在:①不同性质的决策主体对于同一决策问题会有不同的立场,同一性质的不同决策主体也会因为知识背景、价值观念的差异产生不同的看法和观点。例如从整体来说,政府主体在决策过程中更加关注项目的综合价值和长远效益,项目主体则偏重于对项目成本与收益,资源与技术的分析,社会公众则往往从自身利益出发,强调公平与效率。而对于政府主体而言,不同职能部门的参与决策主体也会立足于自身的利益产生不同的观点和态度,从而使决策主体共识的形成变得十分困难;②决策主体具有主观能动性和环境适应性,能够根据外部变化在合适的时机采取适当的行为以达到自身的目的,即会产生自主博弈行为,从而使得个体在和其他人交互过程中永远处于不确定状态[54];③决策主体具有很强的学习能力,能够与环境以及其他个体进行交流,在这种交流的过程中"学习"或"积累经验",并且根据学到的经验改变自身的结构和行为方式,因此决策主体对于决策问题的认知以及对工程价值的认知也将随着认识的深入而发生变化,因此很难对决策主体的行为进行预测和控制。

3.4.1.5 决策信息不完备

决策信息是指决策主体在确定决策目标、制订决策方案、进行论证、评价与选择过程中所需要的一切资料、数据、知识等总称。在决策过程中,无论是对问题的认识,决策目标的确定,还是拟订与选择备选方案,都需要建立在信息的基础上。信息是决策的依据,任何决策脱离了信息,则成为无源之水,而能否做出正确的决策则在很大程度上取决于决策主体能否掌握全面、及时、准确的信息。

在知识化、信息化与技术化的社会背景下,大型工程前期决策必须在充分、及时获取信息的基础上才能做出及时的应对和正确的决策。决策信息不完备是当前大型工程前期决策的客观现实。传统的决策理论中认为决策主体具备完备的决策信息,他们掌握了所有备选方案,如果存在多个可能结果,也能够准确判断各种结果的效益。但是在复杂决策中,决策主体由于认识的局限性,难以完全了解复杂多变的现实情况和未来的发展,也不可能掌握完全的信息。这里特别要指出决策信息的不完备有三种情况:第一种情况是决策问题自身造成的,是由于主体对客体认识的局限性,从而导致信息不完备;第二种情况是由于决策主体自身视野的局限或者信息搜集能力不足,无法获取已有的决策信息;第三种情况即为由于专业化分工以及主体的多元化,与决策相关的知识、信息常常分散于不同的主体手中,形成了"信息孤岛"导致决策信息不完备。在多主体参与的情况下,信息孤岛情况十分不利于群体优势的发挥:首先,由于决策信息不充分,决策主体难以做出全面准确的判断和选择;其次,在没有充分信息共享的条件下,具有不同价值偏好的决策主体很难达成共识,容易导致矛盾的激化;再次,在信息孤岛的情况下,更容易导致决策主体之间复杂的博弈行为,大大增加决策主体行为的不确定性。此外,多主体决策通过多主体的信息、知识与智慧的集成,有利于改善决策信息不完备的状况,但是来自不同领域、不同专业和不同背景的决策主体所了解的相关信息存在较大的差异性,也随之产生了信息不对称的问题,从而容易导致决策中的"逆向选择"、"道德风险"和"委托-代理"等问题。

3.4.1.6 决策活动路径依赖

诺贝尔经济学奖获得者道格拉斯·诺斯于1993年提出了"路径依赖"理论,用以阐释经济制度的演进,他认为经济生活中很多现象类似于物理学中的惯性,例如经济体制

的发展，一旦最初选择了某个体制，由于规模经济、学习效应、协调效应以及适应性预期等因素，会导致体制沿着既定的路径发展，并形成一种自我强化的机制。路径依赖反映了过去的选择对于现在和将来发展的影响，而这一影响可能使发展轨迹进入良性循环，不断正向优化，也可能陷入恶性循环，被锁定在无效的状态而无法自拔。大型工程决策活动具有路径依赖性，这种路径依赖主要体现在以下几个方面：

(1)从项目整体角度，大型工程前期阶段决策、建设阶段决策以及运行阶段决策形成了工程全生命周期的决策路径，由于工程项目的一次性、不可逆性等特点，前期决策成果往往直接影响着建设阶段与运营阶段的决策，在很多情况下，建设阶段与运营阶段的决策都是在前期决策基础上的进一步落实与延伸，因此如果前期决策不全面、不系统将会使下一阶段的决策朝向错误的方向发展，甚至直接导致工程失败。实践中，大量工程建设阶段的投资超支、交付时间拖后、质量不达标以及工程运营效益低下等在很大程度上都是由于前期决策失误的路径传递导致的。

(2)从前期决策阶段角度，其决策活动分为多个阶段，并且具有一次性和不可逆性的特点，形成了前期决策阶段的决策路径，并存在路径依赖效应。

(3)从单一决策出发，其自身也存在路径依赖效应。大型工程任何决策都涉及决策问题的识别、决策目标的确定、决策信息的收集、备选方案的制订以及决策方案的评价以及决策方案的选择，从而形成了一条完整的决策链条，决策链条上的每一个环节都会对后续环节产生直接和深远的影响，路径依赖效应由此产生。从这一路径上不难看出，决策问题识别以及决策目标确定对于决策正确与否有着关键性的影响，因此在决策过程中应格外关注对问题性质的界定以及决策目标的选择。

(4)从多项决策之间的关联性与整体性角度，决策的路径依赖不仅体现在决策过程或决策阶段的单一路径依赖上，还体现在不同的决策问题之间由于影响因素、决策目标、方案选择的相互关联、相互影响所形成的网络路径依赖上。特别是对某一方案进行优化和调整的过程中，更需要考虑决策之间的网络依赖关系。

综上所述，大型工程前期决策的复杂性如图3-11所示。

通过上述分析可以看出，大型工程前期决策面临的问题是复杂程度较高的决策问题，其决策过程也面临着由于开放环境、决策主体多样性、决策目标多元化以及决策信息不完备等产生的不确定性、动态性和复杂性涌现，从而使决策管理面临诸多挑战。这些管理挑战形成了新的决策管理需求。

(1)应对决策不确定性。传统工程决策问题大多是一类问题明确、目标明确、影响因素确定、决策环境稳定的结构化问题，由于这类决策问题确定性程度高，因素间影响关系明晰，因此管理者只要遵循一般决策流程即可完成决策任务，决策的正确性与有效性在很大程度上取决于决策模型的建立与求解。而对于复杂问题来说，决策则面临着由于决策主体有限理性和各种无法控制的外部因素产生的难以预知的不确定变化的影响。例如在决策之初,决策主体对决策问题的认识是模糊、不确定的;决策主体对决策目标的认知是不确定,甚至是缺失的;决策主体也很难全面掌握决策所需的资源、信息和知识,会存在能力缺失等。不确定性决定了复杂决策不可能一蹴而就,它必然是一个不断认识、螺旋迭代、比对逼近的过程。因此决策管理应根据复杂决策的规律和特点制定有效的管理措施,尽可能减少对决策复杂性认识的模糊性,加强对决策主体行为的控制、协调与引导,增强决策主体的动态决策能力和知识储备等,以降低不确定性对决策产生的不利影响。

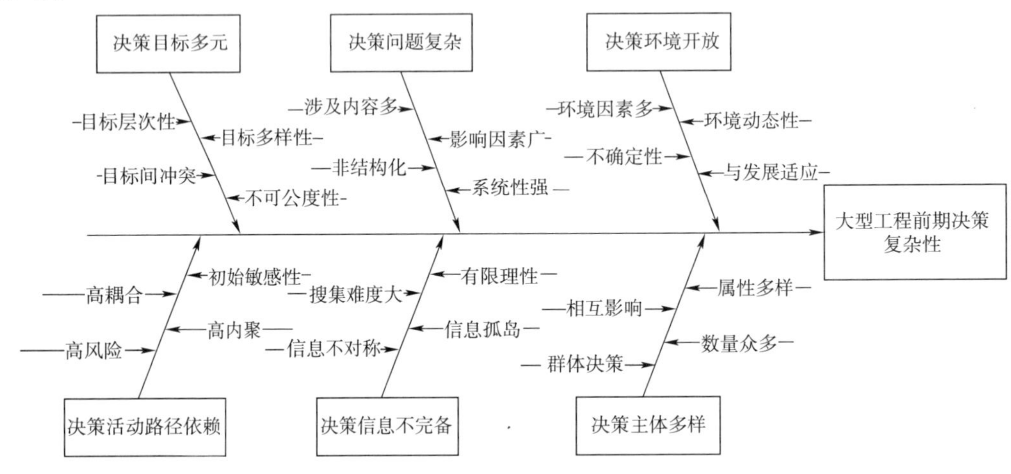

图 3-11　大型工程前期决策要素复杂性

(2)应对决策过程中的复杂性涌现。所谓复杂性涌现,是指决策过程中在多种因素共同作用下导致的在系统宏观层面呈现出的具有新的性质或功能的整体复杂性。涌现的复杂性通常具有不确定性、整体性、层次跃迁性、进化中的新颖性、非演绎性、不可逆性等特点,因此会导致决策过程中不断产生新问题、新矛盾、新困难,从而使决策处于难以预测的不稳定状态中[55]。由于决策中存在复杂性的涌现,如果在复杂问题决策中继续运用还原论的思想进行决策,不仅无法解决问题,而且会适得其反,引发一系列失误,造成决策失败。因此,必须寻求基于复杂性科学的管理新思维和新方法。

(3)掌握决策过程及决策方案的动态演进。决策过程及决策方案的动态演进是不确定因素及复杂性涌现下为使决策适应外部环境变化的结果。特别是,工程在社会发展中的重要地位以及开放的决策环境也对工程决策提出了更高的要求,例如,决策方案必须能够更好地满足社会发展的需求,能够满足不同决策主体多元化的价值标准,能够满足不同决策主体不断变化的价值标准的要求,并能够及时根据外部环境的变化做出适应性的调整等,从而使决策过程及决策方案具有较强的动态演进性。复杂决策的不确定性和复杂性涌现决定了复杂决策不可能一蹴而就,而是一个逐步认识、螺旋迭代、比对逼近的过程,因此需要对决策过程实施动态管理,包括对决策环境的扫描,对决策方案的优化与

调整，对新的决策需求的快速反应，对决策动态演进过程的控制与协调等。

3.4.2 大型工程复杂决策的综合集成管理

复杂决策与简单决策无论从决策思维、决策过程还是决策方法等方面都有着很大不同，因此简单决策中的程序化、模型化方式无法应对复杂决策中的不确定性、复杂性和动态演进性，需要运用新的管理思维与方式。

方法论是管理中人们认识、分析和解决问题所依据的思路与原则的共性规律的总结，它指出了管理者所采取方式与行为的本质逻辑。在应对复杂性的决策方法上，我国系统工程之父钱学森等提出了从定性到定量的综合集成方法，为复杂性决策提供了重要的方法论。

大型工程前期决策综合集成管理的内涵即为在工程前期决策过程中贯彻综合集成方法论，运用综合集成管理的思想和方法开展决策活动，以有效应对决策过程中的复杂性，更好地实现决策目标。

通过对大型工程前期决策复杂性分析及管理需求分析，我们认为大型工程前期决策综合集成管理的内容主要包括以下两个方面：

(1)对决策群体的综合集成管理

决策群体综合集成管理的核心在于实现由多元化决策主体构成的决策群体的有效协同，一方面提高决策群体应对复杂性的能力和水平，一方面降低群体复杂性对决策产生的不利影响。

决策主体是决策要素中唯一具有智能性和能动性的要素，能够进行理性思维和逻辑推理，并根据外部环境的变化采取合适的行动实现自身利益最大化。因此，决策主体的能力和水平在很大程度上决定了决策的质量和成效。面对复杂决策问题，决策主体不仅需要具备多领域、多学科知识和技术，还需要具备深刻认识复杂性、应对复杂性和驾驭复杂性的能力，从而对决策主体提出了更高的要求。因此，在复杂决策过程中，如何提高决策主体，特别是决策群体应对和驾驭复杂性的能力和水平是决策综合集成管理的重要内容。

另一方面，决策主体是造成决策复杂性的重要因素，例如决策个体的有限理性导致的模糊性、不确定性，决策个体的复杂性导致认知复杂性、价值取向与目标的动态演化以及多决策主体之间由于目标、利益冲突产生的自主博弈行为等都会进一步增加决策的复杂性，因此在复杂决策过程中如何对多元化的决策主体进行管理，降低由于主体冲突和行为所产生的不确定性和复杂性也将是决策综合集成管理需要解决的重要课题。

(2)对决策过程的综合集成管理

复杂问题决策是通过一个比较模糊、比较无序，但不断调整、不断优化的系统序列实现对复杂问题的认识和解决的过程。与简单决策程序化、规范化过程相比，复杂决策过程具有明显的动态演化性，需要通过反复迭代，不断比对逼近收敛才能形成决策方案，因此复杂决策过程中包含了大量的决策活动，需要对其进行规划、协调、控制和组织管理。结合大型工程前期决策特点与管理需求，决策过程的综合集成管理主要包括三个方面的内容：第一，基于大型工程前期决策活动特点，遵循从定性到定量的综合集成方法论建立科学有效的面向复杂问题的决策流程；第二，根据大型工程决策过程中的不确定性、复杂性涌现以及动态演进的特点，制定科学有效的过程管理策略和机制，保证决策有序性；第三，根据环境变化与目标演进对决策活动进行优化调整与控制，以保证决策方案的适应性，并促使决策朝向收敛的方向演进。

基于系统的视角，大型工程前期决策综合集成管理是具有整体功能性的管理系统，其管理对象面向大型工程前期决策过程中的所有复杂性问题。对于决策综合集成管理的进一步研究存在多种视角，既可以从具体决策问题的角度，例如投融资决策的综合集成管理、桥位论证方案的综合集成管理等方面开展理论研究，也可以从不同性质的管理对象角度，例如决策群体综合集成管理、决策过程综合集成管理和决策知识综合集成管理等方面开展研究。但是无论基于何种视角，其综合集成管理的内涵都是一致的。

第4章　大型工程决策群体协同决策模式与机制

随着社会的发展,各类工程项目的规模越来越大,前期决策过程越来越复杂,参与决策的主体也日益增多,因此,如何对决策群体进行管理,并促进各参与主体前期决策的协同,成为大型工程前期决策过程中不可忽视的问题。

本章在对大型工程参与决策群体和相关协同理论进行分析和梳理的基础上,利用生态学中的 Lotka-Volterra 模型分析了大型工程前期决策过程中,各参与主体相互合作的协同效应,随后从社会收益的角度,比较了各类协同模式对于社会收益的影响,运用动态复制方程的方法,研究了大型工程决策协同机制的有效性问题,并建立了大型工程前期决策阶段群体协同机制的概念模型。

4.1　决策群体协同及协同决策效应分析

4.1.1　协同理论简述

有关协同的概念是德国物理学家赫尔曼·哈肯于20世纪70年代初提出,其研究对象是非平衡开放系统中的自组织及形成的有序结构[56]。随后他又于1976年发表《协同学导论》等著作,从而系统地建立并完善了协同理论。协同理论认为整个环境构成的总系统中,有相对稳定的宏观结构,而其中各个子系统间存在着相互影响而又相互合作的关系,他们之间的协同与竞争决定着系统从无序到有序的演化过程[57]。有关协同的概念主要包括:

(1)自组织原理。自组织是相对于他组织而言的,他组织是指组织指令和组织能力来自系统外部,而自组织则与他组织不同,系统自组织是指一个远离平衡的开放系统,在环境的变化与内部子系统的作用下,系统不断的层次化、结构化,自发地由无序状态走向有序状态或由有序状态走向更为有序状态[58]。自组织的形成过程不仅仅是对外部输入的反馈,而主要是对自身内部逻辑的反馈,能在没有外部指令的条件下从低级走向高级、从无序走向有序[59]。理论和实践证明,自组织是自然界和社会演化选择的较为优化的进化方式。

(2)协同效应。协同效应是指由各主体相互协同而产生的结果,是指复杂开放系统中大量子系统相互作用而产生的整体效应或集体效应。任何复杂系统,当在外来能量的作用下或物质的聚集态达到某种临界值时,子系统之间就会产生协同作用。这种协同作用能使系统在临界点发生质变而产生协同效应,使系统从无序变为有序,从混沌中产生某种稳定结构[60]。

(3)序参量原理。复杂系统在由不稳定点向新时空结构转变时,通常由序参量的决定。如果某个参量在系统演化过程中从无到有的产生和发展,并能指示出系统新结构的形成,支配系统进一步发展和演化,这个参量就是序参量[61]。当系统趋近临界点时,子系统发生关联形成合作关系,协同运行,导致序参量的产生。

管理学中的协同思想始于1965年,美国战略管理学家Ansoff在《公司战略》中首次提出了协同的概念,他认为,企业可以看作是一个协同系统,协同是管理者有效利用资源的一种方式和手段。这里的协同表达了"1+1>2"的理念,即公司整体的协同价值大于公司各独立组成部分价值的简单总和[62]。安德鲁·坎贝尔等认为,"通俗地讲,协同就是'搭便车'。当从公司一个部分中积累的资源可以被同时且无成本地应用于公司的其他部分的时候,协同效应就发生了"[63]。邱国栋则认为,企业处在单点经济阶段,主要是追求规模节省或规模效益,但发展到多点经济阶段,能否实现范围节省或范围效益将关系到它的成败,所以协同是一个企业的一体化和多角化战略设计,以及产业链上下游的企业间合作所必然追求的一个目标[64]。杨瑾和尤建新研究了供应链企业在协同知识创造中的合作决策,认为在企业间知识创造合作中,维持核心企业与辅助企业边际收益的最优比率对形成和维系协同知识创造合作关系是非常重要的[65]。

大型工程重大决策方式主要是包括政府、咨询单位、设计单位、施工单位等组成的群体决策,不仅涉及了群体中个体的价值、目标、行为,而且群体成员之间的动态交互会产生一系列复杂变量,而要实现群体决策的有效性,既保证决策任务的完成,又能够使群体内外部主体满意,并获得不断发展的空间,需要对决策群体进行协同管理,以保证群体决策的有效性。依据对协同相关理论的梳理,本章将从决策效用的角度,分析多决策主体的协同效用,探讨群体协同对于大型工程前期决策的影响。

4.1.2 决策群体协同决策效用模型

在大型工程前期决策的过程中,决策效用包含了各种决策提案或决策结果对于决策群体的综合价值,而综合价值具体体现在决策结果的利用价值(如决策成本、利益主体满意程度、方案可操作性等)和决策风险的对比上,综合价值越高,决策效用越高,反之,综合价值越低,决策效用也越低。

大型工程群体决策效用不仅受决策群体中各个决策主体本身主观性和趋利性的影响,还会受到群体决策方式以及决策目标复杂性的影响。大型工程的决策群体是由政府、项目、市场、专家和社会公众等决策主体构成,对大型工程项目可能涉及的资源、能力和技术进行整合和管理,并提供完整解决方案的体系。在大型工程的群体决策体系中,各决策主体之间相互联系、相互依赖，共同为实现大型工程群体决策体系的总目标进行交流与合作，但同时也有一定的独立性，各决策主体也有自己的决策目标和决策方式，如图4-1。因此，可将大型工程的群体决策看作由多个独立子系统构成的复杂的大系统，各子系统在政府的协调管理下相互合作或相互竞争。

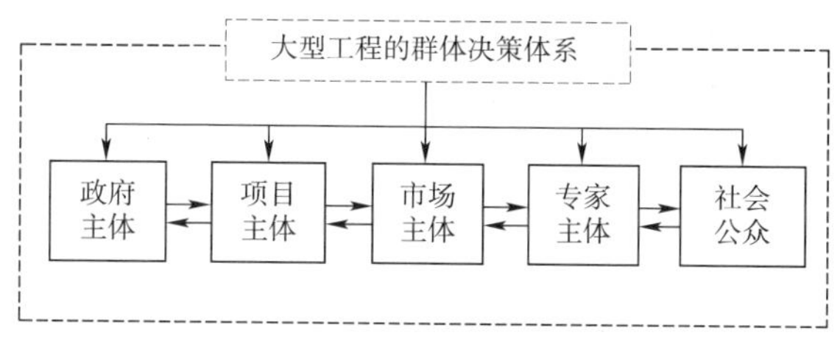

图4-1 大型工程群体决策体系

根据协同理论中哈肯的定义，若系统A随B的而改变，则称系统A受系统B的役使。在系统中，能够役使子系统的变量称为序参量，用来描述系统的有序度[66]。通过上文的分析，大型工程群体决策的过程中，各子系统能够获得的决策效用是随着整体决策效用的变化而变化，即大型工程群体决策整体决策效用役使子系统的决策效用，同时，各个子系统对于所获决策效用的反应，也能够影响整体的决策效用。因此可以将大型工程群体决策系统中整体决策效用作为序参量，从而可以以整体决策效用的变化规律来描述大型工程群体决策系统的协同。在此假设决策效用均已换算成标准值，在t时刻，大型工程群体决策整体决策效用$E(t)$，各决策主体子系统i从总决策效用中能够得到的效用为$e_i(t)$。

在大型工程群体决策初始阶段，由于各决策参与主体之间信任度较低，共享的信息和资料不完全，且对于决策的流程不熟悉等因素，整体的决策效用不高，增长的速度也较低。随着各方合作的不断深入，决策总效用的提高速度将越来越快。但是对于大型工程决策本身来说，由于资源、人力和参与各方能力的限制，大型工程决策效用达到阈值时，增长速度反而会再一次逐渐减慢，即存在自阻滞效应。根据Correa的研究，项目决策过程中收益的轨迹具有类似于Logistic函数的性质（如图4-2）[67]。另外，在生态学的相关理论中，单独处在一个生态系统中的某种群的数量会按照Logistic曲线增长，而当两个种

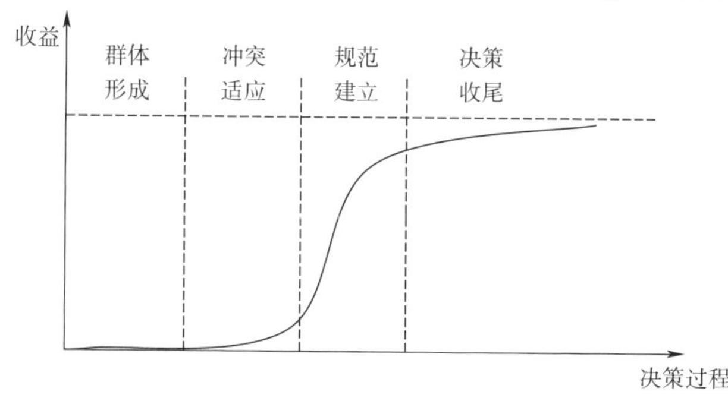

图4-2 项目决策过程中收益轨迹

群同时存在时，一种群数量的变化会对另一种群的数量变化产生影响，并按照 Lotka-Volterra 模型增长。通过相关研究和比较，我们认为大型工程群体决策系统中各决策主体之间的相互关系与种群之间的竞合状态具有很大的相似性，基于此，将利用 Logistic 模型的一些思想，来描述决策总效用的变化轨迹和规律，并以 Lotka-Volterra 模型为基础，构建多决策主体协同决策效用模型，进而分析协同决策所造成的影响。

根据前文的分析可知，随着决策的不断深入，决策总效用的增长速度为：

$$\frac{\mathrm{d}E(t)}{\mathrm{d}t}=C_0E(t)\left[1-\frac{E(t)}{G_0(t)}+\sum_{i=1}^{n}\lambda_{i0}\frac{e_i(t)}{G_i(t)}\right] \tag{4-1}$$

其中，C_0 为常数，表示外界环境对于决策总效用的影响，即自然变化率，$G_0(t)$ 为本工程项目决策在 t 时刻能够达到的最大效用，$G_i(t)$ 为各决策子系统 i（各决策主体）在 t 时刻能够达到的最大效用，λ_{i0} 为各决策子系统 i 对整个大型工程决策体系的协同系数，对于 λ_{i0} 有 $0\leqslant\lambda_{i0}\leqslant1$，当 $\lambda_{i0}=0$ 时，表明双方不存在协同关系，当 $\lambda_{i0}=1$ 时，表明双方完全协同，$\frac{e_i(t)}{G_i(t)}$ 表示各个决策子系统对于整个大型工程决策系统所做的贡献（如各主体之间加强合作、共享信息等）。式(4-1)表明决策总效用增长速度与自然变化率 C_0 和最大决策效用以及各决策子系统对其协同效用等有关。

对于各决策子系统 i 来说，其决策效用的增长速度为：

$$\frac{\mathrm{d}e_i(t)}{\mathrm{d}t}=C_ie_i(t)\left[1-\frac{e_i(t)}{G_i(t)}+\lambda_{0i}\frac{E(t)}{G_0(t)}+\sum_{j\neq1}^{n}\lambda_{ji}\frac{\varphi_je_j(t)}{G_i(t)}\right] \tag{4-2}$$

上式中 C_i 为子系统 i 的自然变化率，λ_{0i} 为大型工程决策体系对子系统 i 的协同系数，λ_{ji} 决策体系中子系统 j 对子系统 i 的协同系数，$\frac{\varphi_je_j(t)}{G_i(t)}$ 为子系统 j 对于子系统 i 所做的贡献（如信息共享、双方的协调等），φ_j 表示子系统 j 决策效用为 $e_j(t)$ 时，子系统 j 所消耗整个决策体系的资源为子系统 i 的 φ_j 倍。其中有 $\lambda_{0i}>0$，$\sum\lambda_{0i}=1$，$-1\leqslant\lambda_{ji}\leqslant1$。当 $-1\leqslant\lambda_{ji}<0$ 时，表示子系统 i 同子系统 j 之间为竞争关系；当 $0<\lambda_{ji}\leqslant1$ 时，表示子系统 i 同子系统 j 之间为合作关系。式(4-2)表明决策子系统 i 的决策效用与其自然变化率 C_i、最大决策效用 $G_i(t)$ 有关，同时也与大型工程决策体系及其他决策子系统的协同有关。

将上述方程联立，可得大型工程决策体系协同模型：

$$\begin{cases}\dfrac{\mathrm{d}E(t)}{\mathrm{d}t}=C_0E(t)\left[1-\dfrac{E(t)}{G_0(t)}+\sum\limits_{i=1}^{n}\lambda_{i0}\dfrac{e_i(t)}{G_i(t)}\right]\\ \dfrac{\mathrm{d}e_1(t)}{\mathrm{d}t}=C_1e_1(t)\left[1-\dfrac{e_1(t)}{G_i(t)}+\lambda_{01}\dfrac{E(t)}{G_0(t)}+\sum\limits_{j\neq1}\lambda_{j1}\dfrac{\varphi_je_j(t)}{G_1(t)}\right]\\ \cdots\cdots\\ \dfrac{\mathrm{d}e_n(t)}{\mathrm{d}t}=C_ne_n(t)\left[1-\dfrac{e_n(t)}{G_n(t)}+\lambda_{0n}\dfrac{E(t)}{G_0(t)}+\sum\limits_{j=1}^{n-1}\lambda_{jn}\dfrac{\varphi_je_j(t)}{G_n(t)}\right]\end{cases} \tag{4-3}$$

根据协同理论，一个系统从初始状态的没有规律可循，经过一段时间的运行和发展，到有一定的规律时，此系统就会从无序状态转变为有序状态，也就是相对稳定状态。根据微分方程稳定性理论，令式(4-3)各方程组分别为零即可得方程组的稳定解。在此，为了研究上的便利，将式(4-3)的 $n+1$ 维模型简化为二维模型，分别讨论大型工程决策系统与单一决策子系统，以及两个决策子系统之间的协同模型。可以证明，讨论结果具有一般性[68]。

4.1.3 决策群体协同决策效应分析

4.1.3.1 群体决策系统与子系统之间的协同效应分析

通过上节的分析，可以得到大型工程决策系统与决策子系统之间的协同模型(单一决策子系统情况)：

$$\begin{cases}\dfrac{\mathrm{d}E(t)}{\mathrm{d}t}=C_0E(t)\left[1-\dfrac{E(t)}{G_0(t)}+\lambda_{i0}\dfrac{e_1(t)}{G_1(t)}\right]\\[2ex]\dfrac{\mathrm{d}e_1(t)}{\mathrm{d}t}=C_1e_1(t)\left[1-\dfrac{e_1(t)}{G_1(t)}+\lambda_{01}\dfrac{E(t)}{G_0(t)}\right]\end{cases}\tag{4-4}$$

令 $\dfrac{\mathrm{d}E(t)}{\mathrm{d}t}=\dfrac{\mathrm{d}e_1(t)}{\mathrm{d}t}=0$，则有：

$$\begin{cases}\dfrac{\mathrm{d}E(t)}{\mathrm{d}t}=1-\dfrac{E(t)}{G_0(t)}+\lambda_{i0}\dfrac{e_1(t)}{G_1(t)}=0\\[2ex]\dfrac{\mathrm{d}e_1(t)}{\mathrm{d}t}=1-\dfrac{e_1(t)}{G_1(t)}+\lambda_{01}\dfrac{E(t)}{G_0(t)}=0\end{cases}\tag{4-5}$$

解微分方程组(4-5)可得大型工程决策系统与决策子系统协同模型的三个稳定解 $\theta_1(0,0)$，$\theta_2(0,G_1(t))$，$\theta_3\left(\dfrac{(1+\lambda_{10})G_0(t)}{1-\lambda_{10}\lambda_{01}},\dfrac{(1+\lambda_{01})G_1(t)}{1-\lambda_{10}\lambda_{01}}\right)$。$\theta_1$ 表示此大型工程决策不存在任何决策效用，这种情况在实际中基本不存在，因此点 θ_1 没有意义。θ_2 表示社会对于大型工程的需求较少，或者工程项目的规模较小，各决策子系统完全可以相对独立的承担项目的各类决策，不需要构建大型工程决策系统，这也不在本部分的分析范围内。θ_3 表示大型工程决策系统与决策子系统决策效用的大小均依赖于对方的协同系数。

根据前文假设，$0<\lambda_{10},\lambda_{01}<1$，可知 $0<\lambda_{10}\lambda_{01}<1$，从而有：

$$\frac{(1+\lambda_{10})G_0(t)}{1-\lambda_{10}\lambda_{01}}>G_0(t)$$

$$\frac{(1+\lambda_{01})G_1(t)}{1-\lambda_{10}\lambda_{01}}>G_1(t)$$

说明，由于大型工程决策系统与决策子系统之间的相互协同，使得双方的决策效用都有所增加，也就是说达到了 1+1>2 的协同效果。另外，易证大型工程决策系统的决

策总效用是 λ_{10} 的增函数，即决策总效用将随着大型工程决策系统与决策子系统协同程度的提高而增加。同样，也可以证明，决策子系统的决策效用随着决策子系统与大型工程决策系统协同程度的提高而增加。

4.1.3.2 群体决策系统中各子系统协同效应分析

假设大型工程决策系统中有两个参与决策的子系统（子系统之间可能是协同关系也可能是竞争关系），可得大型工程决策子系统之间的协同模型：

$$\begin{cases} \dfrac{\mathrm{d}e_1(t)}{\mathrm{d}t} = C_1 e_1(t)\left[1 - \dfrac{e_1(t)}{G_1(t)} + \lambda_{21}\dfrac{\varphi_2 e_2(t)}{G_1(t)}\right] \\ \dfrac{\mathrm{d}e_2(t)}{\mathrm{d}t} = C_2 e_2(t)\left[1 - \dfrac{e_2(t)}{G_2(t)} + \lambda_{12}\dfrac{\varphi_1 e_1(t)}{G_2(t)}\right] \end{cases} \tag{4-6}$$

同样，令 $\dfrac{\mathrm{d}e_1(t)}{\mathrm{d}t} = \dfrac{\mathrm{d}e_2(t)}{\mathrm{d}t} = 0$，则有：

$$\begin{cases} \dfrac{\mathrm{d}e_1(t)}{\mathrm{d}t} = 1 - \dfrac{e_1(t)}{G_1(t)} + \lambda_{21}\dfrac{\varphi_2 e_2(t)}{G_1(t)} = 0 \\ \dfrac{\mathrm{d}e_2(t)}{\mathrm{d}t} = 1 - \dfrac{e_2(t)}{G_2(t)} + \lambda_{12}\dfrac{\varphi_1 e_1(t)}{G_2(t)} = 0 \end{cases} \tag{4-7}$$

解微分方程组(4-7)可得大型工程决策子系统之间协同模型的四个稳定解 $\vartheta_1(0,0)$，$\vartheta_2(G_1(t),0)$，$\vartheta_3(0,G_2(t))$，$\vartheta_4\left(\dfrac{G_1(t)+\lambda_{21}\varphi_2 G_2(t)}{1-\lambda_{21}\lambda_{12}\varphi_1\varphi_2},\dfrac{G_2(t)+\lambda_{12}\varphi_1 G_1(t)}{1-\lambda_{21}\lambda_{12}\varphi_1\varphi_2}\right)$。同上文所述，$\vartheta_1$ 表示此大型工程决策不存在任何决策效用，没有意义。ϑ_2 和 ϑ_3 表示社会对于大型工程的需求较少，决策子系统 1 或子系统 2 完全可以独立承担项目决策，既不需要构建大型工程决策系统，也不需要其他决策子系统的支持，因此对于本部分的研究也没有意义。ϑ_4 表示大型工程决策子系统决策效用的大小均依赖于对方的协同系数，这是本部分所要分析的稳定点。

当 $0<\lambda_{21},\lambda_{12}<1$ 时，表明决策子系统 1 与子系统 2 之间为协同关系。此时，在 $\lambda_{21}\lambda_{12}<\dfrac{1}{\varphi_1\varphi_2}$ 的情况下，由表达式可知，决策子系统有序状态时的决策效用是协同系数的增函数。决策子系统 2 对子系统 1 的协同系数越大，协同关系越紧密，当系统达到有序状态时决策子系统 1 的决策效用越大。同理，决策子系统 1 对子系统 2 的协同系数越大，当系统达到有序状态时决策子系统 2 的决策效用也越大。

当 $-1<\lambda_{21},\lambda_{12}<0$ 时，表明决策子系统 1 与子系统 2 之间为竞争关系。此时，在 $-\dfrac{G_1(t)}{\varphi_2 G_2(t)}<\lambda_{21}<0$，$-\dfrac{G_2(t)}{\varphi_1 G_1(t)}<\lambda_{12}<0$，且 $\lambda_{21}\lambda_{12}<\dfrac{1}{\varphi_1\varphi_2}$ 的情况下，由表达式可知，决策子系统有序状态时的决策效用是协同系数的增函数。决策子系统 2 对子系统 1 的协同系数越大，当系统达到有序状态时决策子系统 1 的决策效用越大，而决策子系统 2 对子

系统 1 的协同系数越小,说明双方竞争的程度越大,当系统达到有序状态时决策子系统 1 的决策效用越小。同理,对于决策子系统 2 也能得到类似的结论。

通过上述分析表明,大型工程决策系统与各决策子系统之间的协同,能够促进整个决策系统决策总效用的增加,并且可以使决策总效用在各个决策子系统之间的分配也由杂乱无序逐步演进至稳定有序。另外,从模型中也可以看出,在大型工程决策系统中,各决策子系统之间协同合作的程度越强,系统达到有序状态时各方所获得的决策效用越大,反之,决策效用将随着竞争的加剧而减小。因此,在大型工程前期决策阶段,应当充分地认识到各参与决策主体之间相互协同的重要性,建立适当的协同模式,从而实现整个决策体系的协同。

4.1.4　群体协同决策模式分析

通过上节分析可知,群体的协同有利于大型工程决策体系决策总效用的增加,因此应在大型工程的前期决策中,促进各决策主体的决策协同。在实际的大型工程群体决策过程中,要实现各决策主体的协同,首先要构建相应的群体协同模式。根据 Tracy 的定义,所谓协同模式是指进行合作或者期望进行合作的过程中,系统中的个体或子系统之间的联系和交互方式,这种方式以合作为主,但不能排除其中有限的竞争[69]。此外,井然哲从生态群的角度出发,给出了企业群体的协同模式,如表 4-1 所示[70]。

企业群生态协同模式　　表 4-1

协同模式	描　述
竞争性协同模式	这类模式通常是由同类型的相关企业所组成,集合内的企业为在同一市场中,提供替代性质的产品和服务,企业之间为竞争关系。但是在这种模式下,企业之间更加强调创新而不是单纯的价格竞争,通过细分市场,借助相互合作,实现共赢。这表现在主体之间的正相互作用
共生性协同模式	这是一种主体之间相互需求、相互依存的生存状态或生存结构。这种模式可以根据行为方式划分为互惠共生模式和偏利共生模式。主体之间为双向的正作用则称互惠共生协同模式,相应的主体之间单向的正作用则为偏利共生模式
寄生性协同模式	寄生协同是一种很特殊的共生协同,在企业寄生关系中,寄生企业依靠宿主企业存活,宿主企业由于这种寄生关系致使收益下降,表现为宿主对寄生体的正作用和寄生体对宿主的负作用。寄生企业对宿主企业有较强的依赖性,无法独立生存,但是宿主企业并不存在这种依赖
和谐协同模式	和谐协同模式指主体之间没有合作也没有竞争,或者主体之间的竞争和合作产生的影响可以忽略。在企业生态系统中,企业之间由于资源的独立和市场的分割,企业的生存发展互不干涉和影响,由此形成了这种协同模式

根据上文对于大型工程决策特性的分析可知,大型工程的决策群体按照其决策目标的不同,可以分为社会目标决策群体(以政府为代表)和市场目标决策群体(以中介结构

为代表),而大型工程群体协同模式实质上就是两类决策群体之间的交互与联系的方式。这种协同模式介于井然哲所提出的共生性协同模式与寄生性协同模式之间,与共生性协同模式相比,协同双方的相对关系并不完全平等,而是在某时刻总会有一方处于主导地位;与寄生性协同模式相比,协同双方又不会像寄主与宿主间相互依赖并且交流单向。比照井然哲提出的四种协同模式,我们将大型工程前期决策群体协同模式称之为共赢型协同模式。共赢性协同有三个层面的含义:一是两个以上决策主体的共同存在,且有一定程度的主从之分,即在某时刻总有一方处于主导地位;二是决策主体之间有相互需求、相互依赖、相互协调、动态的竞争性协同相容;三是主体之间有一定的独立性和自组织性。

4.2 大型工程前期决策群体协同决策模式选择

4.2.1 问题分析与基本假定

由前文分析可以看出,共赢型协同模式中的决策主体之间具有一定程度的主从关系,也就是说在某一阶段,会有一方处于较强势或主导的地位,其他决策主体在其规范和引导下做出决策选择。然而,由于决策问题和决策目标的多元化,各决策主体之间主从关系的不同可能会对整个决策体系的最终收益产生影响。为了建立并完善大型工程前期决策协同机制,本章将在随后分析大型工程决策共赢型协同模式中的不同情况以及对于决策收益的影响,以此为基础,对协同机制的有效性进行研究,并最终对大型工程前期决策协同机制的制定提出建议。

为探讨大型工程决策共赢型协同模式中的不同情况,研究思路和框架如下:

针对大型工程准公共物品的特征,依据决策问题和目标的不同,将大型工程前期决策中的各决策主体抽象为政府性质的主体和市场性质的主体(以下简称政府主体和市场主体)。其中,政府性质主体主要包括政府主体和项目主体,其决策目标是在保证决策社会总收益的前提下,尽量增加社会剩余收益,如对社会经济发展的推动,对生态环境的保护,促进工程建设的和谐可持续发展等。换句话说,政府主体的决策目标是提高大型工程本身对于整个国家和社会的影响,使之尽可能发挥其社会功用。这里的市场主体主要包括与政府主体具有经济合同关系的中介结构,其决策目标主要是在保证基本社会责任的前提下,实现决策的市场收益最大化。在大型工程前期决策中,因主导主体的不同形成了两种不同的决策模式,即市场主体主导型与政府主体主导型协同模式,不同主体主导时,由于决策目标的不同,会对社会收益、市场收益等产生一定的影响。对此,本部分基于社会收益视角对两类决策模式进行了比较分析。

为了研究两类主导形式下的大型工程前期决策社会收益、市场收益以及社会剩余收益,通过相关文献的梳理,利用福利经济学的相关理论,借鉴投资收益的思想,建立了决

策收益模型，同时提出了“决策任务量”的概念。根据 Finkelstein 的研究，随着管理对象的逐渐复杂，高层和中层管理人员所要面对的问题呈指数形式的增长，决策人员能否迅速而有效地处理这些决策问题，对于最终的收益有着显著的影响，从而可以说，决策能够产生的收益同决策主体的决策效率密切相关[71]。而决策主体的决策效率在取决于决策主体本身条件的同时，还取决于决策问题的数量和结构化程度。对此，Katz 从绩效的角度，将管理者的决策问题抽象成标准化的决策任务量，并通过研究指出，随着决策任务量的增加，决策活动带来的边际收益递减[72]。

在上述文献的理论基础上，我们认为决策任务量为大型工程决策过程中各类决策问题所涉及的决策投入进行标准化的、高度抽象的量的概念，决策任务量有如下内含和特点：

（1）决策任务量为高度抽象的、标准化的概念，表示完成某决策任务所耗用的任务量，不同任务量之间表示含义相同，只有数量的差异，没有重要性的区别，即决策任务量之间只有量的不同，没有质的差异。

（2）在决策过程中重要的决策问题的决策任务量大于一般问题的决策任务量，即重要问题所耗用的决策任务量多，即决策任务重要程度是通过决策任务量的多少来反映。如进行 A 决策耗费的决策任务量为 50，进行 B 决策耗费的决策任务量为 30，说明 A 决策的重要性要大于 B 决策。

（3）决策任务量只是一个抽象的概念，在实际中难以准确把握，这一点同效用的概念相类似。

最后，分析存在约束条件的政府主体主导型协同模式，并进一步探讨了相关协同机制的相关问题。同样通过上文的论述可知，大型工程决策共赢型协同模式中的协同双方也不会像寄主与宿主间那样仅存在单向依赖和交流。在存在约束时，政府主体将同市场主体相互沟通和交流，确定相应的决策协同政策和机制，从而共同实现大型工程前期决策目标。而决策协同机制从构建到发挥效用将经历两个阶段，其中第一阶段是协同机制认同阶段，第二阶段是协同机制优化阶段。对此，我们将从这两阶段出发，分析协同机制的认同和优化，并最终建立大型工程前期决策协同机制的基本框架。

基于上述研究思路和框架，作出以下假设：

（1）由于决策得到的收益称为决策收益，决策收益同决策任务量的多少相关，但具有边际决策收益递减和边际成本上升的性质，即随着决策任务量的不断增加，单位决策任务量产生的决策收益是不断减少的，而同时产生的成本是不断增加的。这一点同投资学中边际投资收益与边际投资成本的相关理论类似。

（2）大型工程前期决策收益的最大值为决策的社会总收益，社会总收益包括决策的市场收益与决策的社会剩余收益。由于政府主体决策目标为社会总收益和社会剩余收益最大，而市场主体决策目标是决策的市场收益最大。另外，由于准公共物品的非竞争性或非排他性[73]，在获得市场收益的同时，市场主体决策也会产生社会剩余收益。

(3)决策主体在决策的过程中会产生决策成本，如获取知识的成本、人力投入等。相对于政府主体而言，市场主体具有专业化优势，决策效率高，因此完成单位决策任务量所需的成本要低于政府主体完成单位决策任务量所需的成本。

(4)由于决策主体在进行决策的过程中需要耗费成本，因此各决策主体所能够完成的决策任务量是有限的。当决策所需的决策任务量超过了个体的极限，则称此时决策主体存在决策约束，从而无法单独完成此决策任务，必须同其他主体进行协作。决策主体能够提供的决策任务量同决策主体精力、能力及其知识和信息的完备程度等条件有关。

基于上述假设，建立了大型工程决策共赢型协同模式的决策社会收益基本模型。

4.2.2 群体协同决策社会收益分析的基本模型

对于政府主体来说，进行大型工程决策的边际收益函数为 $MR_1=A-KQ$(在此，为了分析的方便，均采用一次函数，下同)，其中 Q 为各决策主体标准化的决策任务量，政府主体面临的决策边际成本为 $MC_1=\alpha Q$。易证，当 $MR_1=MC_1$ 时，政府主体大型工程决策的收益最大，此时政府主体的最优决策任务量为 Q^e。在此，政府主体完全代表了大型工程项目的社会总收益，则 MR_1 也可以看作是整个社会由于政府主体的决策而获得的边际收益，同样 MC_1 为整个社会的决策边际成本，Q^e 为整个决策体系最优决策任务量。

对于以市场收益最大化为决策目标的市场主体来说，其大型工程决策的边际收益函数为 $MR_2=B-LQ$，面临的决策边际成本为 $MC_2=\beta Q$。如图 4-3 所示，市场主体的决策边际收益和边际成本函数具有以下性质：

(1)由于政府主体代表整个社会的收益，因此相对于市场主体决策边际收益的截距，有 $B<A$，即社会总收益高于市场收益。

(2)与市场主体相比，政府主体在进行大型工程前期决策时的边际成本较高，有 $|L|<|K|$，$|\alpha|<|\beta|$。也就是说，市场主体的决策边际收益 MR_2 递减的速度小于政府主体决策边际收益 MR_1 的递减速度，市场主体决策边际成本 MC_2 递增的速度小于政府主体决策边际收益 MC_1 的递增速度。

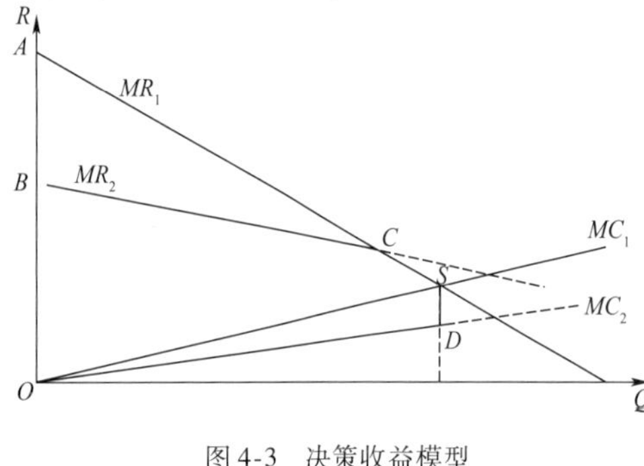

图 4-3 决策收益模型

(3)由于政府主体的决策代表了社会的最大决策收益，从而市场主体决策边际收益 MR_2 不可能超过政府的决策边际收益 MR_1 而存在。因此，当 MR_2 与 MR_1 相交于 C 点时，C 点右侧的 MR_2 将与 MR_1 重合，在图 4-3 中 MR_2 表示为 $BCSQ$。同理，超过社会最优决策任务量 Q^e 的市场主体决策边际成本 MC_2 也将与政府主体决策边际成本 MC_1 重合(否则

将产生外部不经济,如权力寻租等),在图 4-3 中 MC_2 表示为 $ODS-MC_1$。

此外,此模型还有一个隐含的假设,即无论是对于政府主体还是市场主体,都不存在个体的决策约束。换句话说,在大型工程决策的过程中,各决策主体均有实力和能力对本大型工程项目进行独立的决策,即政府主体和市场主体的决策任务量均能够达到最优值 Q^e。对于存在约束的情况,将在后面进行讨论。

通过大型工程决策共赢型协同模式的决策收益模型可以看出,当大型工程项目完全由政府主体进行决策时,社会总收益为 ASO 围成的面积 S_{ASO}。而当大型工程项目完全由市场主体进行决策时,社会总收益为 $ASDO$ 围成的面积 S_{ASDO},其中,市场主体的决策收益为 S_{BCSDO}。易证,$S_{ASDO}>S_{ASO}$。从而可知,完全由市场主体对大型工程项目进行决策时的社会总收益,高于完全由政府主体对大型工程项目进行决策时的社会总决策收益。这一结论也符合福利经济学中的相关理论[74]。

然而由于大型工程这类准公共物品外部性的存在,以个体收益最大化为决策目标的市场主体并不愿意完全承担大型工程的决策,特别是在 C 点以后的决策量,市场主体的决策边际收益递减速率提高,减少了市场主体的决策收益,从而进一步抑制了市场主体参与大型工程的决策。

4.2.3　两类群体协同决策模式的社会收益分析

由于大型工程项目的复杂性特点,决策主体之间有相互需求、相互依赖,但在决策过程中的某时刻,总会有一方处于主导地位。即总有一方的决策是在另一方的决策理念、决策资源、决策框架下进行。根据前文的假设,可将共赢型协同模式划分为市场主体主导型协同模式和政府主体主导型协同模式。不同主体的决策目标不尽相同,从而不同主体主导的协同模式对大型工程项目的社会收益的影响也有差异。

(1)市场主体主导型协同模式收益分析

市场主体主导型协同模式是指在大型工程决策体系中,首先由市场主体对大型工程项目的决策问题进行初步识别,确定参与决策群体的结构和相互关系,并为实现自身决策收益最大化目标构建主要的决策流程和决策框架,同时可能承担项目主要问题的决策(在此体现在承担大部分的决策任务量),其他参与决策群体(政府主体)将在政府所制定的决策模式、内容和框架下决策的一种协同模式。在模型中,市场主体主导型协同模式的表现为市场主体在大型工程决策过程中的决策先动行为,即首先由市场主体确定决策体系的各项内容和框架,随后其他决策群体在市场主体所确定的决策自由度下进行共同决策。假设市场主体和政府主体均不存在约束条件,并且市场主体不愿意完全承担大型工程项目这类准公共物品的决策时(也有可能是相关法规政策对于市场主体决策的限制),可得到市场主体主导型协同模式下的大型工程社会决策收益模型,如图 4-4 所示。

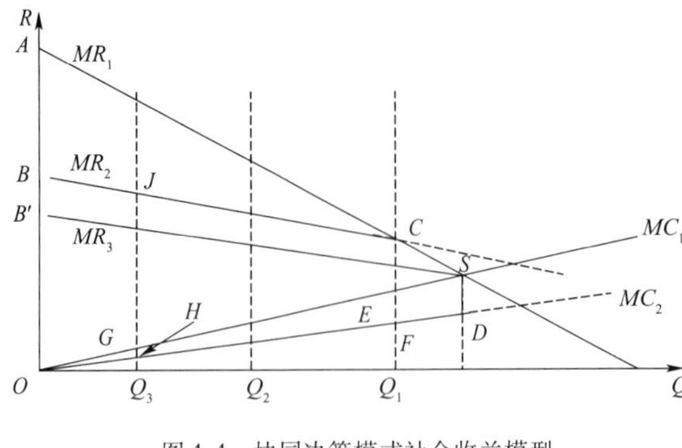

图 4-4 协同决策模式社会收益模型

设市场主体初始进行的决策任务量(即市场主体开始制定相应决策框架、体系等决策内容)确定为 $Q_1(0<Q_1<Q^e)$,由于决策边际收益大于决策边际成本,当市场主体进行的决策任务量逐渐增多时,其自身的决策收益将会增加,因此市场主体有继续进行决策的动力,会继续提高决策任务量,即继续构建决策框架和完成相应的决策内容,降低其他决策群体的决策自由度。当决策任务量增加到 C 点即 Q_2 时,若继续提高决策任务量,决策的收益率同 C 点之前相比将会降低,市场主体将超过 C 点的决策任务量(包括决策资源、决策精力等)投向其他领域可能会得到更高的回报。

此时是否继续参与决策取决于市场主体的偏好(有相关政策规定的情况除外)。若继续进行决策则会达到完全市场主体决策的模式,此时社会总决策收益为 S_{ASDO},市场主体决策收益为 S_{BCSDO}。否则,剩余的决策任务量(或称市场主体主导型协同模式下政府主体决策的自由度)Q^e-Q_2 则由政府主体来完成,此时社会总收益为 S_{ASEFO},市场主体决策收益为 S_{BCFO},与完全市场主体决策相比,社会总收益减少 S_{SDFE}。其实,市场主体的决策任务量并不一定会选择在于 C 点对应的 Q_2,这里的 C 点只是以决策收益为标准的最优点,当 $B\leqslant A-\dfrac{(L-K)A}{(\alpha+K)}$时,$MR_2$ 将在 S 点之前不与 MR_1 相交(如图 4-4,当 $B=B'$时),市场主体的初始决策任务量视具体情况将会是在$(0,Q^e]$的任意位置。但是无论市场主体的选择如何,同完全市场主体决策相比,市场主体主导型协同模式中的社会总收益总是减少 S_{SDFE}。

(2)政府主体主导型协同模式收益分析

在政府主体主导型协同模式中,由政府主体首先对大型工程项目进行前期决策,如项目引导、前期启动,确定决策框架和决策体系结构等,然后,参与的其他决策主体(市场主体)将在市场主体所制定的决策模式、内容和框架等决策自由度下进行决策。在模型中,政府主体主导型协同模式的表现形式同市场主体主导型协同模式类似。在此,同样假设市场主体和政府主体均不存在其他决策约束,可得到政府主体主导型协同模式下的社会决策收益。

如图 4-4 所示,政府主体制定相应决策框架、体系等决策内容所用的决策任务量为 Q_3(这里为了文章随后分析的方便,设 $Q_3=Q^e-Q_2$),市场主体随后在政府主体所定自由度 Q^e-Q_3 下进行决策。此时,社会总收益为 S_{ASDHGO},其中市场主体决策收益为 S_{JCSDH}。

此时的社会总收益比市场主体完全决策时减少 S_{HGO}，这也可以看成是政府主体替代市场主体进行大型工程项目决策的效率损失。

在政府主体主导型协同模式中，有可能出现这样一种特殊情况。就是市场主体在 $Q^e - Q_3$ 的自由度下所做的决策任务量仅为 $Q_2 - Q_3$，仍由政府主体提供剩余的决策任务量 $Q^e - Q_2$，也就是说，市场主体并没有完全足额地按照政府主体制定的决策体系进行决策。这种情况有利于市场主体保证其决策收益率，但决策的社会总收益损失最大，达到 $S_{HGO} + S_{SDEF}$。

4.2.4　两类群体协同决策模式社会收益的比较

在大型工程决策共赢型协同模式中，由于决策主体的主导地位不同，决策的社会总收益的大小也有差别。

(1)从大型工程前期决策的社会总收益的角度看，当市场主体与政府主体初始的决策任务量和所制定的决策自由度相同时，政府主体主导型协同模式的社会总决策收益要大于市场主体主导型协同模式。在图 4-4 中，政府主体主导型协同模式的社会总决策收益为 $S_{ASDO} - S_{HGO}$，市场主体主导型协同模式社会总收益为 $S_{ASDO} - S_{SDFE}$，当 $Q_3 = Q^e - Q_2$ 时，可证明 $S_{HGO} < S_{SDFE}$，从而政府主体主导型协同模式的社会总收益要大于市场主体主导型协同模式的社会总收益。

(2)从大型工程前期决策的市场收益的角度看，当市场主体与政府主体初始的决策任务量相同时，市场主体主导型协同模式的市场收益要大于政府主体主导型协同模式。在图 4-4 中，市场主体主导型协同模式的市场收益为 $S_{JCFH} + S_{BJHO}$，政府主体主导型协同模式社会总收益为 $S_{JCFH} + S_{SDFC}$，当 $Q_3 = Q^e - Q_2$ 时，可证明 $S_{SDFC} < S_{BJHO}$，也就是说，市场主体主导型协同模式的市场收益较大。

(3)从大型工程前期决策的社会剩余收益的角度看，由于政府主体主导型协同模式中决策的社会总收益要大于市场主体主导型协同模式中决策的社会总收益，并且市场主体主导型协同模式中决策的市场收益要大于政府主体主导型协同模式的决策市场收益，因此政府主体主导型协同模式中决策的社会剩余收益要大于市场主体主导型协同模式中决策的社会剩余收益。

上述分析表明，在各决策主体参与的大型工程群体决策协同模式构建过程中，政府主体与市场主体二者之间存在一定的共同利益，但是具有共同利益的不同博弈结果又有着相对冲突的偏好，市场主体与政府主体的决策主导博弈情况如表 4-2 所示。

由表 4-2 可知，市场主体与政府主体的决策主导博弈有先动优势。对于市场主体来说，其决策目标是自身决策收益最大，从而较倾向于市场主体主导型协同模式。而政府主体的决策目标是社会总决策收益最大，更确切地说，是社会剩余收益最大，因此更倾向于政府主体主导型协同模式(表中的政府主体决策收益以社会总收益表示，若改用社会剩余收益表示,其博弈结果相同)。

市场主体与政府主体的决策博弈 表4-2

政府主体 \ 市场主体	主　导	不　主　导
主导	0，0	$S_{ASDO}-S_{HGO}$，$S_{JCFH}+S_{SDFC}$
不主导	$S_{JCFH}+S_{BJHO}$，$S_{ASDO}-S_{SDFE}$	0，0

大型工程对经济、社会和生态环境具有重大战略意义,对工程科技的进一步提高能够起到显著推动作用,具有显著的准公共物品的特征。因此,在重视市场收益的同时,大型工程的前期决策应以提高社会总收益和社会剩余收益为主要目标。通过上述分析知,在协同决策的过程中,市场主体与政府主体的决策主导博弈有先动优势,从而在实际的决策过程中,应制定相应的制度,建立相应的政府主体主导型的协同决策模式,以提高大型工程前期决策的社会总收益和社会剩余收益。

4.3 政府主导模式群体协同机制有效性分析

4.3.1 问题分析

前文的分析是建立在市场主体与政府主体均不存在决策约束的假设的基础上,也就是说无论是市场主体还是政府主体均有相应的能力和实力,能够独立的对大型工程提供最优的决策任务量 Q^e,完全承担大型工程的全部决策。

但事实上,对于政府主体和市场主体来说,决策的约束是普遍存在的。这里的约束包括参与大型工程决策的政企双方之间的信息不对称、智力支持、资金约束、准入机制、投资收益率等影响合作和协同的因素。在存在约束的情况下,市场主体无法单独对大型工程项目进行决策,即自身无法使决策任务量达到最优。这里的原因包括政策上的可行性、相关资质的要求以及各类其他约束等。因此,市场主体缺少主动承担大型工程决策的动力。而政府主体则处于对国家和整个社会利益的考虑,有动力或者是不得不承担大型工程这类准公共物品的相关决策,从而在实际中使得政府主体在大型工程决策的主导占优顺序上处于先动地位,这也在客观上促成了政府主体主导协同模式的建立。因此,在后面的分析中,主要就约束条件下的政府主体主导协同模式展开。

在存在决策约束的情况下,政府主体同样也无法独立完成大型工程的相关决策。如图4-5所示,政府主体先行决策任务量为 Q_3(假设 Q_3 为政府主体为满足其决策约束的最大决策任务量),由于决策约束的存在,市场主体单位决策任务量能够获得的市场收益下降(决策约束的存在可以看作是决策边际成本的提高,同时也可看作是边际收益的下降),市场主体的 MR_2 下降并与 MC_2 相交于 F 点,即此时政府主体与市场主体所构成的决策体系所能够提供的决策任务量只能够达到 Q_2，即政府主体和市场主体协同决策时的实际决策任务量依然无法达到最优决策任务量。由图4-5知，距大型工程所需的最优决策任务量的缺口为 $Q^e - Q_2$。

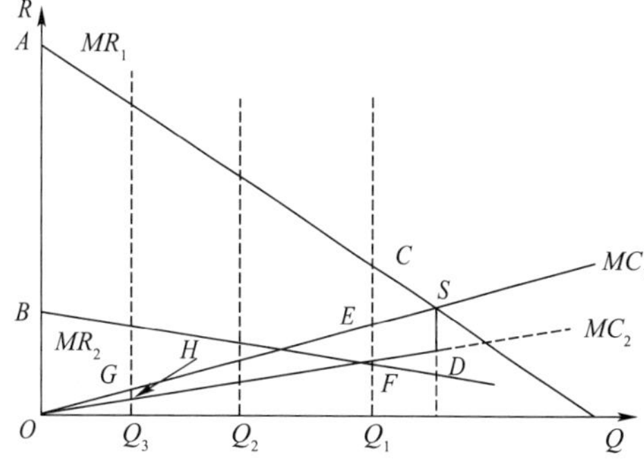

图4-5　约束条件下协同决策社会收益模型

对于政府主体主导协同模式来说，有两种途径能够消除决策约束的影响，弥补大型工程所需的最优决策任务量的缺口 $Q^e - Q_2$。一种途径是政府主体通过相关手段提升自身决策能力，改进决策流程并完善决策框架，从而减少约束条件的影响；另一种途径是政府主体构建和制定相应的决策协同机制，提高参与决策的市场主体的决策边际收益，加强与市场主体的合作。前一种途径能够从根本上解决决策约束的问题，但是有一定的时滞性，难以在短时间内发挥作用。相对于前者，第二种途径能够在较短时间内提高市场主体参与大型工程前期决策的积极性，有利于提高大型工程前期决策的时效性和运作效率。由此，我们将主要讨论第二种途径所涉及的问题。

政府主体通过构建相应的决策协同机制，能够提高市场主体的决策边际收益，从而提升参与决策的市场主体参与大型工程前期决策的动力，由此促进市场主体决策任务量的提供。另外，由于决策协同机制的构建涉及政府主体和市场主体两方的博弈，不同的协同机制会产生不同的博弈结果。在此，为了对大型工程前期决策协同机制的构建进行更深入的研究，我们将决策协同机制从构建到作用于市场主体参与对大型工程的决策划分为两个阶段：第一阶段是协同机制认同阶段，即政府主体制定的决策协同机制是否能够被市场主体认同和接受，同时市场主体是否根据决策协同机制进行政府主体所期望的反应和行为，也就是说协同机制能否使得市场主体实现其决策目标；第二阶段是协同机制优化阶段，即在市场主体接受政策的条件下，如何确定协同机制的最优，也就是说协同机制如何保证社会剩余收益最大，从而实现政府主体的决策目标。在随后的研究中，将以上述两阶段为基础，分析并构建大型工程前期决策的协同机制。

4.3.2　群体协同决策机制的阶段性分析

4.3.2.1　第一阶段——决策协同机制认同分析

在不存在决策约束时，双方的决策协同将形成类似于性别战(battle of the sexes)博弈结构，其中有两个纳什均衡，且存在有先动优势，即谁主导谁获益。然而，决策约束存在时，政府主体和市场主体任何一方均无法实现大型工程所需的最优决策任务量，因此双方需要进行密切的合作。在协同的过程中，政府主体将制定各类决策协同机制以提高市场主体的决策边际收益，决策协同机制的有效与否则取决于政企双方的收益和对于协同的认同及态度等要素达到的均衡。另外,由于大型工程所处环境的动态特征,这种均衡也在不断调整和改进,有可能使得达到的均衡再次偏离,但由于这种均衡是多次模仿、学习、协调和调整后达到的,因此它仍有一定的稳定和黏滞性。基于上述特性,我们在随后的分析中将采用进化博弈来分析市场主体对于决策协同机制的认同。

假设在大型工程决策体系中有政府主体和市场主体两方,双方的策略集均为(协同,不协同)。对于政府主体来说,协同即意味着制定相应的决策协同机制,提高市场主体的决策边际收益,吸引并促使其参与决策的积极性,不协同则意味着不制定相应的决策协同机制;对于市场主体来说,协同即意味着接受和认同政府主体的决策协同机制,提高参与大型工程决策的积极性,并加强同政府主体的协同决策,不协同则意味着不接受相应的决策协同机制,或是政府主体的决策协同机制对市场主体没有吸引力,也就是说协同机制没有达到预期效果。

根据图 4-5 所示,博弈双方的参数如下:

设 R_G 和 R_C 分别为政府主体和市场主体在独立对大型工程进行决策时的收益,ΔR 为双方进行协同时的超额收益,也称为协同收益,p 为政府主体和市场主体协同产生的超额收益的分配系数($0<p<1$),其中根据图 4-5 可知:

$$R_G = \int_0^{Q_3} [A-(K-\alpha)Q]\,\mathrm{d}Q + \int_{Q_3}^{Q_2} [(A-B)-(K-L)Q]\,\mathrm{d}Q$$

$$R_C = \int_{Q_3}^{Q_2} [B-(L-\beta)Q]\,\mathrm{d}Q$$

$$\Delta R = \int_{Q_2}^{Q^e} [A-(K-\beta)Q]\,\mathrm{d}Q$$

C_G 和 C_C 分别为政府主体和市场主体选择协同时的初始成本(主要为信息收集、评价协同风险等过程中的费用,与整体的协同环境有关)。其中,政府主体和市场主体采取协同策略的概率分别为 x 和 y。

根据以上假设,构造大型工程前期决策体系中,政府主体与市场主体的支付矩阵,如表 4-3 所示。

政府主体与市场主体的支付矩阵 表 4-3

政府主体	市场主体	
	协同 y	不协同 $1-y$
协同 x	$R_G+p\Delta R-C_G$ $R_C+(1-p)\Delta R-C_C$	R_G-C_G R_C
不协同 $1-x$	R_G R_C-C_C	R_G R_C

由表 4-3 可知,政府主体采取协同策略的期望收益为:

$$E_{G,co}=y(R_G+p\Delta R-C_G)+(1-y)(R_G-C_G)$$

政府主体采取不协同策略的期望收益为：

$$E_{G,unco}=R_G$$

政府主体的平均期望决策收益为：

$$\overline{E}_G=xE_{G,co}+(1-x)E_{G,unco}$$

由上式可得政府主体在选择协同策略的复制动态方程：

$$\frac{dx}{dt}=x(x-1)(py\Delta R-C_G)$$

同理，得到市场主体选择协同时的复制动态方程：

$$\frac{dy}{dt}=y(1-y)[(1-p)x\Delta R-C_G]$$

令上述动态复制方程分别为零可得到在平面 $M=\{(x,y);0\leqslant x,y\leqslant 1\}$ 上的 5 个协同关系局部平衡点，如图 4-6 所示分别为 $A(0,1)$、$B(1,1)$、$C(1,0)$、$O(0,0)$ 和鞍点 $D(x_D,y_D)$，其中 $x_D=\frac{C_C}{(1-p)\Delta R}$，$y_D=\frac{C_G}{p\Delta R}$。

根据 Friedman 对动态复制方程的研究，上述的 5 个平衡点中仅有 O 点和 B 点为稳定点，并且如图 4-6 所示，折线 ADC 是系统趋向 B、O 两点的临界线。在 $ABCD$ 部分，系统趋向于 B 点，即双方进行协同；在 $ADCO$ 部分，系统趋向于 O 点，即双方不进行协同。因此，在大型工程前期决策体系中，政府主体与市场主体的决策协同模式演化，取决于区域 $ABCD$ 和区域 $ADCO$ 面积的大小。当 $S_{ABCD}>S_{ADCO}$ 时，协同的概率大于不协同的概率，反之当 $S_{ABCD}<S_{ADCO}$，不协同的概率大于协同的概率。

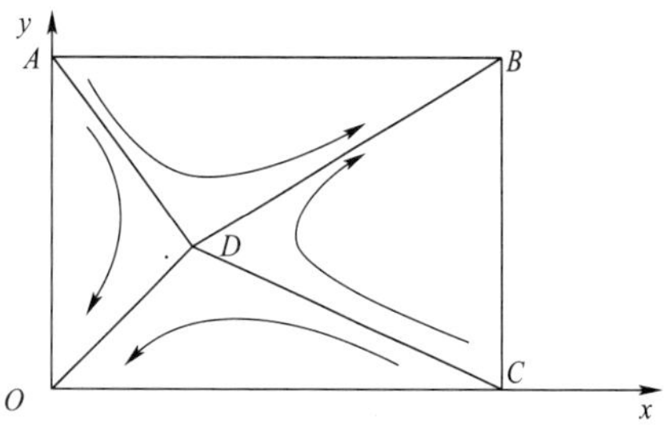

图 4-6　协同决策演化图

由图 4-6 可知，$S_{ADCO}=\frac{x_D+y_D}{2}$，当 S_{ADCO} 取得极小值时，S_{ABCD} 取得极大值。当其他条件一定时，对 p 求导有：

$$\frac{dS_{ADCO}}{dp}=\frac{C_C\Delta R}{[(1-p)\Delta R]^2}-\frac{C_G\Delta R}{(p\Delta R)^2}$$

令 $\frac{dS_{ADCO}}{dp}=0$，得：

$$\frac{C_C}{(1-p)^2}=\frac{C_G}{p^2}$$

由于 $\frac{d^2S_{ADCO}}{dp^2}=\frac{2C_C\Delta R^2}{[(1-p)\Delta R]^3}+\frac{2C_G\Delta R^2}{(p\Delta R)^3}>0$，因此当 $\frac{C_C}{(1-p)^2}=\frac{C_G}{p^2}$ 时，S_{ADCO} 取得极小

值，S_{ABCD}取得最大值，此时政府主体与市场主体双方趋向协同决策的概率最大。

根据前述假设，当 $C_C = C_G$ 时，可知 $p^2 = (1-p)^2$，由于 $p \geqslant 0$，可解得 $p = \frac{1}{2}$。即协同超额收益 ΔR 的分配比例等于政府主体与市场主体协同成本之比的平方根，当政府主体和市场主体协同成本相等时，双方各得超额收益 ΔR 的一半，此时政府主体与市场主体都选择协同策略的意愿最大，即政府主体制定的决策协同机制的认同最强。

4.3.2.2　第二阶段——决策协同机制最优点

决策协同机制的制定，是政府主体以损失社会剩余收益为代价而取得的市场主体协同，即决策协同机制运行的过程中，将有一部分社会剩余收益转化为市场主体收益而使得社会剩余收益减少，因此可将转移的那部分收益看成是政府主体制定和实施决策协同机制的成本。在市场主体认同政府主体制定的决策协同机制而同政府主体进行大型工程决策协同的条件下，政府主体需确定决策协同机制的最优点，以保证社会剩余收益最大，即决策协同机制的成本最低。

如图 4-7 所示，政府主体与市场主体初始的决策任务量只能够达到 Q_2，距大型工程最优决策任务量的缺口为 $Q^e - Q_2$。为使大型工程前期决策所做的任务量能够达到最优，

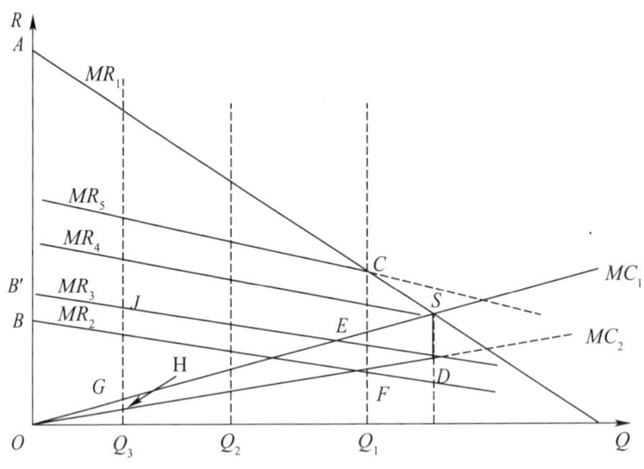

图 4-7　约束条件下政策最优点

政府主体将采取措施，制定相关的决策协同机制降低各类影响协同的因素，特别是对市场主体的政策限制和准入机制等方面，提高其决策边际收益。这里假设政府主体制定决策协同机制，从而使得市场主体决策边际收益提升至 MR_3 并与 MC_2 交于点 D，此时的决策协同机制成本为 $S_{B'EFB}$，双方共同完成的决策任务量达到优值 Q^e，并且社会总收益和社会剩余收益也达到最大（社会总收益为 S_{ASDHGO}，社会剩余收益为 $S_{ASDHGO} - S_{JDH}$），因此称此时的决策协同机制为最优协同机制。因为，若政府主体继续改善其协同机制，促进市场主体与政府主体的协同决策，市场主体的决策边际收益将提升至 MR_4，甚至 MR_5，但是此时社会总收益不变，仍为 S_{ASDHGO}，而市场主体决策收益增加，因此社会剩余收益减少，

从而称此时存在协同机制的过剩，由此可知点 D 为决策协同机制最优点。

4.3.3 群体协同决策机制的结论与启示

对于第一个阶段，根据协同策略复制动态方程的分析，政府主体和市场主体对于协同超额收益 ΔR（即图4-7中 S_{CSDF}）的分配比例 p 是否合适，将对双方的协同态度和趋势产生重要的影响。最优的分配比例 p 取决于政府主体和市场主体双方合作成本的大小。对于第二个阶段来说，由于决策协同机制的制定是以损失社会剩余收益为代价，政府主体在制定时应尽量保证不存在协同机制过剩的现象，也就是使市场主体调整后的决策边际收益和边际成本尽可能交于最优点（图4-7中 D 点）。

因此，只有当 $p=\frac{S_{\mathrm{CSDE}}}{S_{\mathrm{CSDF}}}$ 时，双方进行协同的概率最大点和协同机制的最优点重合；当 $p>\frac{S_{\mathrm{CSDE}}}{S_{\mathrm{CSDF}}}$ 时，协同概率最大点低于协同机制最优点，此时可能造成大型工程前期决策任务量的不足；当 $p<\frac{S_{\mathrm{CSDE}}}{S_{\mathrm{CSDF}}}$ 时，协同概率最大点高于协同机制最优点，此时存在协同机制过剩现象，社会剩余收益减少。

通过上述分析，可以得到以下几点构建大型工程前期决策协同机制的启示：

（1）大型工程具有战略性和公益性，因此保证前期决策社会总收益，特别是社会剩余收益最大化是决策以及决策管理的重要任务。政府主体主导下的群体决策与市场主体主导下的群体决策是两种不同的决策模式，由于两个主导主体在决策中对问题的立场、决策目标、价值选择、能力与优势都存在差异，会导致决策产生的社会总收益、社会剩余收益存在较大差异。通过前述研究可以得出，政府主导下的群体决策模式发挥政府主体在整个决策体系中的地位和影响，能够最大限度地保证决策的社会总收益和社会剩余收益。

（2）在实际决策的过程中决策约束是普遍存在的，为了降低决策约束对决策过程的影响，政府主体应制定相关的协同机制，提高市场主体的决策收益，通过满足市场主体的基本利益诉求，降低市场主体决策动力不足对工程决策产生的不利影响。

（3）政府主体制定和构建的决策协同机制要得到市场主体的认同，市场主体对协同机制认同度越高，协同机制的效用越强。因此，在制定决策协同机制的过程中，政府主体要注重对市场主体的调查、分析和沟通，同时要建立完善的协同超额收益的分配机制，以提高市场主体对协同机制的认同度。

（4）决策协同机制的制定是以损失社会剩余收益为代价。因此，在协同机制得到市场主体认同的条件下要进行必要的优化，以在政策有效性范围内尽可能减少社会剩余收益的损失。虽然在实际中严格的协同机制最优点可能不存在，或是难以寻找和判断，但是政府主体仍需尽可能地对大型工程前期决策协同机制进行一定程度的改进和完善，保证协同机制的适度性和有效性。

第5章 大型工程决策过程优化与柔性管理研究

大型工程复杂决策问题大多属于非结构化程度高的复杂性问题，从认识问题、分析问题、解决问题的角度，其决策过程是将非结构化问题逐步转化为结构化的子问题分别求解再系统综合的过程。同时，决策问题的复杂性以及决策主体的有限理性也决定了对于复杂问题的决策将采取群体决策的方式，其决策过程也是群体共识形成的过程。因此，科学的决策程序体系及相关管理机制的建立既需要符合人们对复杂问题的认知规律，也需要有利于群体意见的表达与共识形成。

本章基于综合集成管理的思想，吸收复杂问题求解过程以及群体共识形成过程两个方面的研究成果，根据大型工程前期决策的实际情况，建立面向复杂决策问题的群体决策过程模型，并对决策过程中的群体研讨模式及柔性管理内容等方面进行了探索与研究。

5.1 大型工程复杂决策过程特点

大型工程决策的复杂性主要表现在工程前期决策过程。关于大型工程前期决策过程特点，可通过苏通大桥决策过程案例加以分析。2001年，国家计委正式批准苏通大桥的项目建议书，伴随着大桥项目正式立项，提升和发展南通过江通道的必要性、南通过江通道方式得到正式确定。苏通大桥的最终确定主要经过了1991—1996年隧道方案研究、1996—1998年桥隧方案同等深度研究和1998—2001年方案审查立项三个阶段，其决策过程特点可概括为以下几点：

(1)包含大量的课题研究环节

南通过江通道建设条件复杂，地质、水文、气象、航运等方面的专题研究的内容、深度、方法、手段不同以往，参加研究的单位之广、人数之多也不同以往。业主和设计单位高度重视，组织开展了大量专题研究工作，为获得可靠、准确、可信、合理的设计基础资料，精心管理，各个重要环节邀请专家进行审查、咨询，起到了质量控制的把关与保证作用。

(2)决策过程是系统分析和系统综合的反复迭代

首先，对方案进行系统分析，研究长江南通河段的通航要求，论证通航技术标准。研究通行能力，确定建设标准和建设规模。分析长江南通河段的河势演变和本项目影响区

域的水文、气象、地质、地震等建设条件，确定任务目标；第二，在此基础上识别影响方案的可能要素，并形成可能的方案；第三，由设计单位对各自多种方案进行综合评比，并推荐方案；最后，由更高层次的主体对方案进行评审，并反馈修改意见，修订后再评审，直至方案的最终立项。

(3)决策过程中涉及众多参与主体

确定建设南通过江通道的必要性之后，就是要识别可能的过江通道方式——桥梁和隧道。南通市政府在当时大的社会背景下，更倾向于选择隧道方式，并委托了上海隧道设计研究院进行方案的预可行性研究，江苏省交通厅对方案的预审结果认为应该提高建设标准和加强对桥隧方案的同等深度研究，中交规划设计院和上海隧道研究院分别作为桥梁和隧道方案的设计单位。设计单位联合相关的科研单位，对基础数据的采集，并研究影响桥梁和隧道的位址、类型、规模、标准等因素，形成桥梁和隧道的可能方案。设计单位从技术、经济、环境等方面对方案进行综合评审，并向业主推荐整体最优方案。江苏省交通厅根据提供的方案组织相关领域的权威专家，进行方案的评比，形成专家组意见。设计单位根据反馈的意见进行方案的调整和修正。江苏省交通厅将建议书上报国家计委，国家计委分别委托交通部和中国国际工程咨询公司进行方案的审查。

(4)决策过程中专家群体的参与指导

苏通大桥对方案的决策充分反映了国家在大型工程建设上决策的民主性。在此过程中充分尊重和吸收专家意见，工作中注意引进、消化、吸收国内外特大跨径桥梁建设的先进技术和宝贵经验，正确处理好继承和发展的关系，积极吸纳和借鉴国内外相关技术和经验为我所用，坚持“请进来、走出去”，加强与国内外专家的广泛联系，邀请国内外著名设计咨询单位和专家参与设计咨询审查活动，对他们的意见和建议给予了充分重视并进行认真分析、论证。对重大方案和重要结构部位、关键技术问题，深入研究、全面论证，进行多方案的研究和比选，并精心设计。同时采取多种方式定期开展专题讲座和技术交流活动，这对开阔视野、提高设计水平、保证设计质量具有积极的作用。针对关键问题向国内外进行方案征集活动，并在设计中加以采纳，使设计方案更具合理性和可实施性。

通过上述对苏通大桥决策过程的分析可以得出如下结论：①决策过程中各项活动是以问题为导向展开的，决策问题的性质会对决策过程产生深刻影响；②大型工程前期决策过程既是对复杂问题的求解过程，即通过科学论证、研究获得对问题的认识与解决，同时决策过程也是群体共识的形成过程，是多元化决策主体（项目主体、专家群体、论证主体等）联合行动及达成共识的过程。因此，要保证决策过程的有效性与有序性，首先必须建立符合其大型工程前期决策特点的决策流程，并结合其管理需求采取有效措施。

5.2 基于群体共识的大型工程复杂决策过程

5.2.1 决策问题的非结构化

大型工程前期决策问题具有典型的非结构化特征,在对决策问题的研究过程中,问题的结构化程度是用来描述问题复杂性的重要指标。一般来说,问题的复杂程度与结构化程度高度相关:结构化决策问题可以利用或建立适当的模型产生决策方案,并且可以从这些方案中得到最优解,因此常常将其归为简单决策问题范畴,而非结构化决策问题则由于其问题解决仅停留在定性分析,难以找到有效的求解程序,因此被归类为复杂决策问题[75]。复杂决策问题的非结构化具体表现为以下特点:

(1)非常规性,没有经验可借鉴。无论是对问题的认识、问题的分解还是问题求解等都缺乏可借鉴的经验或指导框架,决策主体必须充分发挥其自身知识与能力,摸着石头过河,寻求解决方案。

(2)决策问题中包含诸多不确定、不可知素。例如对决策问题环境现状的不确定与不可知;对决策问题结构、参数和特性等方面的不确定与不可知等。导致不确定和不可知的原因,既有客观原因主要为决策问题本身的客观复杂性,也有主观原因例如决策主体的有限理性产生的对决策问题掌握的信息不完备、数据不精确、知识不充分等。因此,要将不确定、不可知转变为确定和可知,决策主体必须通过学习或资源整合等方式,掌握或拥有与决策问题相关的信息、知识与能力,以实现认识上的全面与深入。

(3)决策问题与外部环境之间存在着物质、信息与能量的交换,具有开放性,因此决策问题并非静止固化,其自身也处于动态的发展变化之中。另外,基于 Simon 的观点,他认为问题并不是严格的客观状态,也不是主观的不满意状态,而是客观现实与个人偏好的不雷同关系[42],因此决策问题也可能会随着主体偏好的变化而有所变化。由于对决策问题的界定正确与否直接影响着决策结果,因此必须要根据环境的变化不断审视决策问题的状态,以保证决策的正确性和有效性。

(4)决策问题的解决方案不存在最优方案,只存在满意方案。由于难以对决策问题进行清晰的界定和定量化求解,同时决策过程也会受到成本、时间等多方面约束条件的限制,因此,复杂决策问题的最终解决方案往往只能满足满意原则或非劣原则。此外,复杂问题决策往往属于多目标决策问题,目标的多元化以及不可公度性使得对备选方案的评价在很大程度上取决于决策主体的主观偏好。

通过上述分析可以看到,具有非结构化特征的复杂决策问题实际上是一类边界模糊、状态变动、不存在最优方案只存在满意方案的问题,因此对这类问题的决策是一个动态演化的过程,其中既包括对决策问题认识的逐步明确与深入,包括决策主体价值选择

的明确与收敛,也包括对问题解决方案的逐步优化过程。

5.2.2　复杂决策的一般过程

决策过程与认知科学紧密相关。从认识论的角度来看,决策主体在刚刚接触复杂问题时,通常处于一种"混沌"状态,即仅能从感性层面对各种表面现象产生一种朦胧的认识,经过一段时间的观察、学习、研究,才能逐渐掌握问题的发展规律,认清问题的本质,并提出解决方案,同时由于复杂问题的动态性和演化性,还需要通过对初步解决方案的验证、调整和优化,形成最终决策方案。因此复杂问题的求解过程实质上是从以形象思维为主的经验判断到以逻辑思维为主的精密论证再到将形象思维与逻辑思维综合分析形成以创新思维为主的决策方案的过程。

基于上述认知逻辑和思维模式,于长锐等从问题认知深度和广度的视角,将复杂问题的求解过程划分为概念层、结构层和数学层三个层次,并建立了由概念模型、结构模型和数学模型相互结合的复杂问题求解的多元化集成模型体系[76];钱学森教授提出了从定性综合集成到定性定量相结合的综合集成再到从定性到定量的综合集成的方法论;向阳等根据综合集成方法论思想提出了复杂问题的定性简化处理层、复杂问题定量分析层和复杂问题定性定量综合集成求解层理论框架,并将这一过程分解包括:①复杂问题表示;②复杂问题理解与分解;③构造子问题求解模型;④子问题求解模型的综合集成,形成原复杂问题求解模型;⑤复杂问题求解;⑥对求解结果进行定性与定量的综合分析,形成复杂问题解决方案在内的六个步骤[77][78]。

结合上述关于复杂问题求解的研究成果,我们认为复杂问题决策过程一般包括问题解析、确定目标、问题求解、方案设计和评价决策五个基本阶段,其关键步骤包括:①问题识别与分析,形成对复杂问题的初步理解;②明确决策目标;③对复杂问题进行分解,或者形成可进行求解的子问题,或提出进一步论证的各个经验性假设;④对子问题进行求解,对经验性假设进行论证;⑤对子问题求解结果或各项经验性假设的论证结果进行综合分析,获得对复杂问题较为系统全面的认识;⑥在对复杂问题及其决策信息得到较充分认识的基础上拟订备选方案;⑦对各备选方案进行评价和综合决策,确定推荐方案。其中步骤④与⑤可能存在多个反复,直到决策主体认为基本上能够清晰界定复杂问题并形成解决方案为止。其过程图如图 5-1 所示。

5.2.3　基于群体共识的复杂决策过程

大型工程前期决策过程中,参与主体多,信息量大,决策过程中有时间压力和无时间压力交替出现,全体参与和分散行动交替出现,这就对管理主体对决策过程管理提出了挑战,需要建立与实际决策过程活动相匹配,有利于实施过程管理和控制的过程模型。

大型工程前期决策阶段以问题为导向的决策过程可划分为以下四个阶段(图 5-2):

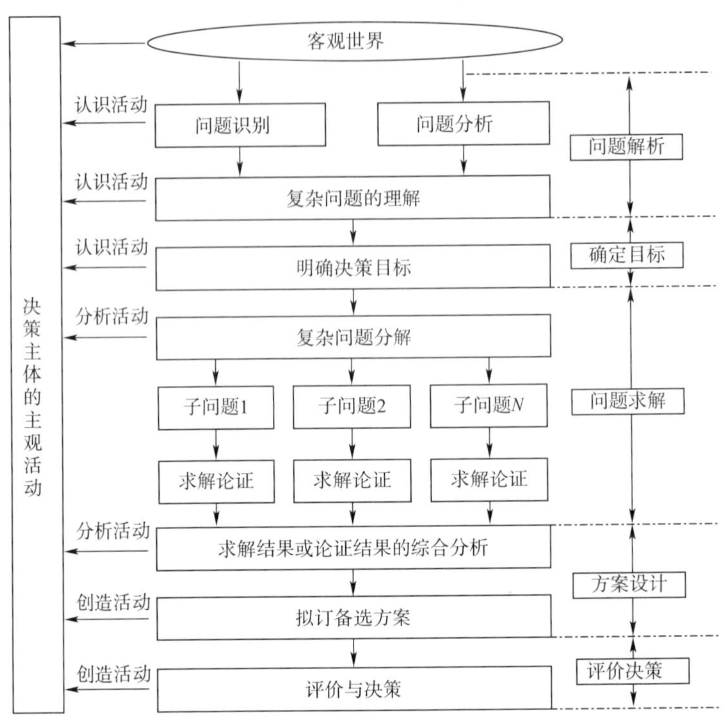

图 5-1　复杂问题决策过程

第一阶段:前期准备与初步分析阶段。

该阶段属于复杂问题决策过程中的资料收集与定性分析阶段,主要是通过对经验、知识、信息的整合,获得对决策问题以及目标状态较为系统和全面的认识。在大型工程前期决策中,该阶段的前期准备工作,例如调研、征求意见以及资料收集等都是项目主体的主要工作,在前期准备的基础上,提出对问题的初步认识与分析,并对问题的解决提出思路。该阶段中群体研讨将依据项目主体的初步方案,从不同角度对决策问题、关键子问题识别、决策目标、约束条件、问题解决的技术路线以及论证活动如何有效开展等内容展开研讨。可以说该阶段是对该决策问题的整体规划阶段,对后续活动的开展具有十分重要的意义。

针对复杂性问题的特点选择适当的专家参与问题解决是前提,此后即进入专家群体解决阶段。专家群体解决的程序包括,由(序)主体召开专家会议,确定基本议题,从定性讨论开始,由专家各抒己见,主体邀请相关方面的专家以及问题可能涉及的主体参与讨论,通过参与成员的发散性思考和成员之间的互动,在一定的时间范围内,得到对问题在一定程度上的一致认知(同步)。由于复杂性问题在解决的过程中,主体可能存在着认知偏好或者经验不足,此时,就需要对决策问题进行分解,提出基于经验性假设或者初步解决设想。在这一过程中,核心是对专家进行集成,对专家的知识、经验与智慧进行集成,

实现对问题多层次、多角度的全面分析。

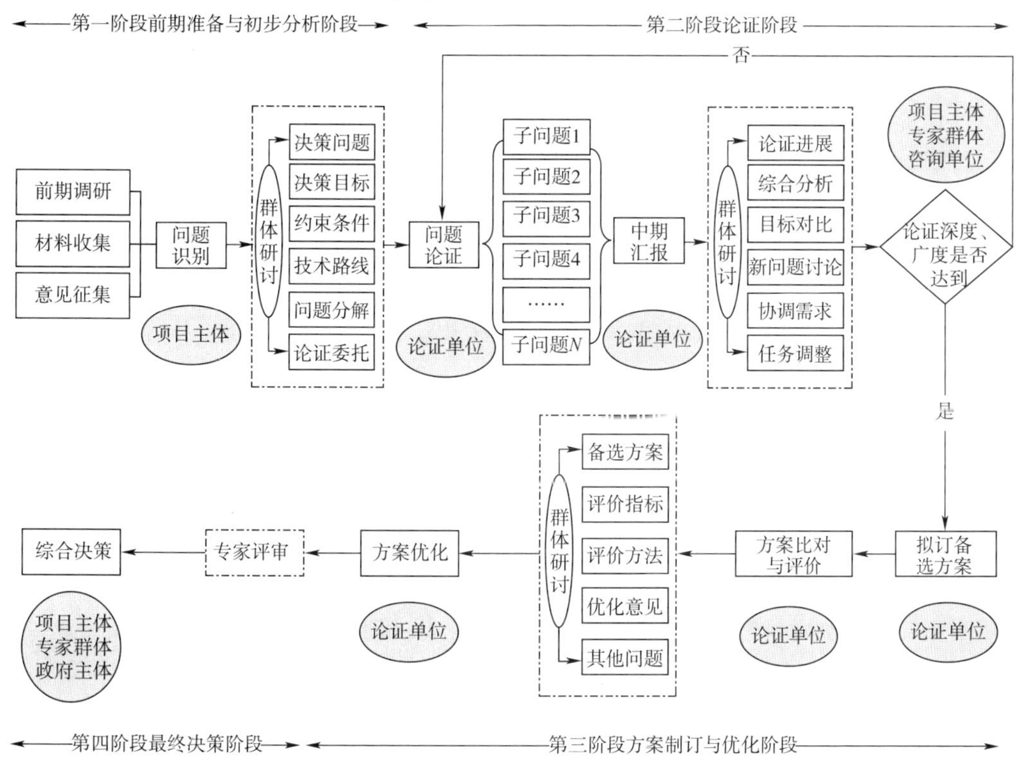

图5-2　大型工程前期决策过程图

第二阶段:论证阶段。

根据同步定性阶段对问题的初始描述以及假设,可将待解决问题分解为不同的子问题,分别进行建立模型、数据分析等定量论证过程。由于复杂问题分解成各个子问题后,其侧重点不同,问题性质不同,所以论证的模型以及求解的方法也各不相同,同时解决这些子问题的主体也会发生变化。在大型工程中,对于子问题的论证过程通常都委托具有资质的科研单位完成。由于存在委托代理关系,同时为了及时获得论证阶段的信息反馈,避免第一阶段由于认识不足导致的论证方向性错误,项目主体通常也通过在过程中召开群体研讨的方式对论证过程进行跟踪。该阶段的群体研讨的议题主要针对论证过程中的情况,例如是否存在问题,对经验性假设论证得到的观点与结论,对后续论证工作有无调整的需求以及论证中遇到的其他问题和协调需要等。由于问题的复杂性,对于决策问题论证的过程往往需要持续较长时间,因此群体研讨也将根据阶段性任务由项目主体或科研主体提出是否召开,只有当论证深度和广度基本符合决策需求时,才能够在对各子问题论证结果综合分析的基础上,研究并制订备选方案。

第三阶段:方案制订与优化阶段。

该阶段主要包括两个方面的内容:一是备选方案的制订活动,一是方案的初步评价与优化过程活动。前一阶段对各子问题及涉及内容的系统论证是科学拟订备选方案和分析方案优缺点的前期基础。该阶段的方案制订依然是以科研单位为主体,根据决策目标以及论证结果拟订符合基本要求的解决方案,并建立评价体系,对各方案进行初步评选。科研单位的初步评选结果是项目主体进行方案选择的重要参考和依据。为了保证评价指标与方法的科学性,并在备选方案中选择重点方案进行深化研究,项目主体、专家群体会以群体研讨的方式对科研单位的方案比选提出意见、建议,并对优选方案达成共识,作为科研单位进一步深化研究的对象。同时,项目主体和专家群体也会根据该阶段的研究成果及产生的新需求,提出有待进一步深化研究或细化的问题,从而实现决策方案朝向决策主体期望的方向逼近与收敛。

第四阶段:综合决策阶段。

经过论证单位对优选方案的深化研究与细化,形成了最终决策方案。在大型工程前期决策过程中,由于决策问题数量多,政府主体并不会对单一决策方案进行最终审批决策,而是由项目主体将各项重大问题论证与决策过程按照相关规定与要求编制成工程可行性研究报告上报政府进行最终审批,在政府审批前,项目主体还需要组织专家群体对各项重大决策的科学性、决策方案的科学性进行评审,以此作为政府审批的重要依据。

综合上述过程,在复杂工程决策及其管理中,一方面要形成对问题的认识及解决思路、设想、规划、概念设计等;一方面要运用逻辑推理、模型、数据及试验方法对问题进行精密计算和科学论证,因此大型工程前期决策过程本质上是定性过程与定量过程相互依托、共同推进的过程,在这一过程中,群体研讨正是从定性分析到定量论证以及从定量分析结论到更高级定性转化的关键环节。

5.2.4 复杂决策过程中的群体研讨

在群体决策过程中,群体成员间通过召开会议的形式,围绕一个或多个议题展开交流和协商的方式称之为群体研讨。在群体研讨过程中,各个成员均可以提出各自的观点和立场,提供证据,并可针对其他成员意见发表评论、表明态度。群体研讨的科学组织将有利于信息共享,有利于群体成员之间的沟通与理解,有利于消除矛盾和冲突,有利于知识的传递和创新,也有利于民主协商基础上的共识的形成;反之群体研讨的混沌无序则会导致无效率决策,群体间矛盾冲突加剧,群体思维与群体极化等。因此,如何开好研讨会,保证群体研讨的高质量、高效率是决策过程中的一项重要课题。

1970 年,Horst Rittel 基于古希腊哲学家 Zeno 的辩证思想提出了一种议题导向的辩证模式(IBIS,Issue-Based Information System),为人们解决苦恼的问题(Wicked Problems)提供了一个简单且正式的结构。在该模式中,议题(Issue)、立场(Position)和论证(Argument)成为群体研讨中的关键要素,其中议题即为研讨的任务或问题,所有活动都将基于

议题需要展开；立场是参与研讨者对议题所持的观点与态度；论证则是支持或反对观点的理由、证据。邓辉、孙景乐建立了群体决策任务的结构化研讨模型，在该模型中将群体研讨要素丰富为包括任务、立场、论据、权重、理由、出处和模型在内的七个要素，并给出了不同研讨模式下各要素之间的关系图，如图 5-3 所示[79]。由此可以看出，群体研讨的关键在于通过对研讨参与人了解彼此的立场和论证，寻求某种共识，以实现议题的需求。

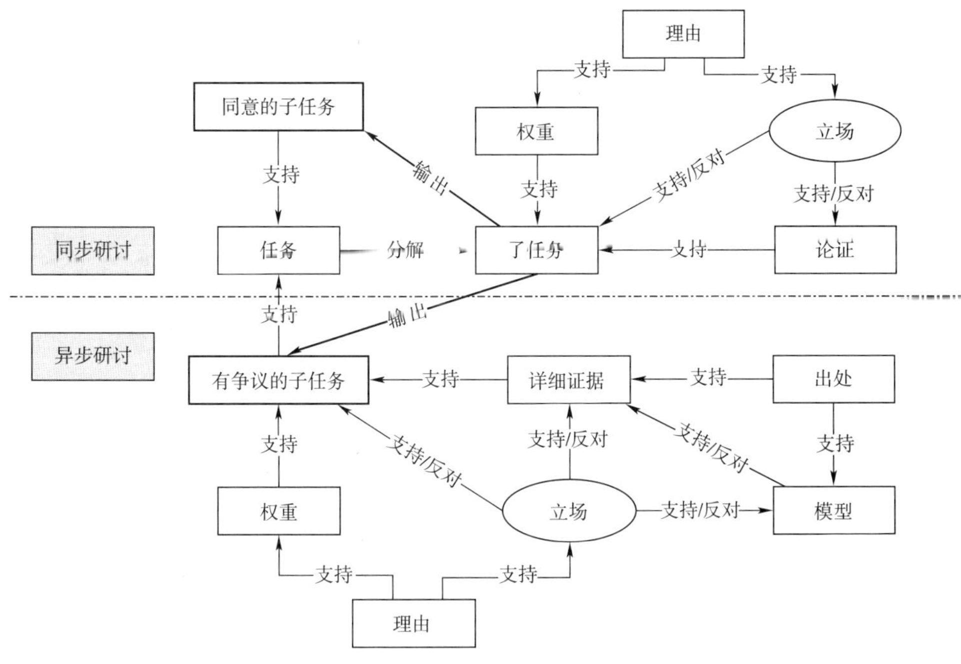

图 5-3　群体研讨要素

根据群体研讨中各参与主体发出和接受信息的时间角度，可以将群体研讨划分为同步研讨和异步研讨两种模式。本书所研究的群体研讨具体是指同步研讨的情况。在同步研讨的情况下，议题或研讨任务的内容与性质不同，应采取不同的研讨方式和流程。通过对大型工程前期决策实践的总结，综合相关研究成果，根据群体研讨议题的不同，复杂问题决策过程中的同步群体研讨模式主要包括开放型研讨模式、研究型研讨模式、协商型研讨模式、决策型研讨模式四类，表 5-1 对各类群体研讨模式的特点进行了总结与归纳。

不同群体研讨模式比较　　表 5-1

类别	模　　式			
	开放型研讨模式	研究型研讨模式	协商型研讨模式	决策型研讨模式
研讨目标	广泛收集信息并征求意见	提出经验性假设或提出备选方案	消解冲突达成共识	多中选一

续上表

类别	模式			
	开放型研讨模式	研究型研讨模式	协商型研讨模式	决策型研讨模式
参与主体	利益主体、决策主体	以专家、科研单位主体为核心	相关利益主体及管理主体	决策主体及其他相关主体
研讨方式	开放式发言	分析与研究	沟通	明确立场、表决
研讨氛围	民主式	民主集中式	协调式	集中式
决策结构	平行	平行或分层交叉	平行交叉	集中
共识程度	低	中	高	高
用途	征求意见	提供建议,拟订备选方案	多主体协调	评审、决策

5.3 大型工程复杂决策过程的柔性管理及策略

5.3.1 复杂决策过程的不确定因素

不确定性是复杂决策过程的重要特征,复杂决策过程的不确定因素及对应的产生原因主要包括:

(1)决策问题的不确定性。复杂决策问题涉及因素多,关联复杂,具有系统复杂性,对于具有有限理性的决策主体而言,需要一个逐步认识的过程。由于复杂决策问题常常与外部环境有着紧密的联系,外部因素的变动可能会引发决策问题性质改变,从而迫使决策路径发生演化。另外,随着信息技术的发展,决策信息是否充分也成为决策主体能否清晰界定决策问题的关键。因此,决策主体对问题的认知程度、外部环境的变化情况及主体拥有的有效决策信息量的多少都会使决策问题在界定中包含诸多不确定因素。

(2)决策主体价值偏好的不确定性。决策主体是具有学习能力个体。随着个体与外界信息的交换及自我学习过程,决策主体的价值偏好会发生变化,甚至偏离其原有的偏好区间,导致决策目标动态性。另外,对于复杂决策问题基本上采用群决策的方式,即决策主体由群体构成,不同群体构成方式也会使决策主体的偏好发生变化。决策主体价值偏好的不确定性也直接导致了决策目标也将是动态变化中逐步稳定的结果。

(3)问题求解技术路线的不确定性。为了降低问题求解复杂性,决策主体通常将复杂决策问题分解为多个子问题分别求解后再综合以获得最终解决方案,不同的问题分解方式对应不同的技术路线,形成了问题求解技术路线的多样性。另外,随着决策方法的日益丰富,对同一问题也有不同的解决方法和路径,这也增加了技术路线的多样性,从

而使决策主体在选择技术路线的过程中常常需要根据实际情况进行选择，难以事先确定。

(4)决策方案的不确定性。由于决策问题及主体偏好的变动以及外部环境等其他不确定因素的影响使得复杂决策方案的制订不再是多选一的过程，最终决策方案往往会因为技术路线的改变而与起初的备选方案“非此非彼”。由于复杂问题往往不存在最优解，决策目标又具有不可公度性，因此多个决策方案一般很难选出占优方案，使决策方案选择带有不确定性。

从上述分析中可以看出，决策问题及过程的不确定性要求决策主体能够根据自己“新”的认识不断审视决策问题，并根据外部环境的变化调整目标以保证问题解决方案的合理性与适应性。更进一步，在决策初始阶段，环境变化往往混沌而难以预见，因此在决策过程管理中应致力于建立并制订一组可供决策主体选择的行动规则及相应方案，从而使决策主体可以根据决策问题及环境的变化灵活选择应对策略，由于这些应对策略是根据决策问题及过程变化制定出来的，具有动态性、适应性特征，因此称这种管理为基于柔性的过程管理。

5.3.2　柔性的价值及对决策管理的影响

柔性是与刚性相对而言的，在管理中具有深刻的内涵，可以理解为一种缓冲外界环境波动对系统干扰的能力，一种吸收外生不确定以保证系统稳定性的能力，也可以理解为一种系统对内外部环境变动的反应能力。随着外部环境不确定性程度的增加，柔性在管理中的作用日益显现。

在决策过程中，决策主体所面临的环境主要有 5 种情况：第一种情况，静态环境，决策问题当前环境与未来环境基本一致；第二种情况，动态环境，虽然环境发生了变化，但是决策主体可以精确预测未来环境的发展方向，具有完全可预测性；第三种情况，动态环境，决策主体可以清楚地确定未来环境变化的几种可能，但无法掌握各种可能发生的概率；第四种情况，动态环境，只能预测出未来发展的区间，实际结果则可能是区间中的任意情况；第五种情况，动态环境，不可预测，存在很大的模糊性。

在前三种环境条件下，决策问题基本上是在一种或有限种结果的可控范围内，而在后两种状态下，决策问题或者囿于一定的区间范围，或者完全呈发散状，传统的机械式的一劳永逸的决策方式根本无法适时跟进环境变化对整个决策的影响，因而需要发挥“柔性”的价值，以获得适应和应对各种不确定性、动态性、突变性的能力。

作为动态环境下应对不确定性与动态性的关键，柔性的战略价值已经吸引了许多学者和管理者的广泛关注。决策环境的持续变化决定了“一次性”的决策流程以及决策方式不可能成为管理变化的适当模式。决策过程的柔性化虽然不能完全的消除不确定性与动态性的影响，但是它更加关注决策主体、决策过程与环境相互作用的过程，并对其进行积极有效的调整与反馈，这对于复杂性决策过程具有十分重要的意义。

柔性管理理论的研究最初应用于制造业，用以应对激烈的市场竞争以及顾客需求的不断变化，通过采取有别于刚性的、自动化的传统机械工业方式的柔性制造方式，企业可以快速获取竞争优势。之后，随着制造业柔性应对多变市场带来的整合优势，柔性管理理论开始广泛应用于企业战略的制定以及组织管理领域，并获得了积极的成果。

复杂决策的过程也是一个不断适应外部环境变化的修正调整过程，在这个过程中环境的各种不确定因素往往容易造成决策过程中的"无意识秩序"以及"控制中的混乱"等情况，在这种情况下，不仅需要在综合集成方法论的指导下进行从定性到定量的决策流程，还需要对决策过程进行管理。将柔性管理融入到复杂决策管理中，通过对目标、组织、知识、能力的柔性管理，培养应对不确定及混乱情况的管理能力。

对于柔性决策管理，我们给出以下几点界定：

(1)柔性管理是资源理论、知识理论和动态能力理论的有机融合，即柔性是试图制定一组可以选择的行为准则及方案，使主体在动态环境下，主动适用变化、利用各种资源的组合来提高自身的能力。主体柔性管理的能力由主体可支配资源的内在柔性和主体在一系列可行方案中运用这些资源的能力共同决定的。

(2)管理中柔性的价值以变化为条件，是主体或者组织应对不确定性和风险的一种有效手段，管理中的柔性程度与外部环境的变化程度紧密相关，只有达到动态平衡才能最大化地发挥柔性的功效[80]。例如，在传统的决策理论中，决策环境封闭、静态，柔性基本上没有管理的价值，只有在动态、开放、多变以及不确定的环境下，柔性的管理才具有价值。

(3)柔性本质上体现了一种反应能力及快速整合资源的能力。柔性管理的对象包含一切可以转化为能力的要素，包含人、技术、信息等。此外，柔性管理也是一项系统工程，需要各个要素共同配合完成，例如组织、资源、人力、财务、信息技术等，目的是最大化发挥系统整合的功效。

5.3.3 复杂决策过程的柔性管理

5.3.3.1 决策目标柔性及其目标柔性管理的主要任务

在复杂决策中，三方面因素导致决策目标的柔性：①由于决策环境动态性较强，决策问题对外部环境变化敏感，外部环境以及约束条件的变化会导致决策目标的变动与游离；②复杂决策问题包含多个决策目标，决策主体的偏好可能会随着时间的改变以及决策环境的改变而改变，导致决策目标的柔性；③决策之初，决策主体对决策问题的认识缺失以及对决策复杂性的驾驭能力不足，但经历一段时间后，可能会对问题有了更加深入的认识，能力也有所增强，因而导致决策目标的柔性。可见，复杂问题的决策目标不是一成不变的，可能会随着环境发生相应的变化，若当环境改变，而没有及时对目标进行调

整，可能会导致决策走向错误的方向，因而目标柔性管理的任务就是要及时地对决策环境进行跟踪，根据环境的变化确定是否需要对目标进行调整与修正，以确保决策方案的适应性与有效性。可以说，目标是柔性管理的先决一环，目标调整后，相应的决策方案自然会适应性地进行调整。

5.3.3.2　决策资源柔性及其资源柔性管理的主要任务

资源主要是指决策所需的物力、财力和智力等各种要素，对决策而言，智力资源可以分为两类：一类是人，即决策主体，包括一般决策者、专家以及相关咨询公司等外部智力支持；一类是知识、信息、经验的载体，包括决策支持系统、书籍、资料、软件等有形载体和决策过程中涌现出的新知识等隐性的信息流，它们都是决策不可或缺的重要资源。在工程建设中，资金虽然也是重要资源，但是对于决策而言，与智力不在一个层次上。在决策过程中，决策资源的配置不是一成不变的，而是具有问题导向性，不同问题的决策过程的资源配置方式会有所差异，不同的资源组合也会影响决策的质量与成效。首先，决策主体的构成对于决策制定和决策方案的效果有着直接的影响，这是因为不同决策主体的认识水平、专业知识有很大差别，因而确定决策主体是一项非常重要的任务；再次，决策主体的群体决策过程，也是知识、智慧、经验等隐形信息流集成与涌现的过程，决策主体能够在思想的碰撞中更全面地认识问题；其次，不同的决策支持系统和信息、数据处理软件也会影响决策过程中的信息流、知识流，因而如何建立信息平台以促进信息、知识及群体智慧的流动与涌现也是一项重要的任务。决策资源的柔性管理实际上是针对决策问题的性质、特点进行资源配置与整合。

5.3.3.3　决策能力柔性及其管理的主要任务

决策能力是指决策主体识别环境变动，获取、利用、配置决策资源，并有效应对决策复杂性的能力。资源与能力是相关的，从资源的观点来看，决策资源属于“客观资源”，而决策能力属于“主体资源”，决策能力体现了决策主体运用“客观资源”的能力，这种能力可以上升为新知识、新智慧而成为今后决策的“客观资源”。

在复杂决策过程中，决策能力主要体现在以下几个方面：第一，环境跟踪与目标调整的能力，即判断环境的变动是否对决策产生影响，是否需要进行目标调整以及如何调整的能力；第二，根据调整后的目标获取资源的能力，或者从现有的决策资源中选择适当的资源进行配置的能力；第三，利用资源的能力，即选择与配置后最大化发挥资源有效性与集成效用的能力；第四，创新能力，即在利用资源的基础上，解决新问题的能力。由此可见，决策能力具有递进性与发展性，因而也具有柔性，决策能力柔性管理的主要任务就是识别影响决策能力的因素，并通过多种途径不断增强决策主体能力。关于增强决策能力的途径，第一条途径是“向外”，即通过丰富与利用决策资源来获取，例如通过建立信息库、知识库等方式拓展资源获取途径，邀请相关专家及咨询机构作为智力支持等；另一条途径是“向内”，通过决策主体自身的学习，不断提高自身应对复杂性的能力。

5.3.3.4　组织柔性及其管理的主要任务

组织柔性主要是指组织活动的柔性，是指在特定环境中，为了有效地实现共同的决策目标和任务，灵活确定组织成员、任务及各项活动之间的关系，并进行协调的活动和过程。资源柔性是获取能力柔性的基础，组织柔性是形成能力柔性的保证，能力柔性的获取不可能脱离机构、机制、文化的约束与限制，在能力柔性获取的过程中，可能会产生矛盾与冲突，这些问题的解决都有赖于组织柔性。组织柔性管理的核心在于协调、统筹与化解冲突。

第6章　大型工程建设管理的组织任务和组织战略

工程组织既是工程建设的基石,又是工程管理的切入点和发动机。大型工程建设组织面临着来自于环境和工程任务一系列挑战,构建这样的组织需要从系统科学角度来分析组织的特征,特别是要借助于前文提出的综合集成管理理论来指导工程组织设计。

本章给出了工程组织内涵,分析了工程复杂性给组织带来的挑战,从系统角度分析了工程组织的系统复杂性特点,在此基础上进一步凝练了大型工程组织管理的任务。最后,基于前文提出的综合集成管理理论,给出了大型工程组织的特征和设计策略。

6.1　工程组织概述

6.1.1　工程组织的基本内涵

工程组织围绕建设目标,聚集设计单位、施工单位、咨询单位、监理单位、科研单位等主体,依据工程特征和外部经济、社会、技术、经济和文化等因素来选择或设计组织参数,构建有序的结构和适宜机制来协同主体行为、实施组织战略,且在建设过程中根据内外环境的情况来调整组织参数,完成组织任务和目标。

工程是一个系统,工程组织是为完成特定的工程项目任务而建立起来的,具有临时性特点[81][82],它是项目的参加者、合作者按一定的规则或规律构成的整体,是项目的行为主体构成的系统[83][84]。

运用系统方法论,我们可以这样理解工程组织:

(1)工程组织是由对工程建设各项工作负责并担负管理和控制任务的个人、单位、部门(均称为主体)汇聚而成的群体(团队)。

(2)工程组织根据工程环境和工程目标,设计、界定各建设主体在建设过程中的职能、权益及彼此之间的关系,设计和实施相关的制度并按一定的机制运行,也就是说,每一个工程组织都有自己的管理模式。

(3)工程组织为了完成建设任务,应具有有效的整合工程资源的能力、协调工程建设中人与人、人与物、物与物之间关系的能力、驾驭工程建设中表现出来的各种复杂性的能力等。因此,在某种意义上,工程组织就是工程建设能力的载体和表征。

(4)任何工程组织都是工程环境的产物,因此,随着工程环境的变化,工程组织形态也各不相同,从来就没有"固定不变"的工程组织模式。特别是,基于复杂性思维的综合集成管理理念必然对大型工程的组织产生深远影响,并由此引起工程组织的深刻变革。

6.1.2 工程组织的层级关系

传统的制造企业组织研究是将单个企业作为对象,研究主体内部的资源分配以及与外界的关联。而工程组织的研究则是将工程作为研究对象,也就是站在工程的层面上来看待主体的协调和资源的分配,这会涉及多个独立主体。因而,工程组织的研究不能照搬企业或其他主体的组织研究,而要建立自己的方法和体系。

工程建设涉及多个利益干系人,其中主要是业主、施工单位、管理与咨询单位等。工程建设前期,根据工程的性质、业主的能力和社会环境,确定投资主体、管理主体等。其次,管理主体依据工程建设任务确定目标和战略,分析工程范围和对其任务进行分解,设计和建设管理体系,建立有效的组织结构体系,明确相关主体的职责和权力,设计主体的运作和协调机制,实施组织战略。最后,工程组织中的自主主体依据承担的任务和赋予权力以及面临的环境,调配和组织主体所属单位的资源,协调与其他主体的关系。工程在建设组织过程中的这三个阶段,分别对应着工程管理模式的选择、工程组织的设计和工程自主主体的运作,其任务、关系和模式如表6-1所示。

工程管理组织的层级关系　　表6-1

	任　务	方　式	形　式
工程管理模式	确定工程建设的管理主体	依据相关法律和法规,确定管理模式	业主自行管理、委托承包商建设管理、聘请管理单位
工程管理组织	确定组织任务、组织战略、组织结构和协调机制	依据合同关系、工作关系,设计权力流、工作流、决策流、信息流	建设单位的工程组织
工程自主主体	调配资源、执行任务	工作关系和隶属关系	项目部组织

6.1.2.1 工程管理模式选择

工程管理模式是将工程管理作为对象来界定各主要工程建设主体的职能范围和权力,主要包括建设单位(业主)、设计单位、施工单位、监理单位等,重点是确定工程建设过程中投资主体和管理主体。在工程建设前期,业主或政府部门依据工程本身的规模、不确定性和技术要求等方面特征以及工程建设的社会环境,如设计单位、施工单位和监理单位的能力,按照国家相关的法律、法规来选择一种适合工程建设的管理模式,通过委托代理的方式来规定工程建设中的主体的职责,特别是确定工程建设过程中的管理主体。

目前,依据不同角度对工程建设管理模式有不同的划分[85][86][87],从项目投融资的角度可以分为建造—运营—移交(Build—Operate—Transfer,BOT)模式、私人主动融资模式(Private Finance Initiative, PFI)和国家私人合营公司模式(Private Public Partnership,

PPP)等。

从工程建设阶段的管理主体来看,主要可以分为业主自行管理(DDB)、工程委托承包商承包建设模式(DB、EPC)和业主聘请管理承包商模式(CM、PM)。

另外,从工程建设的管理思想、过程、方法和技术角度来看,目前有伙伴模式(Partnering)和项目总控模式(Project Controlling,PC)。

从不同的角度来看工程管理模式,有不同的形式和划分方法。但从工程组织角度来分析,工程管理模式旨在确定工程管理主体。管理主体在工程建设过程中,依据工程目标和任务来分析工程范围、确定工程计划,建立有效的职责体系,协调参与工程建设的主体,整合各类资源,统筹权力、分配资源,明确工作流、任务流、信息流和资金流,也就是工程组织的结构和机制。工程建设主要管理模式如表 6-2 所示。

工程建设主要管理模式　　表 6-2

视　角	工程管理模式	投资主体	管理主体
融资模式（公共工程）	BOT	企业	企业
	PFI	私人	私人
	PPP	公私部门	公私主体
工程建设管理	DDB	业主	业主 + 监理
	DB	业主	承包商
	EPC	业主	承包商
	CM	业主	业主 + CM 单位
	PM	业主	PM 单位
工程管理方法和技术	Partnering	业主	业主 + 承包商
	PC	业主	业主 + PC 单位

6.1.2.2　工程组织设计

组织的设计一般有两种方法[88]:一种是分析方法,首先确定组织评价的一般性准则,然后根据这些准则来考虑、设计和确定组织结构各个方面的内容,最后组合起来形成一种满足需求的组织结构;另一种是组织的系统方法,首先确定几种常见的、基本的组织形式及其变体,形成组织构件,从中选择确定相对最能满足设计目标和约束条件的组织结构形式,最后再对这种结构形式进行改进,形成能满足实际需要的组织形式。

工程组织的设计首先要对工程任务和环境进行分析,识别工程的建设对技术、人力和其他资源的需求以及可能面临的各类不确定性及风险;其次,要依据工程战略确定组织战略,也就是组织的目标、任务,这是组织结构和机制设计的依据;接着,依据组织设计原则、构件、方法和技术,设计工程组织的结构、机制和情境。最后,实施组织运作,依据组织运行效果和面临的环境,调整组织战略和组织结构。如图 6-1 所示。

工程组织是一个面向工程任务而设计的体系架构和协调机制,主体通过学习和整合来认识工程，形成组织战略，设计相关机制来协同主体运作、整合和配置各类资源，通过对界面的管理和要素的集成来实施建设过程中的综合控制。另外，工程组织必须面对工程建设过程中的诸多不确定性挑战，须通过建立组织柔性来进行控制和创新，并建立一套降解复杂性的机制。

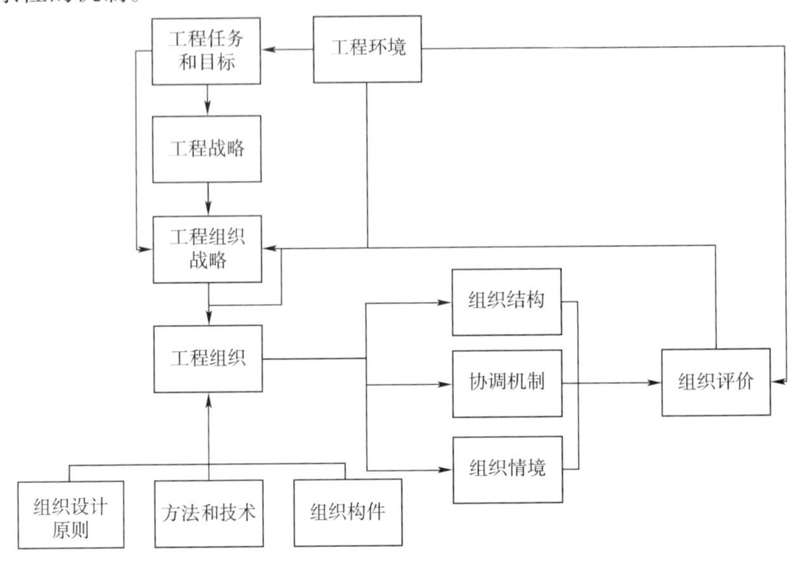

图6-1　工程组织设计

工程组织本身的特性使得很难用古典组织理论、新古典组织理论、现代组织理论和后现代组织理论来直接指导组织设计，而是要综合这些组织理论的特点，实现多样性的统一。运用古典组织理论来分析组织任务的划分和相关组织职能的设定；运用新古典组织理论来进行组织内部的授权、自治、协作、激励、沟通和领导，并关注组织内部的非正式组织的存在及其和正式组织的融合；运用现代组织理论来关注组织的集成性，把组织作为一个系统来看待，认识组织系统的功能、内部构成要素、关联方式以及与外部环境的动态交互，重点建立沟通协调机制、组织内外的均衡机制和决策机制；运用后现代组织理论来认识组织复杂性、驾驭组织复杂性，把组织复杂性当作复杂性来看待，运用复杂系统理论来建立组织应对复杂性的机制。

工程组织的这些特性使得对组织绩效的衡量，不能简单地从工程本身的成本和效率角度出发，还必须考虑组织对问题解决、决策和创新等方面的处理效果。

6.1.2.3　工程自主主体协调

工程建设中的参建单位构成了工程的自主主体。在工程组织的协调和运作过程中，这些主体在任务的实施上受到工程组织的控制和协调，在自身资源中人力资源、设备资源、技术资源等调配和整合方面还受到来自于所属单位的制约。

HenryMintzberg 提出了组织中的5′S[89]，战略高层、技术结构、中间线、支持人员和运

营核心构成了组织的5个组成部分，而相互调节、直接监督、工作流程标准化、工作输出标准化、员工技能标准化构成了组织的5种协调机制，并给出了5种基本结构——简单结构、机械式官僚结构、专业式官僚结构、事业部制结构、变形虫结构。并且，他还指出在具体配置组织过程中，单个结构往往很难满足需要，必须综合这些结构要素构成结构混合体，而这五种方式提供了组织协调的基础。

工程自主主体的协调方式依据不同的管理模式和组织结构而呈现上述5种不同方式。但不同类型的主体基本上是按照合同规定的方式进行，在此过程中会存在着非正式的契约，如关系契约、心理契约[90][91]等。组织中的管理者在协调手段上不单以控制方式，而且要采取激励和诱导方式，甚至通过工程文化建设来增加主体的认同感。

综上所述，工程的组织管理分成三个层级，最高层级是依据法律和法规、建设单位能力，选择适合工程建设的管理模式，确定工程建设期间的管理主体。中间层次是工程建设组织管理的核心层次，通过任务的分解，明确相关主体的职责和权力，建立相关的机制和流程。最下层是各主体的具体运作层次，他们是所隶属单位的一部分，依据所属单位的组织管理方式调配相关资源，共同协作开展工作。如图6-2所示。

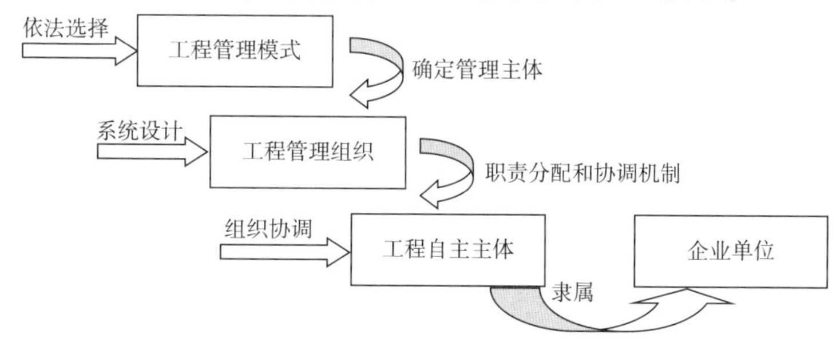

图6-2　工程组织的层级关系

6.1.3　大型工程组织管理的挑战

6.1.3.1　开放的工程环境对工程组织的要求

工程的建设环境包括社会经济环境、市场环境、行业环境、技术环境、自然环境以及管理环境等方面的内容。社会经济环境的多元性、市场机制的不完善性、行业建设主体能力不足、技术和施工工艺的标准及规范缺乏、自然环境的动态和不确定性等方面都会对工程组织的管理模式、组织结构、协调机制和组织决策等产生一定的影响。

(1)开放的社会经济、体制环境要求工程组织能实现多样性的统一

组织设计与社会、经济环境等密切相关，多元化的环境要求组织能实现多样性的统一。我国正处于经济转型时期，新的市场机制和原有计划体制下的法律、法规并存，使得工程建设管理很难呈现单一的管理模式，而是呈现出多元化的趋势，如广东这样开放较早、经济较发达地区的工程建设管理模式主要趋向于市场经济和项目融资的形式，采用项目法人制来组织工程建设，如在建的“港珠澳大桥”；而在内陆地区的工程建设，尤其是

大型工程建设过程中，主要采取的是行政和市场相结合的指挥部模式。但无论哪种模式只有在适宜的环境下才能发挥其优势。

(2)动态技术和环境要求工程组织具备应对不确定性的能力

工程是各类要素的集合，而技术是决定能否整合和有效整合的关键因素，是工程建设推进的重要驱动力量。由于工程建设缺乏一套完整的标准和规范可以参照，且涉及多个专业和知识，因而传统的基于技术的确定性和封闭性的组织形式已不再适应，要求工程组织具有较强的适应能力[92]，在面临不确定的技术问题时能迅速整合各类资源，引进新的设计、科研、咨询和施工单位，保持组织的边界动态性，使其能及时与外界产生知识、信息和能量的交互。另外，由于各主体对不同技术问题的解决能力不同，使得主体之间的依赖关系不断进行调整和变化，这种动态交互的依赖关系将会影响组织权力的分配和协调方式，如从单纯的合同契约到关系契约和心理契约[90][93][94]，以及组织联合决策和合作联盟等形式[91]。

复杂的工程建设条件使得工程组织在建设过程中需要面临较多的不确定性，主体有限的认知能力和动态开放的环境是不确定性的主要来源。如在工程建设期间，钢材价格迅猛上涨，相关法律法规存在着冲突或者缺位等。工程环境的不确定要求组织必须具备一部分缓冲和适应能力，也就是存在一部分“创造性的空间”来实现组织的柔性和创新能力，而这一部分“创新空间”存在使得组织中存在着“紧耦合”和“松耦合”[95]，这两种关联方式使得组织在协调和控制过程中很难用一种策略和手段，而必须综合多种协作机制来保持组织的有序性。

6.1.3.2　工程多个自主主体对工程组织的要求

工程建设涉及多个任务和专业，建设主体一般是一个群体，这个群体不仅人数众多，而且往往由不同利益干系人组成。每个建设主体一般都是独立的，并具备自身完成任务的能力，他们一方面因共同参与工程建设而具有共同的基本目标，另一方面在许多具体问题上，又因各自的地位和利益、价值和文化观等不同而使彼此关系复杂，甚至产生冲突。多元化的自主主体给工程组织在主体选择、配置、控制和协调带来难题。

(1)自主主体的选择和配置

工程自主主体的选择和配置具有时空分割的特性，按照工程的生命周期阶段，在建设初期，业主或者政府部门依据工程环境、特点、任务来选择有效的承发包模式，通过招投标方式来确定工程建设主体。在建设过程中，根据工程建设需要扩大工程建设主体范围，如引入航运、环保、科研单位，在工程方案更改的情况下，甚至更换建设主体。这种主体的动态性给组织的招投标和合同管理带来挑战。

在空间分割上，由于工程规模大、涉及众多的专业技术，因而业主对工程进行标段划分，选择承包商。这种建设主体的层级性给组织的协调带来困难。

另外，工程是一个整体，分解的任务在时空上都存在着序列和关联，这要求在主体的

选择过程中应充分考虑到继承性和整合性，而且相同的建设主体在不同的阶段可能承担着不同的角色。

(2)自主主体的控制和协调

建设主体之间构成的是一个网络关系，每个具体的主体不仅受到工程建设影响，而且受到所属单位的影响，如资源和人员的调配等，这种网络化的关系导致了管理主体对自主主体控制和协调的有限性，产生"运作冲突"和"利益冲突"，如流程冲突、时间冲突、资源冲突等。另外组织存在着多层级递阶控制和多反馈网络强化了主体之间的"运作冲突"。

主体之间的这种"运作冲突"和"利益冲突"要求组织要建立多样化的机制来消解复杂性和进行协调，如主体之间的"风险共担、利益共享"的联盟关系，控制和自组织的协调机制。

6.1.3.3　工程资源能力不足对工程组织的要求

组织是获取和分配工程中人、财、物等多项资源的主体。由于工程的复杂性，工程组织内部无法产生所需要的所有资源，因而必须通过环境中其他组织获取必要的资源，这种谈判、交往、协调和整合能力决定组织驾驭工程的能力。

工程资源能力不足主要体现在主体能力不足、技术能力不足、资金不足，这些资源能力不足要求在组织设计过程中以最有效的资源整合作为目标。

工程建设主体能力不足主要表现为主体很难在一开始就能认识到工程的复杂性、环境的不确定性以及意识到对技术、物资、设备等资源的需求，缺乏科学的工程理念和对工程所遵循客观规律的把握，缺乏多主体间的协调能力和工程建设的综合控制能力，在工程决策和工程方案研究方面能力不足。因此，主体能力不足直接影响着工程组织管理模式的选择、主体的决策、工程方案的研究以及工程建设过程中的协调机制。

技术能力不足表现在面对工程关键问题时，很难通过现有的技术标准和规范来解决或者通过对已有的技术进行简单"拼装"就能完成的。它要求工程组织系统规划技术问题，形成处理问题的思路及方法，建立整合资源平台，集成主体的知识和智力资源，培育技术的创新环境，协调技术创新过程中的技术状态、行为主体、学科、任务阶段等方面的界面问题。

资金能力不足主要表现为工程的投资资金不足、工程建设过程中投资超过工程预算。重大工程项目资金投入通常会达到百亿以上，往往需要采取多种融资模式，如发行建设债券、引进外资、国有企业参与、民间资本参与工程建设等方式，这直接影响着工程组织模式的设计，如监管、合约策略以及风险转移等。工程建设过程中面对市场环境、技术环境和自然环境等不确定性情况，要增加组织在资金预算及合同管理方面的柔性机制。

6.1.3.4　工程的多阶段对工程组织的要求

工程包括立项、设计、施工和竣工四个阶段，各阶段之间虽具有明显分割，但对于组织协调和控制来说具有交叉性。

工程多阶段要求组织具有一定的开放性，依据不同阶段任务的特点，而引入或退出相关建设主体，如咨询、设计、施工、科研等；工程多阶段还会导致组织中的主体角色不唯一，权力和责任都在动态调整。在设计阶段，组成设计队伍，包括设计单位、科研单位、咨询单位，甚至包括施工单位，而在施工阶段，又会形成以“施工为主”的队伍，包括施工单位、设计单位、咨询单位、监理单位等。

另外，由于工程任务序列之间具有较强的关联性，这要求组织要充分协调不同建设主体，如在工程设计阶段并不能从设计角度一味追求高标准的要求，而要综合考虑施工和后期运营、维护等问题。

综上所述，工程的动态开放性、多元自主主体、资源能力不足、多阶段和高度集成性等一系列复杂性给组织带来了挑战，如表 6-3 所示。面对复杂的工程管理对象，组织必须设计相应的模式、结构、行为机制来驾驭被管理对象的复杂性，因而大型工程的组织也是一个复杂系统。

工程复杂性给组织带来的挑战　　表 6-3

	组织管理模式	组织结构	职权分配	主体行为与机制	组织决策	综合控制
工程的开放性	多样性的统一	柔性	分权	控制与自适应	扩大决策主体	
工程的多自主主体	寻找能有效协调主体的管理模式	开放性和多格局	多个权力中心	协调与冲突	涉及多干系人，出现“上下为难”和“左右为难”	协调运作冲突和利益冲突
工程的资源能力不足	依据能力差异选择合适融资模式和管理模式	开放性	集权与分权	控制与自适应	整合资源、建立平台、科学方法自主学习	综合权衡工程的质量、进度、成本等多指标
工程的多阶段和高度集成	—	与工程阶段共生演化	主体的多角色	沟通与协作	前后关联、上下关联	关注局部与全局效应

6.2 大型工程建设管理组织的系统复杂性特征

一般工程组织面临的任务较明确，环境相对稳定，组织的设计依据任务的分解来确定相应结构和控制策略及相关协调机制[96]。大型工程构成要素多、结构复杂、技术要求高、涉及多个异质主体、环境复杂，在建设过程中面临着一系列的物理复杂性、系统复杂性和管理复杂性。为了应对工程复杂性对工程组织的挑战，大型工程组织设计应关注以下几个基本方面：

（1）非均衡有序性。组织的均衡是指在某个时空序列下，组织的行为模式、结构、协调机制在宏观层次上呈现出一种稳定的形态，显示出功能的有序[97]。组织的非均衡是组织偏离或者远离了原有的均衡态，也就是在新的环境下，原有的组织模式、结构和机制很难处置组织所面临的问题，而必须采取措施进行调整。大型工程由于受到各类环境的扰动和工程组织本身的特性，使得工程组织在时间序列和空间分割上存在着非均衡，并通过适应性选择、学习、创新和多样性的综合来形成新的有序结构，适应环境，驾驭工程建设。

（2）多级递阶结构。工程项目活动的层级性决定了组织控制的层次性。大型工程的任务众多、结构复杂、建设过程涉及多个过程，且具有多个同质和异质主体，因而面对这样的大系统实施控制时，需要采取集中控制和分布控制相结合的多级递阶控制。集中控制主要体现在目标的确定、关键主体的选择、各类法规、标准的协调统一、主体冲突的协调和资源的统筹分配，以及工程质量、安全、进度、成本等方面的总体控制；分布控制主要体现在具体的设计方案、施工技术方案以及应对工程中出现的各类不确定性等方面，在控制的层级上具有多个控制器和协调器来进行任务的分解和整体的综合。

（3）柔性演化。工程本身的建构性和多阶段性要求工程组织必然是一个建构—解构—建构的动态过程。大型工程所呈现的要素多、关联复杂、且面临的不确定性和初始敏感性要求工程组织具有多态性的转换。大型工程组织的柔性演化主要体现在战略、结构和机制方面。具体来说，主要是指战略目标和战略措施的动态调整、组织模式的动态整合、组织结构和控制策略的跃变、组织资源获取和配置的柔性策略等方面。

由上可以看出，工程组织的设计和建设要从工程本质出发，强调问题驱动的组织建构原则，同时必须关注和考虑工程复杂性给组织带来的挑战，在设计和控制这类复杂系统时要依据复杂性科学理论和有效的方法论来进行组织的柔性设计。

6.2.1　大型工程组织的非均衡有序性

组织的均衡在不同组织形态下往往呈现出不同的方式，如对于古典科学的管理组织，其均衡主要是通过领导者采用权威、命令来实施控制。

组织的非均衡是组织偏离或者远离了原有的均衡态，也就是在新的环境下，原有的组织模式、结构和机制很难处置组织所面临的问题，而必须采取措施进行调整[98]。这种措施主要包括两种情况，一种情况是组织的自稳控制，另外一种是组织的自组控制[99]。组织的自稳控制主要是通过对组织结构和机制的部分调整，如权力和角色等，使得组织能在特定的时空下功能有序，而组织的自组控制则往往是通过革命性的手段，对组织进行革新，这种革新从长期来看，是环境、任务及主体等多方面相互作用涌现的结果，在某个特定时空范围内往往通过外部选择和内部自组织的方式共同决定，这种组织的非均衡的跃迁往往会形成新的组织范式。如表 6-4 所示。

组织的自稳控制和自组控制　　表 6-4

	组织的自稳控制	组织的自组控制
环境	变化较小	变化较大
内外扰动	未超过阈值	超过阈值
稳定态	已知	未知(可预测,或在演化过程中形成)
结构与行为	局部调整	整体调整
机制	负反馈	正反馈
功能	扩大控制能力	学习、探索、创新
目的	维持组织系统稳定,适应原环境	推动系统进化,适应新环境

组织的非均衡有序就是组织在偏离或者远离平衡态下,通过适应性调整或者革新,从而形成在非均衡态下动态的稳定化有序结构。依据耗散结构理论,一个远离平衡的非线性的开放系统,通过与外界交换物质、能量和信息,当控制参量超过一个阈值,系统可能失稳,通过涨落,由无序状态转变为一种时间、空间或功能有序的新状态[99]。因而,组织要想获得非均衡有序必须保持组织的开放性、非均衡、不稳定和涨落。

大型工程组织包含了组织管理模式、组织结构和自主主体三个方面,由于受到各类环境的扰动和工程组织本身的特性,使得在这三个层面上都面临着扰动,使得工程组织的三个层面上在时间序列和空间分割上存在着非均衡,并使得工程组织通过适宜性选择、学习、创新和多样性的综合来形成新的有序结构,适应环境,驾驭工程建设。

6.2.1.1　大型工程组织管理模式的非均衡有序

工程的组织管理模式众多,前文从融资模式、建设过程的管理模式等角度给出了BOT、PFI、PPP、DDB、DB、EPC、CM、PM、Partnering 和 PC 等。这些模式在时空上具有分布不均衡的特征。在时间序列上,我国在大型工程,特别是大型政府投资工程建设中的组织管理模式大致经历了行政主导—行政和市场相结合—市场化运作三个阶段。

我国工程的组织管理模式是在不断发生演化,经历了多个均衡态,如业主自行管理、指挥部建设管理和总承包与工程项目管理,充分体现了其非均衡的特征,但在宏观上都保持了“计划—转型的混合—市场”的趋势以及具备了功能上的有序,也就是适合社会环境和工程建设环境的有效管理模式。如图 6-3 所示。

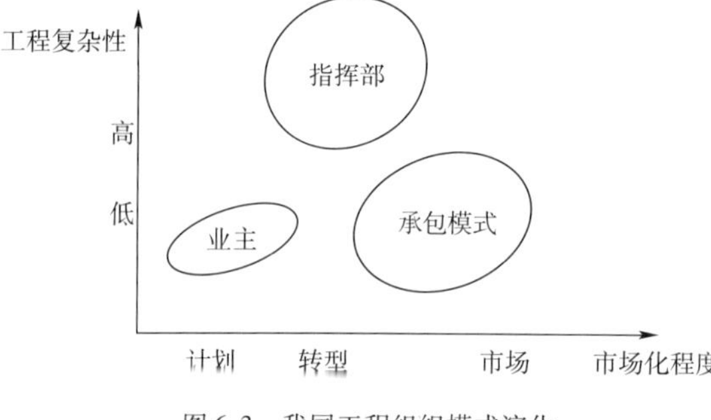

图 6-3　我国工程组织模式演化

工程组织管理模式从一种均衡态向另一种均衡态跃迁的过程中主要是按照“学习—适应—稳定”的方式推进,在此过程中可能会来自多方面的阻力。一方面是来自原有政策、法规等方面的惯性和滞后性抑制了均衡态的变化;另一方

面,来自政府和建设主体的学习可能会陷入“能力的陷阱”[93],在该陷阱中,组织会错误地将过去的行动策略应用于未来。并且主体在学习过程中也会产生“学习的困境”,通过“微小的、频繁的改变及相应经验形成的推理”,学习逐渐发生了,然后是对现有惯例的加强(调整)或极度的变化(创新)。这种行为“可能导致随机变动而非改进”,另外,当组织通过“低概率、高度重要的事情”来学习时,常会由于“正式职责、义务和责任的相互冲突而使事情变得一团糟糕”。因而,学习并不总能产生明智的行为。相同的过程可以产生经验、智慧,也可以造成迷信的学习、能力陷阱和不正确的推理。

大型工程组织管理模式的均衡态之间的转换实际是一种制度变迁。在制度变迁过程中,存在着渐进式制度变迁和激进式制度变迁[100],也就是两种组织模式非均衡的形态:偏离非均衡和远离非均衡。偏离的平衡态是指模式的控制变量或核心体系并没有改变,而在相关的辅助机制上进行适应性的调整来使得组织模式管理更有效,如对指挥部组成人员的调整,加入有经验和专业性的人员,在决策过程中,企业参与,但政府仍然是管制的核心,这其实是指挥部管理模式和总承包模式之间的过渡状态;而远离均衡态是指组织的核心观念已不能适应建设管理的需要,而必须通过建设性的创新,对原有的模式进行破坏和解构,而重新建构一种新的管理模式,如从业主自行管理到总承包模式的变迁。如图6-4所示。

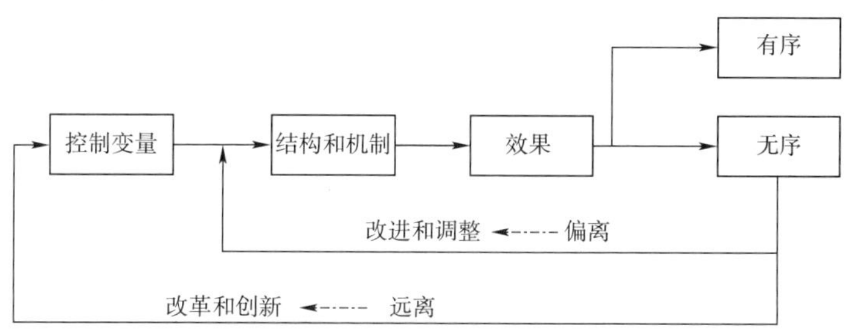

图6-4 组织模式演变的机制

我国大型工程的建设管理模式,特别是政府投资的大型工程组织管理模式是多种模式的混合,呈现出一种动态有序的特征。一方面,中央政府通过法令来实施模式的调整;另一方面,各地区或区域根据本身的经济水平、积累的建设经验等对建设管理模式进行不同程度的调整和创新,来寻求适合本地区大型工程建设最满意的模式,因而就会出现了“广东省的项目法人制的建设模式”、“江苏省的指挥部和公司运作相结合的模式”等多种模式并存的局面。

6.2.1.2 大型工程组织结构的非均衡有序

工程组织的结构设计是基于问题驱动的。大型工程建设过程中面临着多样性的问题,一般地,工程管理越往上呈现的问题越复杂,较低层次上有施工过程中的工人的培训、工法和工序制定的问题,较高层次上有质量、进度、成本、安全、采购等系统性问题,还有涉及工程全局的决策和风险等复杂性问题,因而,组织面临的这些问题有程序化、系统性问题和复杂问题。对于常规性组织问题,组织关注的是执行和效率,强调的是流程、标准和规范,加强的是职责的专业化、使用设备的标准化和使用通用语言的工程化;对于系统性问题,组织关注的是冲突协作、资源调度和行动协调等方面,强调的是组织运作的综合控制与协调;对于复杂性问题,由于不确定性的环境和确定性寻求的矛盾、主体能力有限和问题的多目标及多路径的不匹配,使得组织在解决这类问题时,需要保持开放形态,与外界进行知识和信息的交互,组织内部的个体或群体通过学习来提高解决复杂问题的能力。

我们可以将组织所面临的问题归纳为两种情况:常规性问题和复杂性问题,针对这两种问题分别对应不同的组织结构、协调机制,如图6-5 所示。复杂性问题的解决要求组织具备一定的适应性,诸如主体要具有多样化的角色、存在过剩信息和必要的多样性、组织要给相关主体一定的自由和创造性的空间来学习和创造,在组织控制中主要是对结果控制,强调对目标的逼近;常规性问题的解决要求组织设定明确的目标、建立清晰的组织架构、细化任务分解,规定每个主体的明确职责,依照计划、组织、控制来实现组织目标。因此,为了更好的解决工程建设管理中所面临的问题,组织要具有多种形态,如机械式组织、适应性组织、学习型组织、社会型组织等,这些实际上就是工程组织中存在的多个均衡态。

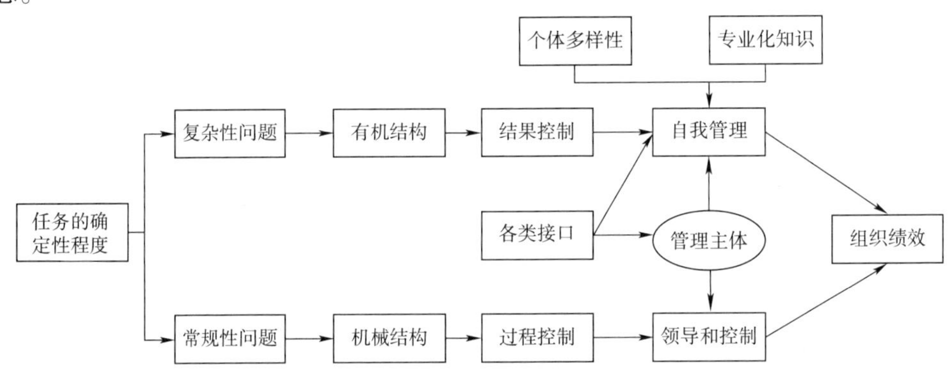

图6-5　组织面临问题的特征

工程的常规性问题和复杂性问题、确定性问题和非确定性问题在空间和时间上的分布是不均匀的。面对大型工程建设的多主体、问题多样性的特点,对其组织管理很难用一种单一性的组织架构和机制来驾驭多样性的主体和问题,这就需要我们从多视角来看待大型工程组织,组织有时是一种机械式、官僚式的,具有严格的层级和控制机制;组织有时是一个自适应性系统,强调自主主体对问题的感知,通过学习、改进、创新等方法来寻求解决问题的方法,更多的是采用自组织协调机制;组织有时是一个“变形虫”或者“垃圾桶”[101],根据面临问题的特殊性和复杂性,组织通过整合各方资源来构成一个群体或团队来解决问题,突破了组织的边界。从系统科学来看,每一个组织的视觉都是一种均衡态,根据面临的任务不同,组织的均衡态会进行动态的转换和调整来寻求一种最能有效处置工程建设管理中所面临问题的组织的形态和协调机制,这种形态可能是单一的,

也可能是同一时间多种方式的混合。

大型工程组织存在着多种形态，并且会进行动态的转换，但这种转换不是重新的组织人来建构组织，而是通过对组织的相关变量进行配置，主要包括职位、权力、控制层级、组织技术、协调机制、组织技术、组织的任务和目标、组织文化以及环境。如图6-6所示。这些组织均衡态之间往往没有明显的分割界限，在某些地方具有共同的部分，如它们在宏观上都具有决策和控制核心来保证组织的战略和目标的制定、重大决策的制定、多主体冲突的协调等方面，但在中观层次上，机械组织强调的是命令的执行，但有机组织的中层会有较人的自主空间，存在着多个聚集或者控制中心。

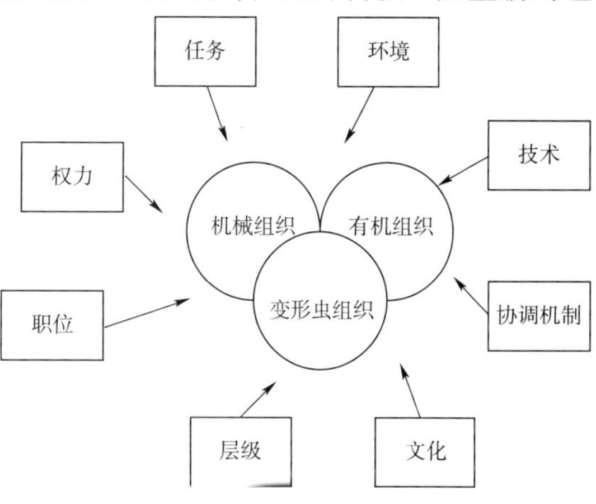

图6-6　工程组织结构的多均衡态

大型工程组织的非均衡有序主要表现在以下几个方面的特征：任务具有确定性和不确定性的特征；在权力配置方面采取集权和分权相结合的方式；组织中的相关主体在不同的工程建设阶段和不同的建设任务时的角色具有多元化的特点；在层级控制上，往往存在着上下关联、左右关联现象，也就是纵向控制和横向沟通的方式；在主体行为上，对于那些程序化和确定性任务时，按照既定的标准和规范执行，而对于那些缺乏规范和不确定性任务时，需要通过学习、集成和创新的手段来达到目标；在协调机制上，采取控制和自组织相结合的多样化协调机制来管理和引导自主主体行为；在文化和沟通方面，由于建设主体来自于多个独立的企业和研究单位，他们在文化形态上存在着差异，因而工程管理组织的文化要能跨越多主体，具备多样性；在资源配置上，大型工程组织一方面要关注成本，更重要的是关注工程的质量，关注方案的可靠性和稳健型，但由于缺乏完整和成熟的规范，因而组织有必要保持重要信息的过剩和主体的多样性，如聘请多个国内外咨询单位对工程设计方案进行审查，聘请相关领域的专家来对方案提出咨询意见等；在信息方面，有些信息是容易获取，且可预测的，而有些信息存在着不对称和难以获取，因而组织要创造环境来促使信息集成和共享，减少主体间的信息壁垒，降低不确定性；在环境上，大型工程组织是一种开放的环境，在主体的获取上根据工程所面临的问题而进行选择和整合，在开放的环境中要求组织具有搜寻和发现关联任务和环境的变化、跨越并操纵重要边界和相互依存的领域、做出恰当反应的能力，另外由于组织系统是一种开放系统，因而鼓励不同的系统之间建立一致性和“联盟”，并发现和消除潜在的机能障碍。大型工程组织在实际的运作过程中，通过对影响组织均衡态的一些关键参数的配置，可使得组织均衡态发生跃变，从而形成新的有序结构来管理所面临的问题，具体如表6-5所示。

大型工程组织的非均衡有序　　表 6-5

关键参数	机械态	有机态	变形态	总体
任务	明确,有效地标准化运作。目标单一,路径单一	含糊,具有较大的柔性。目标多元,路径多元	不确定,具有突发性。目标模糊,路径模糊	确定性和不确定性并存
权力配置	集权,关注效率	分权,关注效能	由依赖关系而形成	集权和分权
主体角色(职位)	单一,清晰界定角色	多元,根据任务和环境的变化而重新界定	由任务和已有的经验和能力而动态分配	多元配置
层级控制	纵向控制	横向沟通和协作	平面化	纵向控制和横向关联
主体行为(程序)	严格的作业程序和流程	模糊划分,学习、选择	学习、选择和创新	程序化和非程序化
协调机制	命令和控制	自组织和自适应	自组织	控制和自组织
文化和沟通	较单一,根据在各种规则和规定标明的模式	多元,正式沟通和非正式自由沟通	无止境沟通,研讨会	多元的环境
资源配置	固定和精确	重要资源过剩性和保持必要多样性	多样性	柔性配置和必要多样性
信息	可观测、可获取、可预测;独立	信息多样、不对称;交换和共享	信息难以识别、不对称,不可以预测;共享和集成	信息多样、不对称;交互、集成和共享
环境	相对封闭和稳定	变化较大,与外界的人员、技术等方面进行频繁的交互	高度不确定性,整合外部资源,组织无边界	开放的环境。建立一致性的联盟

大型工程组织中多种均衡态的转移和动态调整主要是来自于组织本身所面临的问题具有多样性,并且在时空分布上具有不均衡性。为了能有效地解决问题,组织不得不进行调整,从而保证组织在时空上的功能有序。另一方面,大型工程组织中存在着多种"力场",也就是工程组织中的主体是来自于多个独立的单位,他们各自占据着核心技术和资源,从而导致组织中的依赖关系在不断发生调整,因而会导致组织内权力配置和角色配置的调整。

为了促使组织系统内多个均衡态的调整,也就是从一个均衡态向另一个均衡态的跃迁,组织系统必须要有来自于系统内外的"扰动",一方面通过管理主体来设计组织相关机制,如在工程建设过程中设立"设计总承包"和"施工总承包",建立多个主体联合的决策主体等;另一方面,通过培育组织环境,将工程的整体变量嵌入到各自主主体中[102],如工程的总体目标、使命感、责任感等,促使各建设单位能从服务工程建设目标出发,主动感知问题,从而在行为和机制上进行适应性调整。但在组织的均衡态转变过程中也会来

自于一些方面的阻力，如来自于组织中的官僚思想以及对主体的奖惩系统可能会使得组织单方面追求效率和成本，而忽视对工程的不确定性和复杂性的关注，也就是更多关注于机械态，而厌恶有机态和变形态。

由上可以看出，大型工程组织本身就是一个复杂系统，不仅与外部环境进行知识、信息和能量的交互，而且在组织内部也会依据组织所面临问题的差异性而在权力、角色、资源、控制和机制方面进行动态调整，从而保证组织在整个工程建设阶段和工程建设的不同方面具有有效的有序性。这种非均衡动态有序就暗示着组织内存在多种均衡态，如有严格有序，也有混乱状态，因而大型工程组织是一种“有组织的混乱”，是一种多样性的统一。

6.2.2　大型工程组织的多级递阶结构

任何组织从本质上都呈现一种层级结构[81]，其中相互关联的活动被分解为各不相同的任务单元，为了实现一定的组织目标，要求各任务单元具备畅通的信息关系和协调一致的活动水平。组织中的层级制是为了应对组织活动的专业化和职能化而采取一种控制方式，通过对整体的分解而实现局部化的管理，一方面可以减少任务所面临的不确定性，另一方面可以通过对与控制局部无关信息的筛选，从而提高其组织效率。

组织层级之间的关系和组织开展的活动有较大的关系，组织内的活动关系主要可以分为集合内相互依赖、序列相互依赖和互惠性相互依赖[93]。依据组织中群体活动的三种依赖关系可以看出，如果基本的团组要被用来妥当处理互惠的相互依赖，它们还必须能够对付其他类型的相互依赖。此外，将互惠性相互依赖包含在第一阶的团组中并不总是可能的。在某些时候，互惠性相互依赖非常宽延，而将所有相关的职位联合在一个团组内会使沟通和协调等机制不堪重负。作为对策，组织依照相互造成的耦合程度而为相互依赖的职位排序，将相互间耦合程度最大的那些职位形成一阶团组，再将这些已经获得的团组进一步集结成二阶团组。依此类推，组织的层级就会逐步形成。另外，社会环境也会对组织内的团组活动产生影响，如面对复杂性的互惠性活动时，社会上不具备有相关能力的群体能独立承担，这样组织的层级也可能会发生变化。而且，当组织面临的任务具有较多不确定性时，组织内的活动及其职位都会发生动态变化。

从组织活动的相互关系来推演出主体或团组的联合形成部门，并从协调成本和团队的能力角度来分析组织中一阶团队很难满足需要，而是存在着多个递阶团队，在实施任务的过程中随环境和活动的变化而进行调整。如图6-7所示。

对于复杂层级组织的协调和控制需要借助于控制论的思想和方法。控制系统中对于类似组织这样的大系统控制往往有多种方式[103][104]，如集中控制、分散控制、分布控制、递阶控制，但总体基本原则是“分解”与“协调”，也就是对系统的分解和集成的综合，解构与建构的综合。①集中控制法，就是在系统中设立中央控制器（实际是一个指挥和

控制中心），其对整个工作过程进行集中控制，所有现场信息都集中到控制器，所有的控制命令都由该控制器发生。②分散控制是由若干分散的控制装置来完成大系统的控制总任务。在系统中分散控制器只能获得系统的部分信息，因此也只能对大系统进行局部的控制。③多级递阶控制是综合上面两种控制方式，具有两者的特点，即把处在同一级地位的各个子系统相对分离开来，并使之各自按其最优化的方式运转，然后再把这些子系统统一规划、使之协调，最后达到全局最优的目的。在这种控制方式中，每一个子系统在其局部管辖范围内都是作为一个统一的、相对独立的整体来执行一定的功能的，同时，它又通过自己的受控目标，在行为上与整个大系统的总目标协调一致。这种方法会将任务分成若干步，每一步的递推过程都是分解与协调交错进行。

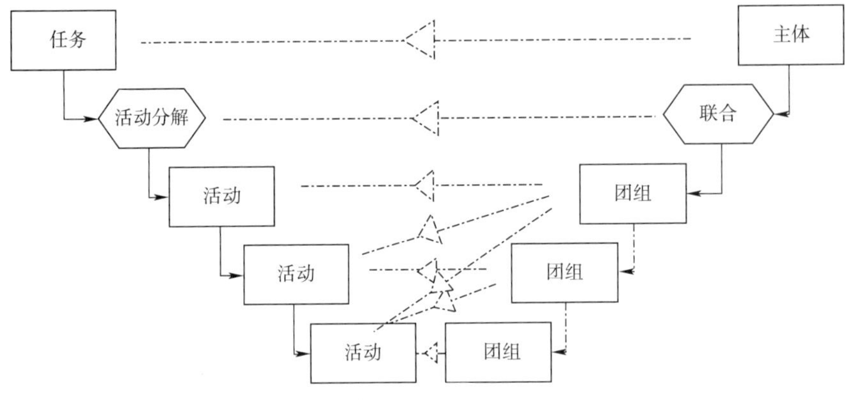

图 6-7　组织的递阶结构

组织的多级递阶控制不是单纯的线性关系，而是存在着多种学习和反馈机制。组织中的多个主体往往聚集着多个层级的群的结构，可以分为管理者和决策者、首群（协调者）和代理（操作者）[105]。低层的代理一般是从被管理的目标系统中获取信息，同时执行上级的操作命令，由多个代理组成的一个群，群中有群首（管理主体），它是第二级管理者，它负责管理和协调群内的节点，群首被更高层的管理者管理。群的结构是动态变化的，当节点移动时，群的成员和数量可能发生变化，同时群首的服务范围和内容也可能随时间变化。

面对大型工程的庞大规模、技术交叉等情况，依据工程建设目标和建设单位能力对工程进行分解，并界定相互之间的关系，最后形成建设工程—单项工程—单位工程—分部工程—分项工程的层级关系。另外由于多元主体的角色不同，各自面临的任务和控制的内容也不同，从而构成了操作者—控制者—协调者—决策者等多层级关系。大型工程组织一般也包含如下几个层级关系：中央政府和地方政府的决策层、业主的投资层、建设过程的管理层和相关自主主体的协调和控制层。从建设过程来看，主要包括组织管理模式（治理结构）、组织的管理层和组织的协调层，在每个层次上往往存在着多个同质和异质主体，总体构成了多级递阶的层次结构。

组织的层级往往使得彼此之间的协作关系变难[106]，单纯“集中控制”和“分散控制”都不适应。集中控制在系统规模不大时，具有能够及时控制的优势，但当系统规模庞大和复杂化时，就会出现系统处理的信息量太大，如不能及时处理，则影响协调工作，增加组织的交易成本。同时，由于系统复杂化、环节多，从而使系统的可靠性降低；而分散控制则会导致系统内子系统（次组织）的横向联系能力很差，使得工程的综合协调变的很难。同时具有综合集中控制和分散控制特点的多级递阶控制是一种有效的控制机制。多级递阶控制是“分层递阶，相互制约”的协调机制，其特点就是大系统的分解与协调，即把处在同一级地位的各个子系统相对分离开来，并使之各自按其最有效方式运转，通过系统综合、科学统筹，达到全局最满意的结果。

大型工程组织进行多级递阶控制过程中往往存在着分层递阶自组织控制，也就是在一个系统内，多主体依据一定的参数进行自适应调整和反馈。这种调整主要通过多主体学习、自适应和多反馈行为。

例如，在施工过程中的工程变更控制的信息流和指令流，如图6-8所示。根据工程变更发生的层级而具有相应的控制流程，而且在不同层级上对应着不同的责任权限。

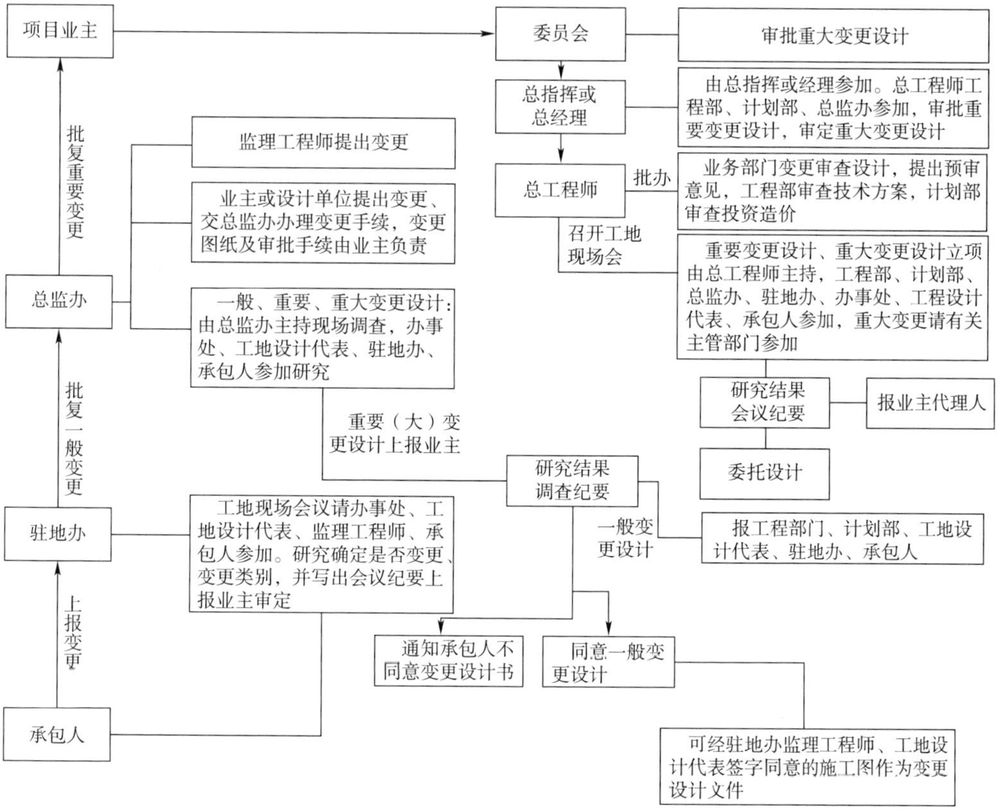

项目业主
委员会
审批重大变更设计
总指挥或总经理
由总指挥或经理参加。总工程师工程部、计划部、总监办参加，审批重要变更设计，审定重大变更设计
批复重要变更
监理工程师提出变更
总工程师
批办
业务部门变更审查设计，提出预审意见，工程部审查技术方案，计划部审查投资造价
业主或设计单位提出变更、交总监办办理变更手续，变更图纸及审批手续由业主负责
召开工地现场会
重要变更设计、重大变更设计立项由总工程师主持，工程部、计划部、总监办、驻地办、办事处、工程设计代表、承包人参加，重大变更请有关主管部门参加
总监办
一般、重要、重大变更设计：由总监办主持现场调查，办事处、工地设计代表、驻地办、承包人参加研究
批复一般变更
研究结果会议纪要
报业主代理人
重要（大）变更设计上报业主
委托设计
研究结果调查纪要
驻地办
工地现场会议请办事处、工地设计代表、监理工程师、承包人参加。研究确定是否变更、变更类别，并写出会议纪要上报业主审定
一般变更设计
报工程部门、计划部、工地设计代表、驻地办、承包人
上报变更
通知承包人不同意变更设计书
同意一般变更设计
承包人
可经驻地办监理工程师、工地设计代表签字同意的施工图作为变更设计文件

图6-8　大型工程方案更改的递阶控制

6.2.3 大型工程组织的柔性演化

6.2.3.1 组织的柔性演化

组织应具有应对复杂任务和环境的适应能力[107]，而这种适应性就是组织依据具体情境而进行动态调整战略、结构、机制和配置资源的柔性。

柔性可以看成是一种组织的特征[108]，组织据此能够减少在不可预测的内外部环境下的脆弱性，或者能够占据一个能对这种变革做出成功反应的更好位置。

组织的柔性需要从变革、混沌、创造性、多元性和新奇性来理解和设计。组织具备柔性并不表示组织的混乱和无序，而是在保持组织总体稳定下的柔性。韦克认为绝对的柔性和顽固的稳定性对组织都有破坏性影响[109]。

组织的柔性演化是指组织为了实现目标和应对环境变化，通过组织的战略、结构、机制等方面在时间和空间方面的调整来获取资源整合、学习和创新等方面的能力。这与前文论述的大型工程组织的非均衡有序相一致，因而从均衡态来说，组织的柔性演化是在保持组织功能有效的前提下，组织从一个均衡态向另外一个均衡态的跃迁。

组织的柔性演化在宏观和微观层面上表现各不相同。演化过程中在宏观上主要表现为战略、结构和机制，战略主要表现为柔性和宽泛性，由于工程的复杂性使得战略的形成不是一开始就完全具备，而是在建设过程中进行不断的挑战和完善；结构的变化表现在其开放性上，以便更有利于整合资源；机制的演化表现在具体的措施和手段上，如集中控制与分布控制，控制与自组织协调等。在微观层面上表现为组织的具体目标、组成组织的主体（人员）、采用的技术和组织文化四个方面。在目标上表现为多元性和层次性，在不同阶段侧重点不相同；在组成人员上表现为较自由的进入和退出机制，并且在人员的选择上要具备一定的缓冲性，另外人员的岗位和角色也会随着任务和环境的变化而进行调整；在流程上，组织根据需要进行制度、规则和程序的切换或调整；在文化上，强调多样性的融合，具有持续学习、创新和开放的文化氛围和良好的沟通机制。

组织通过相关方面配置的调整从而实现组织的适应能力。面对不确定问题的应对机制和根据经验及相关资料对未来可能面临的问题进行提前预置，也就是反应性和预期性两种情况。在反应性情况下，组织成员通过学习和创新等方式来提升组织能力，而在预期情况下，组织通过设置“缓冲区”或“冗余”来储备应对能力。如图 6-9 所示。

6.2.3.2 大型工程组织柔性演化的需求

工程建设从物理上看是一个从无到有的过程，从资源角度来看，它是各类资源不断整合的过程，从问题角度来看，它是基于问题驱动的全过程，其组织依据“建构—解构—建构”的路径演化来满足内部建设需要和适应外部环境。

（1）工程的多阶段要求组织具有建构性

工程在前期建设阶段，也就是在项目规划研究阶段一般由项目发起人（业主）组成领导和协调小组来组织相关的勘察、科研和设计单位进行项目的基础资料收集和可行方案论证，并逐级向上报批。在此过程中，项目还没有完整的组织模式和结构。

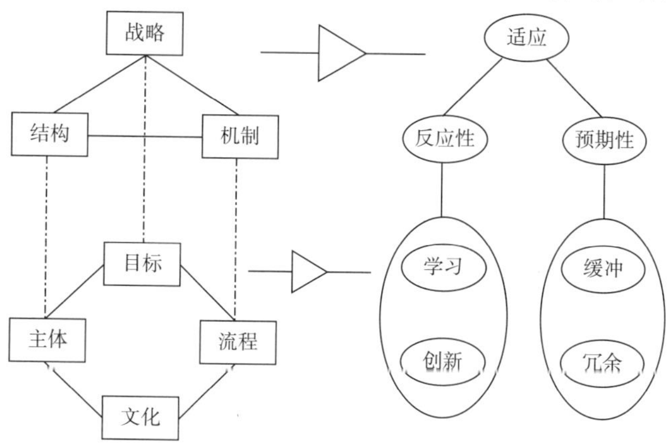

图6-9 组织的柔性演化

项目批准后，原先的协调和筹备小组就解散，业主根据项目特征和所处的建设环境，选择相应的建设管理模式，确定工程建设主体，负责工程建设的统筹安排，并确定相关的决策和协调部门。管理主体根据项目的建设方案，选择相关的设计单位或设计总承包商来开展初步设计、技术设计和施工图设计，在此过程中会聘请国内外的咨询审查单位和科研单位，并且根据工程建设需要让有投标意向的施工单位参与工程方案的设计，这样更有利方案设计的综合考虑，减少后期的工程变更。在设计阶段，业主或管理单位开展施工单位的招标工作，并组建工程建设管理的相关职能部门，如计划处、工程处、财务处、安全处、综合处等，从而形成工程建设较为完整的管理体系，负责工程建设期间的管理。工程竣工后，建设管理组织解散，由业主负责筹集运营及维护的管理单位。

（2）工程的复杂性要求组织进行多态性演化

大型工程组织的柔性演化主要的原因来自于工程的复杂性，主要表现在工程的开放性、主体的多元性、技术的不确定性和初始敏感性等特点。工程的开放性来自于经济政策、市场价格、政治环境、技术的标准和规范等方面，这些将会导致组织的招投标制度、设计规范、施工的材料、技术和工艺等方面进行调整和创新，而且工程的开放性必然导致了组织的开放性，组织的边界进行动态变化，不断有新的主体加入和完成任务的主体退出。

工程建设主体具有多元性，每个主体都会和自身的领域进行关联，构成了多层次的网络结构体系，这就要求组织在协调这些主体的过程中要依据面临的任务而采取多样化的协作。根据工程建设的不同阶段，作为管理的控制器或协调器的主体的作用被凸现出来，并会和这些主体所属单位进行关联，需要采取相应的控制策略来应对工程的复杂性，在此过程中，主体的角色、岗位、权力等都会进行调整，控制策略也会综合运用集中控制、分散控制和共治等方面。

工程技术的不确定性要求工程建设管理过程中要采用多线条管理方式，面对技术问题要从寻求可靠的技术方案角度出发来组建相关团队，避免使用单纯的行政管理来指导技术问题的解决。

工程中的初始敏感性主要来源于工程建设过程中多要素之间的非线性相互作用，如在各方操作都在严格按照标准流程情况下进行的而出现的“正常事故”或者“系统事故”时[7]，工程组织必须具备面对因初始敏感性而产生的“事故”的能力，成立相应的应急管理体系，而且要具备防范触发这种初始敏感性的因素，如建立工程安全的防范体系，而这些都是存在于工程正常组织之外的其他组织，在必要时进行切换，实施相应操作。

综上所述，工程的本身阶段性和具有的复杂性特点，要求工程组织是一个开放、动态和演化、适应的复杂系统，重点体现在边界、人员、资源、信息、管理主体、角色、岗位、控制策略等方面。

6.2.3.3　组织柔性演化的内容

大型工程的诸多特性要求其组织要具有相关柔性来适应管理和控制的需要。从组织的内、外部适应性来看，工程组织的外部适应性主要表现在依据社会环境、经济环境、市场环境和制度环境及自然环境等方面来选择合适的建设管理模式、柔性的招投标制度和合同管理方式，综合统筹国内外的技术及人力资源等，建立有效的员工培训制度等方面。从内部适应性来看，组织要设计有效的决策、协作和运作的制度，建立面向确定性问题和不确定问题的管理方法和策略，协调组织中多元主体的层级控制关系，建立应对不确定性和突发性的组织机制等。

大型工程组织的柔性演化重点体现在以下几个方面：

(1)战略的柔性演化

战略的柔性演化是指行为主体更有效地实现其战略目标，在动态变化的环境下主动适应变化、利用变化甚至制造变化以提高自身能力来完成战略任务和措施。大型工程的战略并不单纯依据组织的资源和环境的匹配来设置战略计划、按战略实施的线性路径进行，而是要根据环境的动态变化和面临任务的不确定性进行战略的柔性演化，主要包括战略目标和战略措施的调整。

(2)大型工程组织模式的柔性演化

工程的传统管理模式是依据正式的契约关系，通过招投标的方式确定设计、施工及相关单位，他们之间构成了雇用和被雇用的关系，领导和被领导关系，地位不平等。由于大型工程的多个阶段涉及多个异质主体，各主体为了自身利益，在建设过程中呈现一种对抗性的短期合作关系，工程实施的各个阶段和过程之间在规划实施、管理运作上往往相互分离、相互脱节，合作性较差，组织界面、过程界面协调沟通的难度较大，在这种环境下，工程实施过程缺乏有效的整合思想、方法和手段，目标各异的项目各参与方之间又缺乏合作性的协调决策机制和沟通策略，从而出现了多主体的合理性的冲突，产生了工程

建设过程中返工、超计划工期和成本预算、安全事故、工程质量、工程索赔和反索赔等现象。

为了缓解和解决上述问题，大型工程建设的组织模式借鉴先进制造业的思想，如采用虚拟企业、动态联盟、战略联盟等方式应用到工程组织中，实现“风险共担、利益共享”的协作方式。

(3)组织结构和控制策略的柔性演化

在工程建设初期，对工程的认识还不足，面临着较大的不确定性和复杂性，组织结构相对松散、权力分散。随着基础资料的采集和工程方案的设计，工程的复杂性主要表现在复杂的施工环境，组织结构相对稳定，制度、规则、程序等相对健全，要求施工人员严格按照相关流程进行。从整个工程的阶段来说，工程组织主要呈现“有机组织—混合组织—机械组织”的路径演化。

在组织协调的手段和方法上，也会依据工程的建设阶段和面临的任务进行动态调整，主要包括直接领导、自组织适应和标准化控制[110]。在工程建设初期或者建设过程中面临较复杂的问题时，工程方案或者材料、工艺等方面呈现模糊、无序状态，这时组织中的干系人通过沟通、学习和研讨，相互激发或适应，逐渐寻求有效的方案，如在工程最初对于“造什么类型的工程”，在技术问题解决过程中“采取哪一条路径”，在材料和设备选择过程中“选择哪一供应商”等方面都能体现着自组织适应的控制策略。在任务目标明确、路径清晰、分工细化和施工方案明确等情况下，一般采取直接监督和控制方法，如对施工人员的控制，对选定供应商之后材料和设备资源的质量、时间和成本控制等。在组织控制过程中，依据任务目标和结果的明确程度，直接控制和自组织适应分别可以通过实施流程标准化、结果标准化和输入标准化来实现。流程标准化主要表现在施工图完成后，制订详细的施工指南，结合施工方案和施工图纸，对所属标段的各主要分项工程按施工工序、施工流程进行分解，在此基础上编制提供给一线工人使用的、简单易懂的现场操作指南，并依据“纵向到底、横向到边”方式进行技术交底。结果标准化就是当工程全局或局部的标准或性能确定后，管理或控制主体可以采取放权的方式，只对结果进行关注，而对过程路径的选择不必强加干涉，如工程施工过程中对施工设备、材料、技术的选择方面往往不单纯迷信于国外的产品，而通过充分沟通和合作的方式，鼓励国内的企业进行研发和制造，实现工程的战略资源价值。而当目标和结果都不清楚时，组织控制的关键在于选择有能力的建设主体，并在建设过程中对施工人员进行技能培训。如图6-10所示。

为了满足组织的柔性演化需要，大型工程组织在设计时要运用综合集成的思想关注战略的柔性、结构的多态性、控制和协调机制的多样性以及文化的多元性。在设计柔性时，要建立水平扫描活动，用来鉴别组织最有可能会遇到的机会和威胁的一般性本质程度；培育足够的资源缓冲器，或称松散性，随着事件的确切显现而做出有效的反应；选择和培训有能力的主体，使他们具有在正确的时刻、适时、灵敏地采取行动的能力。

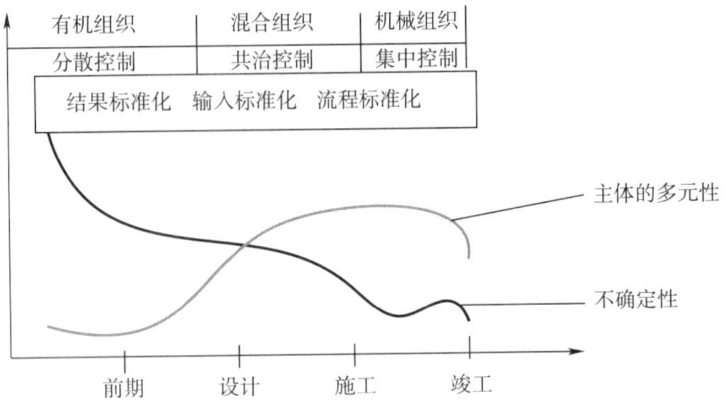

图6-10　组织结构和机制的柔性演化

6.3　大型工程建设管理组织的任务

大型工程的系统复杂性使得组织的任务更多集中在处理工程不确定性和关联性上。组织在如此的环境下，其任务主要包括：进行科学的决策，对技术问题的解决，工程各阶段的界面协调和控制、组织和协调、工程的综合控制和建立相关的保障体系等方面。

(1)组织的有效决策。“决策贯穿于工程建设的始终”，包括立项决策、设计决策、重大施工方案决策以及突发事件的应急决策等。工程中的复杂性决策问题不仅涉及的决策因素多，相互之间关系复杂，而且决策约束条件与不确定因素众多，大大增加了决策难度。组织要想做到科学的决策，必须提高决策主体的能力，构建有效的平台和机制，如以业主为核心，组织把能够提高决策能力的专家、单位形成团队进行群决策，充分运用先进的信息技术并与专家相结合建设决策研讨厅，构建有利于创新决策方案或有利于从原有决策方案至新的更好的决策方案的转换机制。

(2)组织对技术问题的解决。大型工程建设涉及很多专业，且缺少成熟的技术方案和标准规范，复杂的工程结构和特殊的建设环境使得工程技术一直是工程建设最关注的问题，也是影响工程建设进度、质量、成本等的关键因素。由于技术问题的复杂性和单个建设主体能力的有限，使得技术问题的分析和解决及创新必须整合国内外、行业内外的相关力量。因而组织必须正确的协调好技术创新过程中的利益干系人，确定各自的职责和权利、协调好相互关系、培育技术创新环境，从而建立有效的技术创新平台。

(3)组织对各阶段的界面协调和控制。大型工程建设具有完整的生命周期，如规划、设计、施工和运营，并且在每个阶段又可分为更小的过程，如规划阶段的需求分析、工程预可研究、工程工可研究，设计阶段的初步设计、技术设计和施工图设计。虽然阶段之间有严格序列，但在研究内容上存在着关联和交叉，这就需要对各阶段的界面进行充分的

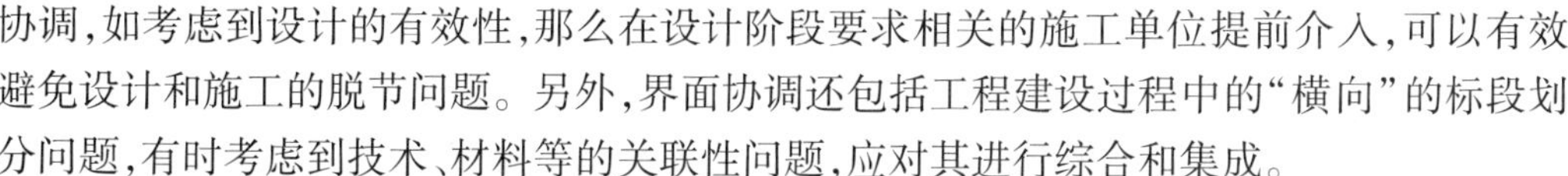

协调，如考虑到设计的有效性，那么在设计阶段要求相关的施工单位提前介入，可以有效避免设计和施工的脱节问题。另外，界面协调还包括工程建设过程中的"横向"的标段划分问题，有时考虑到技术、材料等的关联性问题，应对其进行综合和集成。

(4)组织对各参建单位的协调。工程建设就是对众多参建单位的整合来获得建设资源。由于各参建单位的建设目标和建设任务存在差异和关联，这就会使得建设主体之间会存在着利益冲突和运作冲突，工程全局与局部之间的冲突，工程建设过程中资源获取的冲突，工程的质量、进度及成本的冲突。协调好这类冲突需要组织建立一套有效的规章制度，合理的工作流程。针对工程的复杂性特点，组织单位的协调与一般管理的协调与控制不同，它需要组织在保持协同有序的同时，还必须使参建单位具备相关的主动性和创造性，这也就使得组织在协调各参建单位的过程中，单靠一种方法是不够的，如命令和控制的方式，还必须基于复杂系统的理论，研究组织对参建单位的自主协调和诱导。

(5)组织对建设过程中的综合控制。工程的建设管理最终落实到工程现场建设的管理，也就是对工程要素的管理，主要包括质量管理、安全管理、进度管理、成本管理、设计管理、风险管理、采购管理等多方面，但综合控制的最终结果是在工程的全生命周期过程中形成的，并且相互交叉。对于大型工程建设项目而言，系统横向之间的关联形成的作用大大增强；因果关系不再是直接和显现的，关联复杂性使得对工程建设中的许多问题失去了可预测性；某种弱小因素产生的影响，会被扩散、放大，从局部性变成全局性。比如从事故的微创性可能演变成灾害性，或是一个工段的工期延误，造成全局节奏的紊乱，一个节点"正确"的操作也会导致工程事故的发生。即大型工程项目的任何一个因素的微小扰动，都会引起整个系统的大变动，显示出强烈的路径依赖性。这就要求组织在综合控制过程中要进行系统统筹，建立消减复杂性的机制和防范系统。如图6-11所示。

综上所述，大型工程面临的复杂任务和环境，使得组织要解决好上述问题，必须通过学习和创新、整合资源、设计机制、集成方法来提高组织驾驭复杂问题的能力，实现战略的柔性转化，确保战略目标的实现。具体来说，需要组织做到以下几个方面：

(1)目标分散到目标集中。大型工程建设由多个建设单位完成，但各自的利益目标不同，这就要求组织依据工程使命、价值观，采取具体的方法来综合项目目标，满足主体利益诉求，实现目标从分散到集中，如"利益共享、风险共担"的原则。另外，大型工程的高集成度以及工程复杂性的纵向渗透，使工程施工一线与现场也存在大量如安全、风险、质量、进度、投资等直接目标的紧密耦合产生的具有复杂特性工程控制问题。这就需要组织通过直接整合或通过构建集成平台等方法实现资源整合，突破工程主体能力不足的瓶颈，实现基于转化和定向的对现场多主体间的运作协调及自组织控制。

(2)非理性行为到理性行为。大型工程建设管理面临的挑战主要来自于主体能力不足以及环境的动态变化，这往往会使得科学决策、主体协同等方面变得困难，但在有限的时间内，组织必须做出响应来应对问题，在此过程中往往会采取"非理性"的正常行为。

为了能尽量降低"非理性"的程度,组织可以通过有力的领导和设计相关的机制来控制和诱导相关主体行为。"控制"是指管理主体对问题有清晰的认识,并具备驾驭能力,通过设计相关的制度、标准、规范和流程来指导和约束其他建设单位的行为,而"诱导"是指管理主体本身不具有驾驭复杂问题的能力,而只有通过发挥相关建设单位的能力来解决问题,但单个建设单位往往缺乏经验和独立解决问题的能力,这就要求管理主体通过创建相关的机制来形成解决问题的环境,诱导主体集中力量、整合资源来处理问题。

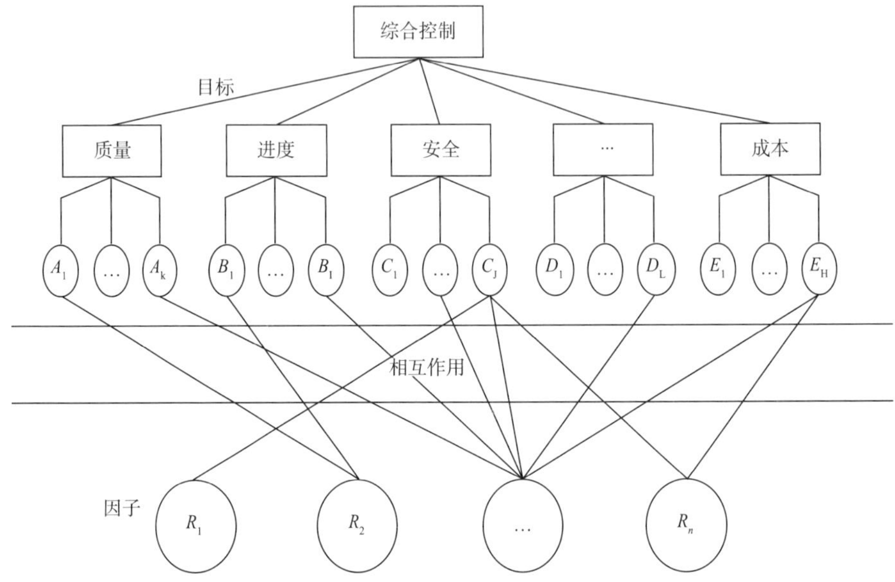

图 6-11　控制要素的非线性作用

(3)资源不足到资源充足。大型工程的建设表现出资源的强烈依赖,主要包括技术资源、设备和材料资源、智力资源等方面,工程的独特性和复杂性使得现有技术标准和规范很难满足建设的需求,需要创新和整合国内外、相关行业的技术来形成解决问题的方案。另外,大型工程对设备和材料要求较高,对于某些关键设备国内外往往寥寥可数,这就要求管理主体通过购买、租借或者创新的方式来获取。对大型工程复杂性的认识和管理需要专家的经验、知识和智慧,并从不同角度来提供信息,为工程建设提供智力支持。因而,组织需要通过直接整合或创新的方式实现资源从不足到充足的转化。

(4)信息不完全到信息相对完全。信息不完备往往是复杂性产生的根源,管理复杂的大型工程往往表现为对数据、信息进行加工、处理的过程,也是将信息进行转换,改变其形式,深化其内涵的过程。在这一过程中,除了涉及大量的一般性数据统计分析外,还需要对人的形象思维、创新思维的信息凝练和综合。但由于"复杂性"使得个体对同一个问题的认识或多或少都有片面、都有不足、都有需要精确和完善之处。即需要通过整合来实现从"非共识"到"共识"的转化。这种非共识是正常的,正是在各种意见的非共识

中包含了系统复杂性、多样性的信息，需要对它们进行修正、补充、完善、提高，即从非共识走向共识，才能使之从整体上更准确、更完全地揭示系统复杂性和多样性。

(5)环境适应从弱到强。大型工程及其建设管理是一个开放的系统，一方面从外部环境中获取信息、资源和能量等，另一方面外部复杂的环境给工程建设带来众多的不确定性。传统上，工程的组织管理是被动适应环境，但要想规避不确定性给工程带来的风险，必须强调在应对不确定事件的同时，要主动适应环境，实现环境适应从弱到强的转变。为了进行有效的转化，组织必须在结构和机制设计上充分关注柔性，如为了应对市场价格的波动，在合同设计过程中要留有一定的空间；为了应对关键材料和设备的市场供应不足，需要在招投标体系中进行柔性设计；为了使环境的不确定性能被快速地感知和解决，在制度设计上给相关建设单位留有“创造性的空间”，以便其能快速响应和实施措施。

因而，组织在建立和实施工程战略、处理所面临的系列复杂性任务时，其核心任务是协调和整合各类资源，提升组织能力，实现导致复杂性的各类要素从不可控向可控转化。

6.4　大型工程组织管理战略

6.4.1　综合集成管理与工程组织

为了能有效地建立具备驾驭工程复杂性能力的组织，前文论述的综合集成管理的基本原理和基本职能将为其建设提供策略。综合集成管理的目标是建立一套系统来执行规划、组织协调、决策和综合控制的职能，在组织及其平台设计上，强调组织具备整合能力和创造能力。基于综合集成管理的工程组织具体包括以下几个方面的特点：

(1)从总体上讲，基于综合集成管理的工程组织应具有解决大型工程各类问题，包括一般的常规问题、系统问题、特别是复杂性问题的能力，也就是说，它能对工程建设中所有的管理、控制问题进行“全覆盖”。

(2)基于综合集成管理的工程组织中的主体(群体)需经过选择和优化，除了各个体自身要具有优良的综合素质和能力，要有丰富的工程实践经验，而且作为“群体”，它们应能协作共存，涌现出更强、更高的管理、控制工程复杂性的能力。为此：①组织内部要有更精致和恰当的工作机制；②组织主体“群体”的构成应当随着环境与任务的变更有所调整；③组织要保持可持续性和有序性，组织主体中应有一个起着主导、引导作用的权威主体。无论他是个人还是单位或部门，他都比其他主体有更大的权威和能力，称这样的主体为工程组织中的“序主体”。

(3)在一般意义上，任何工程组织的能力和资源都是有限的，而工程复杂性却是无限的。因此，基于综合集成管理的工程组织除了自身能尽量拥有充足的工程资源外，更重要的是要通过有效整合来获取资源，而要做到这一点，基于综合集成管理的工程组织主要是通过提供相应的管理、控制“平台”，即通过创造必要的工程建设环境和条件，直接或间接地扩大工程资源。

(4)基于综合集成管理的工程组织的管理、控制功能要能在工程建设现场具体化并表现出有效的执行力，这就需要根据大型工程的特点，设计出有针对性的管理、控制技术和方法，如组织和自组织控制方法等。

要做到以上各点，基于综合集成管理的工程组织除了要注意吸收传统工程组织中的许多宝贵经验外，更要注意通过管理创新，并注意这些创新的实践性与可操作性。

由此可见，基于综合集成管理的工程组织在相当大的程度上，从理念、组成、模式、机制、功能及实践等方面都与传统的工程组织有很大的差距，集中而言，主要表现在组成更多元、结构更复杂、机制更灵活、功能更强大。因此，不能简单地把一般传统的工程组织模式套用到大型工程建设中来，虽然一般传统模式中的一些内容还可以借鉴和运用，但从大型工程全局的管理、控制而言，需要对组织进行顶层设计和整体的系统综合。

6.4.2 基于综合集成的工程组织战略

组织是战略的制定和实施主体，组织战略从属于项目战略[111]。大型工程的项目规划期、建设期和运营期的组织和领导并不相同，这也会导致不同期间对战略的认识有所不同，但战略在一定程度上定义了组织，给人们提供了理解自身组织的基础。钱德勒将战略定义为“确定长期目标和企业目标，并且采取行动和分配资源以实现这些目标”。德鲁克研究表明结构应适应战略，组织要高效率的发展，两者就必须适当结合[112]。管理层的战略选择造就了组织的结构和过程，富有远见的管理层决策将根据环境机遇对组织的资源配置做出极大的调整。Henry Mintzberg 认为[113]，所谓战略，更多的是对组织未来向哪个领域发展这个问题做出主要或次要决策的一种方式或趋势。

工程战略和组织之间构成了密切的关系。组织建设的任务是形成一个组织管理系统来驾驭工程系统，从而实现工程的战略目标。

工程的建设是依托于各参建单位的齐心协力，但由于工程环境开放性、技术复杂性、建设人员的多角色等特点，使得工程建设的组织管理不能是静态、有序的管理模式，而必须使组织有足够的创造性和柔性来充分发挥各建设单位的能力，但要有足够的稳定性以免使组织陷入整体的混乱当中。因而最好的选择是在管理控制与自组织之间保持适宜的平衡和一致性，做到宏观“有序”、微观“混沌”。

为了有效地组织和协调好大型工程建设过程中多形态任务（常规性任务和复杂性任务）、多建设主体以及外界环境的动态性和不确定性特征，构建有效的组织系统来驾驭工程复杂性，组织的设计和管理要以“柔性”作为战略。柔性往往具有两重性[111]：柔性是一种管理性任务，而另外一种柔性是一种组织设计任务，关注点是组织的变革力和控制力，

它要依赖于培育柔性的环境。

从战略角度来看，组织柔性被看作在不可预测或战略以外的情形下的一种战略资产，它包括柔性资源和能力；从与外界环境的交互来看，组织柔性用来保持环境和组织之间的动态匹配性的组织潜能，这种组织潜能既有反应性的，也有能动性的。从组织内部来看，组织柔性是一种关于组织学习系统的反射能力，能在单环学习和双环学习之间培育一种关于动态平衡的过程。从组织的领导和管理来说，组织柔性是促进企业家活动和创新的组织能力。这种能力既指惯例繁殖，也指惯例破坏[108]。

组织的柔性往往是多种能力的组合，其中最主要的是两种，其中第一种为了应对组织的常规性任务，表现为组织的控制能力，而另外一种为了适应动态的环境及不确定性事件，表现为组织的适应能力。大型工程建设管理中面临问题众多，并存在较大的技术不确定性和环境不确定性等要素，使得组织要有较高的组织反应力（适应力）和充分运用控制进行管理的能力（管理的控制能力），这两种能力往往会形成组织的一种"张力"，保持两种力量的平衡是组织柔性的关键。具体来说，组织需要具备以下能力：

（1）控制能力。组织的控制能力主要是指组织通过选择和分配资源、协调建设单位开展合作、解决工程建设过程中的冲突和矛盾来保证工程建设按照设定的目标推进，另外组织还要具备快速响应工程建设过程中出现突发事件的能力。组织控制能力的实现首先是根据建设环境、工程目标选择合适的建设模式和具备控制和协调能力的管理主体；其次，通过设计有效的奖惩制度来保证建设主体按照合同规定的目标推进。

（2）整合能力。组织的整合能力是指在面临主体认识能力、技术能力、材料和设备等不足时，组织在国内外相关行业综合有用资源来突破能力不足瓶颈。组织的整合能力要求组织保持开放性和动态性，在组织模式设计过程中，确定整合智力资源的方法，如聘请国内外知名专家和顾问，在整合材料和设备资源过程中，管理主体和建设单位确定"合作共赢"的理念，在必要的时候由业主或管理主体来帮助施工单位获取资源；在技术资源获取上，组织要选择有效的创新主体、建立创新平台，培育良好的创新环境来开展集成创新和自主创新。

（3）创造能力。组织的创造能力是指组织在面临缺乏规范的独特性问题时，能够通过自身的学习、整合等方式来创造性地给出解决问题的方法，如在我国经济转型时期管理模式的独特性、面临不同制度和法规的融合性、技术方案的创新性等。要使组织具备创造能力，管理主体在设计组织的架构以及相关主体的责、权、利时要留有一定的"创造性空间"，也就是在组织结构设计中既要有紧密结构，也要有松散结构，在控制和协调机制设计上，要保留一定的柔性。

（4）适应能力。组织的适应能力是指组织具备被动应对复杂性的能力和主动调整和改造复杂问题的能力，如为了有效提升工程设计过程中施工方案的可行性，建设过程中充分整合科研、设计、施工和咨询建设主体。组织适应力的提高需要组织增强主体的认识能力、管理和控制能力,这就需要组织能够充分地整合资源,发挥各建设主体的能动性,能及时地感知问题和解决问题。

大型工程组织要具备上述的"柔性"能力,需要通过组织情境的融合性(组织平台)、结构多元性、协调机制的多样性,从而使组织具备应付大型工程组织管理所面对的复杂性任务(包括一般层面的操作性管理,多建设主体的协调管理以及复杂性管理)的能力,如图6-12。

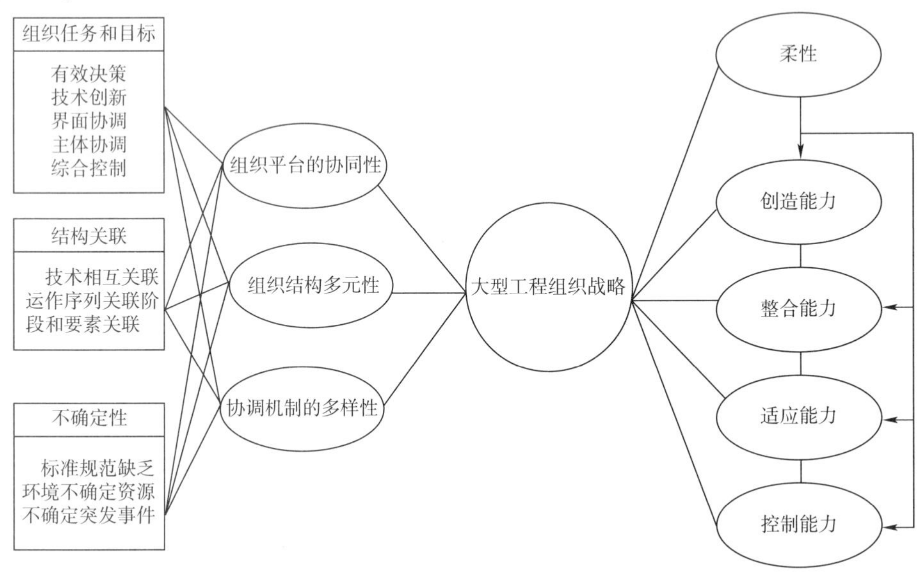

图6-12 大型工程组织的战略

(1)组织平台的协同性。组织平台实质上指组织情境,在此情境下,组织不同主体能够协同运作,实现能力的涌现。组织平台也是大型工程综合集成管理的关键要素,管理单位通过建立相关的制度、协议、规则来协调其他单位,通过整合、培育和创新的方式实现功能、信息和运作的协同,从而涌现解决复杂问题的组织能力。

(2)组织结构的多元性。建立组织结构的目的是要提供一种能创造基本秩序的适宜结构,但要防止结构阻碍对环境变化做出的快速反应能力。大型工程的建设管理牵涉到各种不同的事务,而且由不同的主体来承担,因而面对不同的任务和不同的主体,通常具有不同的组织结构形态,如业主采取的职能管理结构,而各施工单位采取的是项目模式,多个设计单位采取的是联合小组的方式。

(3)协调机制的多样性。工程的组织管理是面向工程任务的,在此过程中,有常规性的任务和非常规性任务,确定性任务和非确定性任务,对于确定性的常规任务,一般采取计划与控制相结合的方法,在协调方式上更讲究标准和制度建设,强调管理的"效率"问题,而对于一些复杂性任务,不仅本身具有混沌特性,而且还与外部环境具有较大的关联,这类问题的组织管理不能单从传统的计划、控制和领导角度出发,而要充分培育一种

环境，培养和提升各参建单位（自主主体）能力，在组织的协调方式上更多强调诱导和自组织控制，从而充分发挥自主主体的智慧，形成组织管理的“效能”。

综上所述，基于综合集成管理的工程组织通过组织平台、结构、机制等方面动态性和多样性而表现出一系列的“柔性”，柔性体现了工程组织应对工程复杂性的能力。正是因为有了这种柔性才使大型工程组织有了必要的适应性与驾驭能力。因此，可以认为“柔性”是大型工程组织的优良品质。当然，这种柔性的产生不是自发的，它是组织主体运用综合集成管理原理和技术的结果，也反映了主体综合集成管理的积极意义和作用。

第7章　大型工程建设管理的组织平台和组织结构设计

工程组织平台是应对大型工程复杂性和实施组织战略的一种结构和制度设计，以此来实现组织能力的涌现。

本章首先给出了组织平台的内涵、组织平台的变量以及平台能力涌现的方式，分析了大型工程组织中序主体和自主主体的行为和结构关系。在此基础上，对组织平台的系统关联方式进行分析，给出了组织平台设计的结构参数，建立了组织平台的概念模型。

7.1　大型工程组织平台的基本概念

7.1.1　大型工程组织平台的内涵

"平台"主要借喻于计算机，如软件开发平台、软件运行平台、操作系统，它主要是指一种环境和条件，在此基础上可以支撑、扩展和设计新的功能。组织平台就是为组织能力涌现所提供的环境和条件[115][116]。

工程建设的本质是资源整合的过程，组织平台被看成是提供了一种资源整合和分配的方式。大型工程组织面临着众多的专业分割和活动序列等特性，需要不同的建设主体的分工和合作[117]，如在面临重大技术难题时，业主需要联合设计、施工、咨询、科研等单位来进行资源整合和创新，而建立的组织平台就提供了这样的一种制度环境，包括投资环境、决策环境、建设环境、创新环境等。组织平台给出了不同主体的活动范围，在此基础上可以涌现出的新的知识和能力，提高组织的认识和控制水平。

大型工程组织平台在不同的层面和环境下存在着多种不同的形式。在工程重大关键问题上由政府来统筹解决，它为整个工程项目的建设创造一个良好的建设平台，包括技术、施工、投资、资源及其他政策环境。在建设过程中管理单位要确定建设主体的权责，依据具体的问题动态选择国内外专家来提供技术支持等，建立沟通和协作平台。工程建设的具体阶段或者活动上会形成问题解决的组织平台，如建立以政府为主导的"产、学、研"相结合的技术创新平台，复杂问题决策的主体联盟或"研讨厅"平台，以及业主、承包单位和供应商之间建立的战略联盟平台等。

从上面可以看出，为了更清楚认识组织平台和设计组织平台，组织平台应该包含四

个基本变量:活动、主体、资源和环境。

(1)活动。活动表明组织平台设计要面临的问题及其能力的需求。工程建设过程就是活动的序列,并且活动可以再分解成子活动。如立项阶段、设计阶段、施工阶段和竣工阶段四类大的活动,立项又可分为建议书编制和预可研究,建议书中包括环境、经济、技术等可行性分析。不同阶段的活动都有自己的核心任务,活动的完成都是在一个特定的平台(主体、制度)下完成。

(2)主体。主体是指完成这类活动的主体,同样也是组织平台设计和资源整合的主体,如立项阶段的主体主要是业主,设计阶段的主体可能是设计单位、业主或设计联合体,施工阶段则可能是业主或施工总承包商等。工程建设中主体的行为受到工程建设管理模式的规定,而把整个工程看成是一个大的活动,工程管理模式则是一个组织平台。主体的选择主要依据其所处的社会环境和自身能力,如工程建设指挥部和项目法人公司两种模式在我国的分布呈现出时间和空间上的不均衡,这与周围的技术环境、制度环境以及文化环境密不可分。主体能力往往决定着组织平台设计和运作的质量和效益。

(3)资源。资源是组织平台生产的"原材料",同时也是组织平台的"产品",其任务是提供资源获取的环境,突破单个组织能力(认识能力、关键材料和设备、技术能力)的瓶颈。资源的获取、整合和分配与主体性质及能力密不可分,不同的主体的资源整合能力不同,从而产生了各类管理模式。如指挥部模式强调政府或具备政府职能的指挥部在资源整合上具有的优势,而设计施工总承包模式则是总承包商具备整合工程建设过程中的各类资源能力。

(4)环境。组织平台是一个开放的动态系统,需要与外界进行能量的交互,组织平台能否和环境协调是组织平台设计有效的重要判据。

在活动、主体、资源和环境要素综合作用基础上,组织平台在加工、整合资源过程中主要通过三种方式来实现能力涌现。

(1)整合。资源整合是主体通过市场、行政或者关系的手段来获取相关的资源主体,充分发挥他们的经验、知识、智慧和能力。如在大型工程建设过程中,往往聘请专家或咨询公司来提供直接的技术支持;工程设计阶段往往聘请设计单位组成的设计联合体;工程施工阶段通过设计单位、咨询单位、施工单位、科研院所、专家等的联合开展技术方案研究、研讨。

(2)培育。资源培育是指主体在原有资源的基础上,通过提供一定的条件和环境,来鼓励和培育相关主体开展研究来扩展新的资源能力。大型工程的建设面临诸多的一次性、特质性问题,国内现有的企业往往没有现成的技术或设备可以使用,但他们具有再生产的能力,需要建设主体给他们提供一个发展的机会,同时也需要帮他们分担风险。

(3)创新。创新资源是指在组织平台上的相关主体都不具备直接提供服务的能力,且在缺乏现成可供扩展的条件下,通过开展开放式的自主创新来获取所需资源和能力。

工程的技术创新往往涉及多个行业、专业和技术,需要跨地区整合资源、处理诸多复杂的矛盾,但单个企业往往很难具备如此系统的整合能力。因而,业主需要设计相关的制度和环境来鼓励创新,如提供专项基金,将创新成果专利归于企业等。

综上所述,组织平台为组织能力的涌现提供了资源、能力再生产或创造的环境,缓冲组织所面临的不确定性,从而解决大型工程所面临的难题。

7.1.2 大型工程组织平台的主体及其行为

7.1.2.1 大型工程组织中的主体行为

大型工程组织是由各类主体组成,主体是指该组织内担负工程建设某种管理与控制任务的个人、单位。大型工程涉及面广、影响大、周期长、参建单位多、建设任务繁多,形成复杂的关联结构[118],如图 7-1 所示。

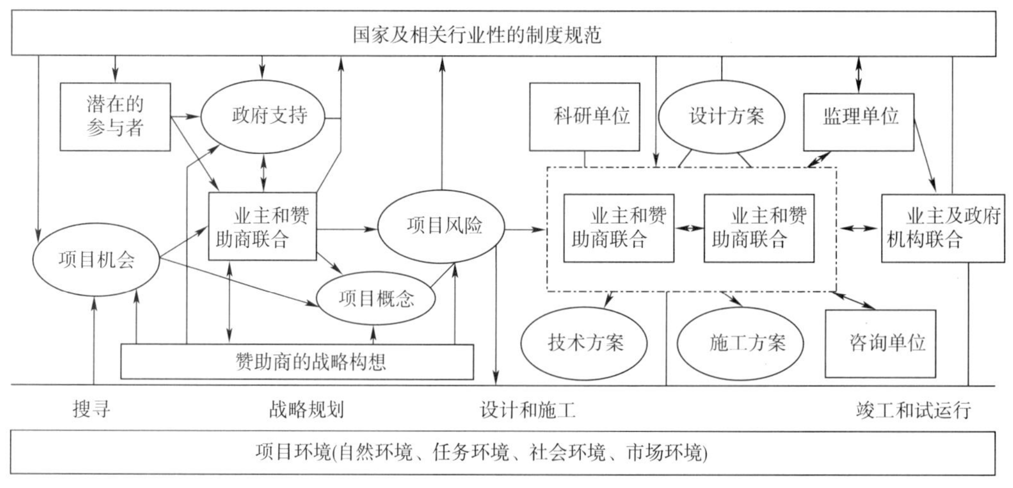

图 7-1 大型工程建设主体的关联结构

由图 7-1 可以看出,在大型工程中担负某种管理与控制任务的个人、单位与部门为数不少,如业主、勘探和测量单位、设计单位、施工单位、咨询单位、监理单位等,他们都是工程组织主体。根据工程建设阶段所面临的问题和在大型工程组织中主体的地位与作用不同,这些自主主体分为序主体和自主主体,序主体来自于组织中的自主主体,并且在工程建设的不同阶段和环境下,序主体会进行动态调整。序主体对组织的管理主要表现在领导和控制上,通过统筹工程目标、建立相关制度、整合资源等方式来构建组织平台,诱导其自主主体行为。

基于大型工程项目的全生命周期,考虑到大型工程项目多主体的层次性,将大型工程组织的主体分为两个层次。第一层次是作为单元主体的自主主体(如设计单位、施工单位等),其内部是紧密型的,呈现出自组织特性;第二层次是成为项目阶段管理者的主体,即序主体(如业主、总承包商等),其任务体现在资源的整合和对被整合自主主体的协同有序上。在一定意义上，工程建设序主体的能力就是它构建组织平台及进行制度设计和创新的能力，即在一定环境与条件下，有效运用不同工具、方法和技术，汇集各方面专家经验、知识和智慧，整合和配置各种工程建设资源并产生新的解决工程问题的“系统力”、“整体力”的能力。序主体任务在于它能有效地实现对系统内外、局部的、单项的能力进行“综合集成”，并有有效的制度、机制与具体的手段和方法给予保证。如图7-2所示。

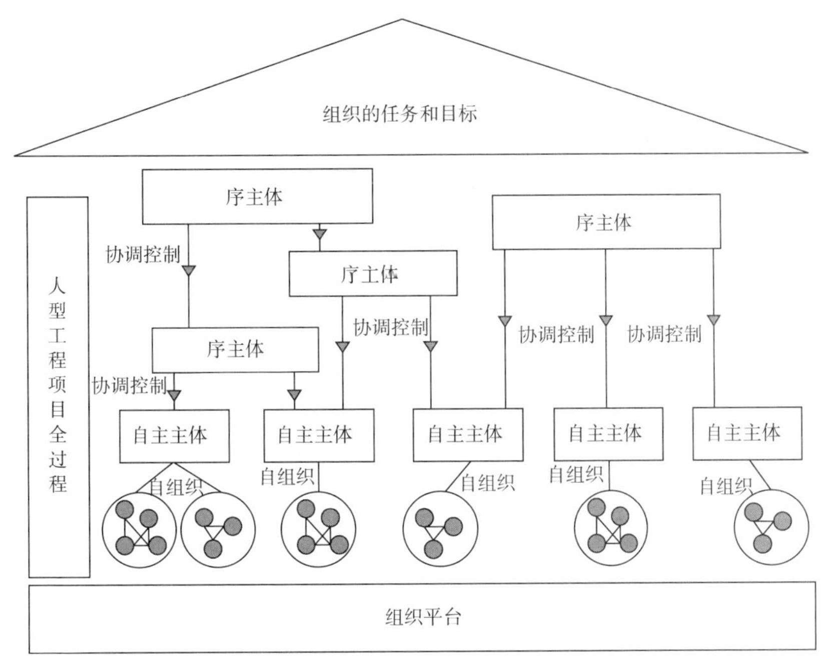

图7-2 大型工程组织序主体和主体关系结构

7.1.2.2 大型工程组织序主体行为

序主体的确定是由任务决定的，根据问题的性质和解决问题所需要的能力来选择主体的组成，从而形成具有聚集体的主体，它可能是一个行为的个体，或者由多个个体所组成的系统。大型工程建设序主体可能同时担任“作曲家”和“指挥家”的角色[119][120]，解决或辅助解决工程建设每个阶段问题。

大型工程建设的全过程中，序主体在不断的发生调整，如立项阶段的业主、设计阶段的设计联合单位、施工阶段的承包商。如表7-1所示。

序主体和自主主体组成了大型工程组织成员，它们共同担负了工程建设总体上的管理与控制任务，他们都具有“自主性”，从而在序主体与自主主体之间、自主主体相互之间均会存在利益和行为的不一致。这一现象是正常的，它是社会人和经济人的正常行为，这样就要求序主体根据“合作共赢”的原则，设计好每个主体在工程组织中的职能和权益，并通过恰当的激励和诱导手段，包括建立共同的价值观，在微观多样性的基础上形成工程组织稳定的宏观控制能力。

大型工程全过程的序主体　　表7-1

	序主体	任　务
规划阶段	项目发起人	联合设计单位、科研单位、开展可行性研究
立项阶段	行业管理单位	确定工程战略目标，选择关键的项目参与者，确定主体运作方式，分析项目风险
设计阶段	设计总承包商	联合科研单位、施工单位开展方案设计
	建设管理单位	建立相关制度，培育环境，整合资源，对重大方案决策，监控工作进展
施工阶段	施工总承包商	联合设计单位、科研单位等开展工程建设
	建设管理单位	建立相关制度，培育环境，整合资源，对重大方案决策，综合协调
竣工阶段	建设管理单位	联合监理、检测单位对工程建设进行评价

另外，工程建设过程的动态性要求大型工程组织对演化路径及时跟踪、准确把握、科学管理，而要完成这一任务，序主体可以通过适时变更组织中的部分主体，即进行工程组织的重组来实现。这意味着，某一个大型工程的工程组织，其主体群体的构成是变动的，变动原则是：

(1)保持序主体和部分担负重要建设任务的主体的稳定性；

(2)随着工程建设的进展，一些新的重要建设任务即将开始，主体会随之进入或退出；

(3)主体成员调整的形式，可以是形成新的核心群体，或是形成紧密团队，或是形成松散联盟。

7.2　大型工程组织平台的结构设计

7.2.1　大型工程组织平台的系统关联

组织平台是主体依据面临活动(任务)的特性，分析所需资源，设计相关的制度和机制，从而提供相关主体开展活动的环境。组织平台上的活动对象则是"活"的主体，而主体之间的关联方式则构成了组织平台结构的基础。

依据工程所面临复杂问题的特征，这些主体的关联关系往往呈现出不同的耦合特征。耦合是系统内要素或子系统之间的连接或关联[7][121]，耦合度是指子系统或要素之间联系的紧密程度，如控制关系、调用关系、传递关系、协作关系等。要素联系越多，其耦合性越强，同时表明其独立性越差。

组织平台的要素耦合可能发生在多个维度上，如组织中的个人之间、单元之间、组织横向之间、组织的上下层级之间以及组织和环境之间。组织平台的松紧耦合是对构成平台主体要素之间的关联紧密程度的一种表述，是由面临的任务和组织平台的运作机制

(整合、培育、创新)共同决定。

7.2.1.1　组织的松散耦合

当所面临的任务简单,有成熟的规范和技术,任务或活动能被分解成多个独立的活动,且活动表现为以下特征:①非线性关系,不是直接的倍数关系;②存在着多条路径,但能获得相同的结果;③反应较慢;④相对松散的合作;⑤管制较少;⑥无明显的因果关系;⑦分散并授权;⑧很少的前提条件,则组织平台结构表现为松耦合。

组织平台的松耦合在处置系统复杂性时主要有四个方面的优势:①组织内的单元可以根据环境变化进行局部调整,从而保持了组织的环境独立性,另外,根据任务的变化,组织能通过学习的方式,保持组织的任务独立性;②松散组织具有一定的缓冲机制,这样组织就不必针对每个变化而做出迅速调整,保证了一定的独立性;③提供一个敏感的感应机制,这样在局部发生变化时,组织能进行快速应对,减少响应时间;④松散系统保留了各自主体的相对独立性,保留各自的能力和特色,为组织产生多样性提供条件。

7.2.1.2　组织的紧密耦合

当面临的任务关联性较大,需要多个主体同时联合才能完成时,组织平台结构表现为紧密耦合。紧密耦合可以提高工作效率,但其留给各个主体的活动空间较少。

在很多情况下,组织平台中主体关系更多表现为松紧密耦合同时并存,这样一方面能够发挥效率,联合解决相关问题,另一方面也给主体留下较大的创造性空间,便于主体创新能力的发挥。如在整个工程活动的组织平台下,设计单位、施工单位和科研单位往往表现出比较松散的关系,但在具体设计阶段、施工阶段的独立环节上,它们往往表现出较强的耦合。

依据大型工程组织平台对资源加工的整合、培育和创新的三种机制,组织平台结构的耦合表现出不同的形式。

(1)整合机制下的紧密耦合

资源整合机制是在单个主体能力很难完成的任务情况下,通过集成具备相关能力的主体来协同工作,因而它们往往表现出较紧密的合作关系。

大型工程涉及多个相关专业、结构关联复杂,因而单个设计单位很难满足设计方案的同等深度研究,因而业主通过整合在不同专业方面具有领先水平的设计单位组成联合体,承担整个工程的设计任务。在具体工作开展过程中,各方需要紧密联系,共享相关信息,并由专业领导小组负责领导和协调工作。如图 7-3 所示。

(2)培育机制下的松紧耦合

资源的培育机制是强调主体在缺乏可直接整合资源的情况下,通过设计有利的环境来引导、培育相关主体来实施资源整合和创造。

大型工程的任务具有技术关联的特性,任何一个技术的失败都会影响整体成败,因而在解决复杂问题时需要将相关单位组织起来,形成一个集中收敛性团队,实现技术上的集成和创新。然而在目前的社会环境下，国内工程企业还不具备多个行业、多个专业和多门技术集成，跨地区地整合资源、处理矛盾的能力，这时工程建设管理主体需要对企业实施培育并帮助其进行系统资源整合。

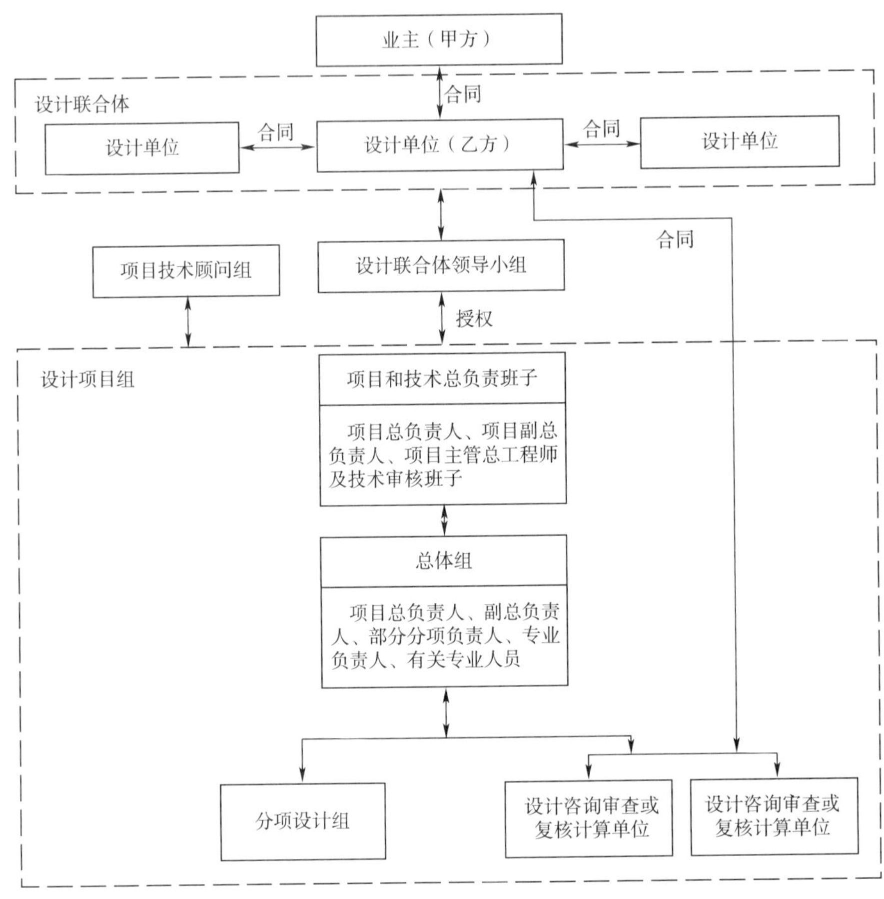

图 7-3　整合机制下设计单位的耦合关系

举例来说，工程采取了设计总承包和施工总承包模式。在设计阶段，由设计单位提出科研和技术创新规划并明确研究内容和技术要求，采取以设计单位领导下的组织开展相关课题研究的组织模式，使得设计需求和科研目标相一致，并可根据设计需求的变更及时调整科研内容，这种做法既整合了资源，又减少主体之间的冲突。在施工阶段，把涉及的设计、科研、控制等工作纳入承包范畴，由施工单位来整合技术资源，设计、施工、控制单位对施工单位负责，施工单位对工程负责。这种层次性的责任主体减少了扯皮现象，培育了单位的技术能力和集成管理能力。

这种在主体设计的模式下，设计总承包和施工总承包相互独立工作，并且又相互协同，从整个工程过程来看，它们呈现出松散的耦合关系，但在具体每个阶段，双方呈现出紧密的耦合关系，如图7-4所示。

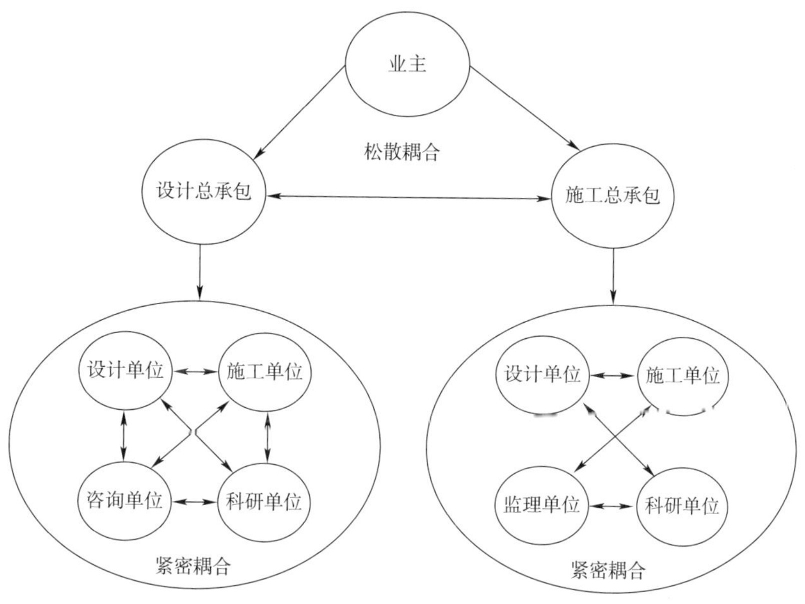

图7-4　培育机制下设计—施工—业主的耦合关系

（3）创新机制下的松散耦合

创新机制下的资源涌现是相关主体通过自身调整来发挥其创造能力，组织平台的主体之间相互依赖和独立，对其管理不能通过简单控制的方式，而应该通过诱导激励等方法来引导创新主体努力工作。

综上所述，大型工程的组织平台的耦合结构是在面对具体的任务和协调机制下呈现出不同的松、紧特征，其最终目标是更有效地实现资源能力涌现，如图7-5。

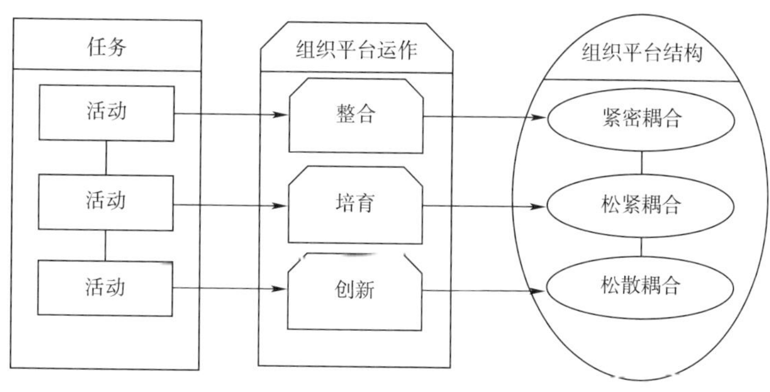

图7-5　大型工程组织平台的松散结构

7.2.2 大型工程组织平台的结构参数设计

大型工程组织设计需要对组织的参数进行规划，从而进行更具体的组织设计，以便实现内部的一致与和谐，并使之与组织所处的情景相符，包括组织的规模、外部环境以及相关的技术体系等。

组织维度是大型工程组织结构参数设计的重要参数，主要包括组织系统状态的关联性维度和组织系统状态结构性维度。关联性维度是指组织及其管理的外生性变量，与组织及其管理的外在表现有直接的关系个数；结构性维度是指组织系统内部管理的内生性变量，反映的是组织的内在特征、要素、关系、层次个数[122]。

组织需要综合考虑组织的关联性维度来确定组织的关键性变量（结构性维度），设计出具体的组织结构、控制机制和沟通机制。大型工程组织的结构性和关联性如表 7-2 所示。

大型工程组织的关联性维度特征　　表 7-2

关联性维度	结 构 性 维 度
组织战略多元	集权程度中等，集中管理和分布管理结合
组织规模大	规范化程度较高，基本按照组织规范和程序操作
技术复杂、关联、不确定性高	组织的子系统数量多，具有层级性和动态性
环境复杂	横向差异较大，存在多中心格局
文化多元	纵向差异大，存在较多层级

依据大型工程组织的关联性维度特征，设计出来的组织往往具备多种形态。在面对具体的工程组织设计时，需要关注结构与权力、控制与信息、群集与团队、非正式沟通与交互以及决策与研讨等参数。

（1）结构与权力。清晰的组织结构能在很大程度上反映其职能和权力分配关系，是给出了基于序主体和自主主体划分下的职能和协调机制，在具体的工程组织中，需要建立明确的组织架构和职责描述。

（2）控制与信息。控制主要是通过信息的传递、交互和反馈而进行的。大型工程组织的关键是建立应对复杂性的机制，在信息传递和交互过程中主要是通过指令式控制和选择式控制相结合的方式，实现信息从不对称、不充分向对称的逼近和转化，其中指令式控制主要是依据计划、规范和程序进行领导，而选择式控制就是通过适当的选择式横向分权和纵向分权来给予组织中的主体的行动空间，实现自组织的协调方式。

（3）群集与团队。大型工程建设时间上的序列性、技术的专业性和关联性、空间上的分割性使得组织在实际工作中往往形成多个团队——群集或中心，这种团队往往与层级无关联。每个群集内主体交互密切，而与其他群集的联系则相对松散。也就是前文所述的松紧耦合的关系。这种群集关系往往也表现出一种层级性，如最上层表现为一种网络

的群集，就是多个独立的企业或主体与工程组织发生关系，类似“虚拟企业”的关系；中间层次主要表现为组织内独立主体的群集；最下层表现为某个主体内部的小组和团队。

(4)非正式沟通与交互。组织中除了正式的权力关系外，还存在一个非正式沟通的系统，强调的是相互调节的协调作用。大型工程组织涉及多个单位，且多个单位关联密切，但交互的单位之间往往并无正式的契约关系，也无明显的权力制衡关系。非正式沟通往往与组织的文化紧密关联，尊重科学、崇尚劳动、鼓励创新、合作共赢的文化氛围往往更能有效提升非正式沟通的效率。另外，非正式沟通有时能为权威和监管渠道提供补充信息。

(5)决策与研讨。在处置问题上，管理更多地表现为决策。大型工程组织面临众多的常规化问题和非常规化问题。对于常规化问题的决策往往依据已有的经验、标准和规范；而对于非常规性问题，则往往需要开展对多个方案的同等深度研究，获取相关的技术资料，由于决策主体能力有限，因而通过集成相关行业的专家和顾问来对方案进行研讨，提出反馈意见，并进一步开展研究，最终获取有效的方案。在组织流程上，往往是自主主体在局部操作上发现无法解决的问题，由序主体来组织方案的研究。

大型工程组织在设计架构时要充分综合上述五个方面的参数，并且针对具体工程的特点，各有所侧重。

7.2.3　大型工程组织平台的概念模型

大型工程的组织所面临的任务具有一系列复杂性，要求在组织设计过程中正视这些复杂性，把复杂性当作复杂性来进行处理[123]，舍弃简单性或单一性的方法论指导，用多方法论来指导组织设计。

依据工程面临任务的复杂性特点，要求设计的组织结构要具备一定的柔性和适应性来应对不确定性，提供不确定性任务解决的缓冲机制和各自主主体的创造性空间。组织在具有适应性的同时，还必须能对建设过程中出现的问题做出及时响应，提供稳健的解决方案，这就需要组织必须具备较强的整体控制能力。大型工程组织设计目标是建立具备控制和适应能力的组织，不仅从长期来说是有效的，而且在短期内也能保证效率。

大型工程组织设计在认识论、矛盾论和建构论等方法论指导下，强调主体认识能力和学习能力，强调多样性和统一性的融合、有序性和无序性的交互、整体论和还原论的综合，做到有序与无序互动，达到一种动态平衡。基于前文对组织结构参数分析和参考组织5′S模型和生存系统模型来分析大型工程的组织结构特征[89][23]。

7.2.3.1　多中心格局

工程建设过程中根据工程建设目标对工程进行标段划分，并由多个自主主体承担建设，每个建设单位一般都是独立的法人和机构，具有自身的资源、能力和网络体系，在工程建设中一方面参与工程建设而具有共同的基本目标，另一方面在许多具体问题上，又因各自的任务或其他关联，而使彼此关系复杂起来。大型工程建设具有完整的生命周期阶段，并且每个阶段任务具有明显的分离，如立项阶段主要由地方政府或国家相关职能部门承担，设计阶段主要由设计单位负责，施工阶段主要由相关的施工单位承担，因而工程建设本身的严格序列性特点使得工程具有明显的时间集聚性。

因此，工程的规模大、技术关联和时间上活动序列等特性使得工程建设存在多个任务中心，从而组织中主体的集聚，呈现出"多中心"格局，每个中心又是一个工作网络，具有配备的权力和应承担的责任。如图7-6所示。

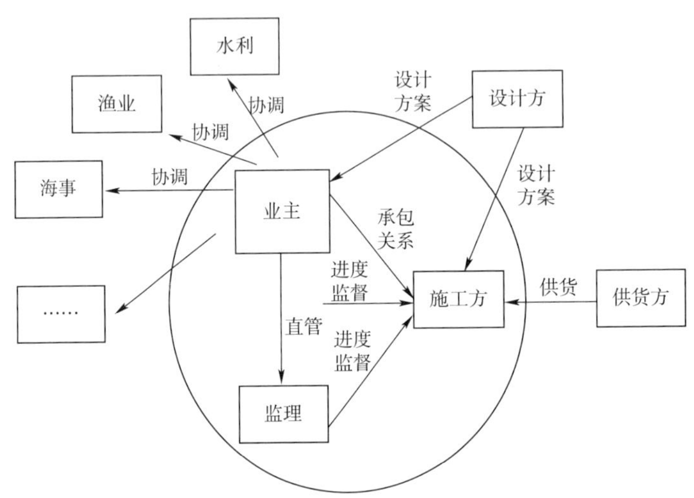

图7-6 大型工程组织中的多个作业中心

7.2.3.2 存在综合控制核心

组织中的多自主主体在利益和运作等方面具有"天然"的隔离性和目标不一致性。因而组织中单纯的"多中心"格局会阻碍系统朝着目标方向快速收敛，需要一个"控制核心"来引导系统朝着"吸引子"方向收敛。大型工程组织中的序主体承担着控制核心角色，进行综合控制和协调，整合组织中的多样性和差异性，联合个体行动和集体行动，确保在多主体自治的同时，不失去宏观稳定。

大型工程组织中的"控制核心"可以被看作是处理组织信息、引导和协调主体行动、平衡组织中各类"张力"、整合组织资源、维持组织边界、统一各类标准和规则的一个实体，该实体可能由一个或多个自主主体组成，它通过重新配置组织结构和主体角色来建构组织能力。组织中的控制核心主要起到以下几个方面的作用：

(1)降低信息成本。James K. Hazy将组织描述为进行资源分配和信息处理的系统[124]，由于各主体往往缺乏信息充分交流的动机，信息不对称增加了各自的研发、设计等成本，序主体通过协调各自关系、共享信息，能大大降低组织成本，提高组织效率。如：在设计阶段，建设单位(控制核心)通过集成设计与科研、设计与施工单位，大大提高设计

方案的有效性。通过在招标阶段向投标单位提供大量的科研资料,可以减少投入成本,并且做到投标方案的针对性和准确性。

(2)保持组织的平衡。控制核心对组织平衡的作用主要表现在资源的分配、权力的分配、边界的维持等方面,目标是形成大型工程组织的整体有序,并具备处置常规任务和不确定性任务的能力。大型工程组织要处理组织效率、成本、创新的均衡,要建立组织应对内外环境的适应性机制。因此组织内部存在着多种作用力相互作用,而这些作用力往往维持着一种动态平衡,也就是"张力"[108],如组织中的"发现"和"开发"[125],前者主要是关注效率、实施和执行,而后者主要是关注试验、探索和发现,实质上是创新和惯例的作用关系,但双方都共同争夺资源,因而这种平衡主要是关注资源的平衡;另一个方面,组织协调策略上要将集中管理和分布式管理相结合、控制和自组织相结合。再者,控制核心需要规划组织的边界,协同环境与组织的信息交互,保持组织的动态稳定性。

(3)整合资源。工程建设在环境、结构和规模等方面存在差异使得很难有直接可供使用的标准和规范,需要控制核心来整合各类资源,对相关主体进行知识、经验和智慧的集成,寻求一种整体能力。

控制核心在整合资源过程中主要包括三个方面:首先,建立一种组织平台,培育资源整合的环境。其次,建立和设计相关的契约、标准、制度等接口来使得各自主主体能够有效的协作;最后,通过引导各自主主体,使得他们能在整体框架下分头行动,实现宏观和微观的集成。

(4)统一各类标准和规则。大型工程建设管理不仅涉及多行业、多主体,而且还可能涉及多地区的国际(化)工程,因而会面临着不同的行业标准、技术规范以及地区的法律法规体制等问题,"控制核心"则需要统一不同法律体系、合作各方的政策程序协调、不同技术标准的衔接等。如:珠港澳大桥跨香港、大陆和澳门,需要进行政策和程序的协调,不同技术标准的衔接以及融资等方式协调等,并统一行为准则和交流方式。

7.2.3.3 主体的多角色

西蒙认为组织可以被看成是一个由相互管理角色所构成的系统,并且假定周围与之相互作用的其他角色都被正确扮演[8]。大型工程建设管理涉及多个利益干系人,各利益干系人一般都是独立的单位,具有自身的产品和能力,并形成以自身为核心的工作网络体系,也就是它具有"个体角色"。但当这些主体作为工程建设中的一部分时,它就承担着建设过程中的某个特定任务,也就是它具有"组织角色",因而当任务不同时,组织角色会发生转化。

按照系统分解和综合的过程,工程组织一方面要把建造活动拆分成不同的任务,另外一方面要将各项任务活动协调起来,以实现最终目标。在组织纵向分割上,组织具有递阶控制的特征,某个自主主体可能是下层的控制核心,但同时又是上层组织管理的某个要素。在横向分割上,工程建设具备多个独立且相关的阶段。设计阶段往往由设计单位来负责，但为了提高设计的可施工性，在设计过程中引入相关的施工单位，但设计单位是“控制中心”，负责对其他单位的协调和管理；相应地，施工阶段的施工单位是序主体，负责对其他单位的协调和控制。这表明同个主体在不同阶段具有不同的管理身份。由此可见，组织活动的纵向分解和任务横向分割的特性，使得组织中的自主主体存在着不同的角色，有时是一个实施者或操作者角色，而有时是一个协调者角色，更有时是一个资源整合者及决策者角色，简而言之，组织主体的角色转化主要表现为自主主体和序主体之间的转换。

7.2.3.4　权力的“多力场”

组织结构主要是通过正式的职权体系和非正式结构维系着。正式权力依赖于组织结构，始于战略高层，而非正式结构往往存在于工作小组内部。由于大型工程面临着常规性任务和不确定性任务、采取集中管理和分布管理相结合的方式，组织中存在着多中心格局，因而权力在组织内是呈现出“张力”格局。大型工程组织要想有效运作，则必须平衡这些“力”，保持着一种相对均衡的立场。

“力场”的均衡主要通过选择性的授权来实现。授权的方式可以分为纵向权力分割和横向权力分割。纵向授权主要是按照管理和被管理的层级关系进行，它与组织中的职能部门存在逻辑联系，如安全处、计划处、工程处、财务处等。横向分权主要是在一个层次上的权力分配，如设计单位、施工单位、科研单位以及专业咨询机构。各个部门在工程建设过程中影响力呈现动态变化现象，建设前期，计划处的影响最大，负责工程标段划分、总体计划的制订以及承包商的选择等；施工期间，工程处是部门工作的核心，负责监管工程施工质量。

权力分配的路径主要包括正向授权和逆向授权[126]。传统的组织授权都是正向授权，因为组织面临的任务一般都是确定性的，可以按照计划明确各个主体完成任务所需要的资源和配置权力的大小。但在大型工程中，组织面临着诸多的不确定性问题，而这些问题是无法提前预知的，完成这些工作所要投入的资源也是无法确定的，对于这类问题，组织需要采取逆向授权，也就是根据主体所面临的任务和自身所具有的能力和资源进行权力的配置，逆向授权一般要求组织中的主体具有较大的自主性。

大型工程中组织中每个层级上主体数量多，这就需要组织进行选择性纵向分权和横向分权相结合，常规性任务和非常规性任务的存在使得在授权过程中采取正向授权和逆向授权的集成。如图7-7所示。

7.2.3.5　复杂问题处理的专门机构

由于大型工程建设管理中存在着诸多的复杂性问题，而这些问题的解决需要“专门机构”，它能迅速整合各类资源，避免正常的职权体系等制度的失效。早在科学管理时代，法约尔就将这种“专门机构”称之为“参谋部”，它是指由具有领导人所欠缺的知识、能力和时间的人们形成的集团，是由一组有精力、有知识、有时间的人组成的，参谋部的成员不分等级。另外,阿科夫提出了"管理委员会",强调管理者集中管理组织部分之间的相互作用,而不是对部分进行直接的控制,每个管理者在该组织内部均有一个"管理委员会"有关。委员会的职能被定义为管理该委员会负责的单位的规划、政策制定、协调、整合等[127]。明茨伯格提出了组织中的"特别工作组"和"常务委员会"[110]。我国科学家钱学森针对处理复杂系统而提出了"从定性到定量的综合集成研讨厅体系",并将运用这套方法的集体称为"总体设计部",简称为"总体部"[21]。

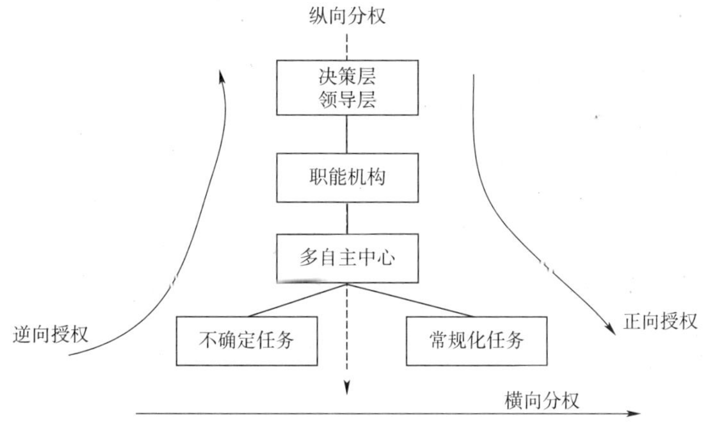

图7-7　大型工程组织的分权和授权

根据大型工程组织所面临任务的复杂程度,其专门机构往往表现为由各类专家、业主和参建单位等所组成的研讨厅,且往往具有层次性特征。根据难题的复杂性、关键性和重要性,建立的综合集成研讨厅体系可以分为高层研讨厅、中层研讨厅和低层研讨厅,其中高层研讨结果对低层具有指导作用,上层的重大关键技术难题的研讨结果可以分解为在施工过程中的重大技术难题和一般技术难题,如图7-8所示,其中高层研讨厅是由政府、行业和业主联合组织,邀请国内外著名的技术专家、顾问、参与研究的科研机构、设计

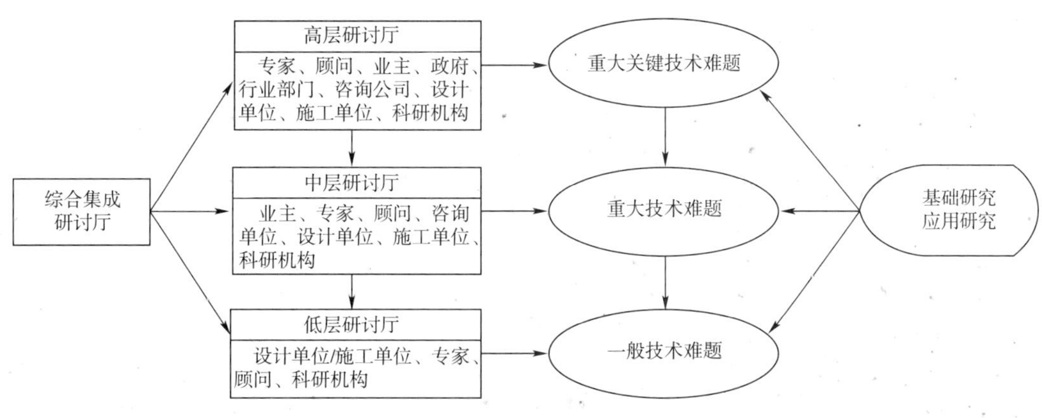

图7-8　大型工程组织中复杂问题综合研讨厅体系

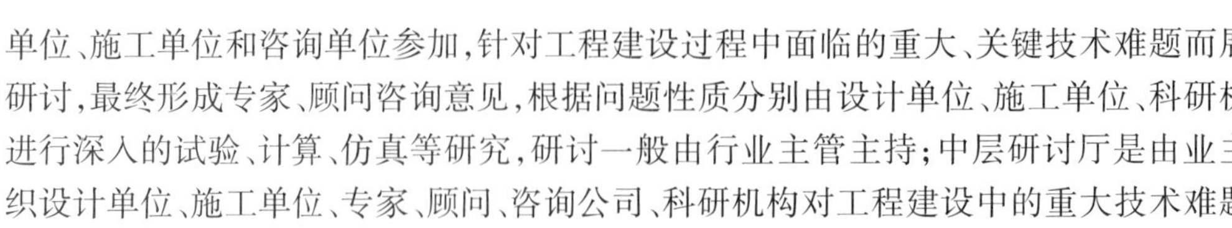

单位、施工单位和咨询单位参加，针对工程建设过程中面临的重大、关键技术难题而展开研讨，最终形成专家、顾问咨询意见，根据问题性质分别由设计单位、施工单位、科研机构进行深入的试验、计算、仿真等研究，研讨一般由行业主管主持；中层研讨厅是由业主组织设计单位、施工单位、专家、顾问、咨询公司、科研机构对工程建设中的重大技术难题进行研讨，会议一般由业主主持；低层研讨厅是设计联合体或施工总承包商根据实际设计、施工过程中的技术难题组织专家、科研机构进行研讨，业主到场参与。

7.2.3.6　组织与环境的匹配

有效的组织结构需要实现情景因素和设计参数之间的紧密匹配，设计参数主要是指上述的组织的规模、结构、权力等方面，情景因素主要指组织所处的内外环境[128][110]。前文已对大型工程建设管理所面临的内外环境进行分析，要求组织能具备应对复杂的自然环境、社会环境、经济环境、市场环境、技术环境的能力。

组织在实施任务过程中，面临着局部环境和全局环境的问题，作为一般的自主主体往往和具体的局部环境进行交互，环境的变异往往会使其调整操作方式；而作为序主体往往更多关注的是全局环境，并对自主主体进行规划和协调，使其认识其在整个全局环境中的角色，以及可能对全局环境所产生的影响。

综上所述，复杂性既是一个客观的范畴，又是一个主观的范畴，对客观事物的认识上的局限性是造成复杂性的一个重要原因，结构是组织取得有限理性的基本工具[8]。通过对责任、资源控制及其他事物的界定，组织为其参与者提供了一些边界，在这些边界内效率可能是一个合理的预期。因此建立一个大型工程组织来认识、消减、应对、适应和控制管理大型工程系统的复杂性，此大型工程组织具有“多中心”格局、控制核心、主体多角色、多元的权力“力场”、处理复杂性问题的专门机构以及与环境动态适应的核心特征。

大型工程组织通过序主体来进行组织的协调、整合和控制，使得组织行为呈现非连续变化，而通过给予自主主体的自由空间来学习、反馈和适应性，可以更好地发挥主体的能动性，这其实是一种连续的适应性行为。序主体主要是通过指令和诱导性机制来控制和引导其他主体行为，而自主主体则主要是通过选择性机制来协调。这样的组织结构和机制实现了组织的个性化与统一、分散和集中、稳定与创新、控制和自主协调、集中和分权、自由和控制、可靠性和随机性的对立统一，做到组织的适应和平衡，实现组织能力的整体涌现和局部涌现的统一。如图 7-9 所示。

实质上，大型工程组织系统是一个混沌和有序的连续系统，具有组织生存系统的特征[23][129][130]。复杂系统的相互作用过分复杂，难以建构其决定论模型，但是可以建立具有柔性的模型以及对其行为进行干预。著名的组织学者斯泰西[131]使用“混沌边缘”概念，在混沌边缘，处在“有限稳定状态下”组织的行为表现像耗散结构一样，它们展现出在创造性和稳定性方面的潜能。因此，这个混沌边缘仿佛是应对复杂性的最佳

栖息地。

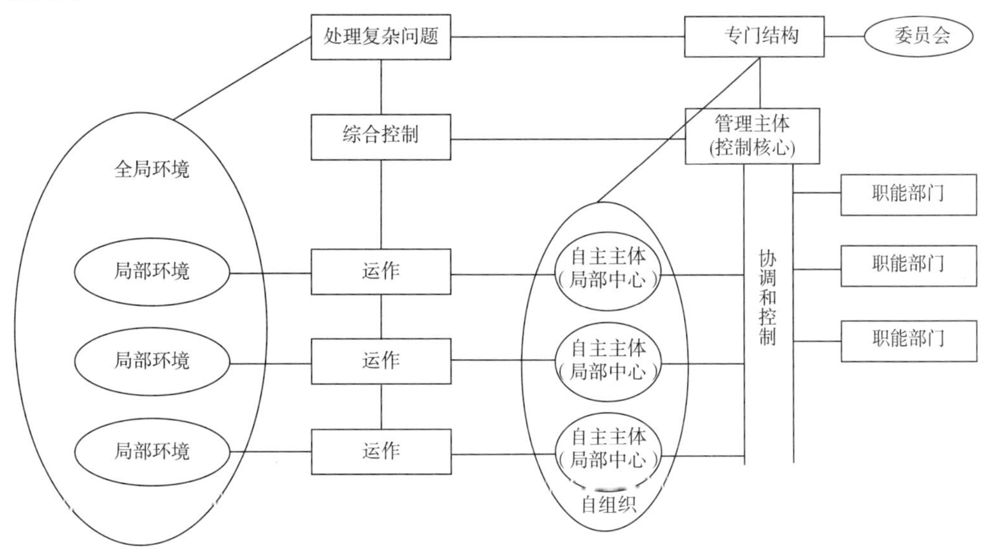

图 7-9　大型工程组织结构的概念模型

无独有偶，维萨国际（VISA）国际的创始人迪伊·哈克提出“混序组织”并在现实中实施该组织模式[132]。哈克认为：工业革命形成的“命令—控制”的组织模式已经过时，它有悖于人类的本性，已形成了对生物圈的破坏和对社会的伤害，因而，他希望借助于生物学的观念建立一种新型的组织，一种像人体、大脑或生物圈一样，可以自我组织、自我管理和自我发展的组织。“混序”一词由“混沌”和“有序”二词组合而成，它同时具有混沌与有序的双重特征，但任何一个特征都不能压倒另一方，是介于两者之间的一种状态。

7.3　大型工程组织的结构类型及功能体系

7.3.1　大型工程组织的一般结构

工程建设可以有很多种组织形式可以选择，这些组织形式各有其适用范围、使用条件和特点，在选择和设计组织结构时要综合考虑工程的规模、不确定性、技术的成熟性、工程本身的结构状况以及所处的社会环境等方面。

通过对我国项目组织结构实例调查发现，工程建设项目组织结构运用比例最高的是平衡矩阵和项目制型[133]。我国大型工程建设中所采取的组织管理模式和结构一般是混合，并融入中国国情元素[134-137]，如表 7-3。

依据上述组织平台特点及其概念模型，给出了大型工程组织的一般结构，它能满足组织开放性和柔性的需求，并且做到责、权、利的平衡。如图 7-10 所示。

国内大型工程的组织管理模式　　表 7-3

大型工程	融资模式	管理模式
三峡工程	三峡基金、三峡债券和外汇贷款外，国家开发银行放贷等	国务院成立了国务院三峡工程建设委员会，是三峡工程建设和移民工作的最高层次决策机构； 国务院三峡工程建设委员会办公室，为三峡建委的办事机构，具体负责三峡建委的日常工作； 中国长江三峡工程开发总公司，是三峡工程的项目法人（业主），全面负责三峡工程建设和经营，负责资金的管理、运用和债务的偿还
苏通大桥	政府是投资主体	成立了苏通大桥有限责任公司，履行建设期间项目法人的职责，实行招投标制、工程监理制和承包合同制；同时成立工程建设指挥部，实现工程现场管理
奥运工程	投资主体多元化，包括BOT、PPP、社会捐赠等	项目法人负责制，项目法人投标，投标方包括投资、设计、建设、运营的联合体；另外还采用了代建制。政府成立了工程建设指挥部，对工程建设实行统一指挥和协调
杭州湾跨海大桥	政府投资和企业投资相结合，民营资本占大桥总投资 28.64%	成立工程建设总指挥部，同时成立项目法人，作为项目法人，在管理体制上，指挥部一改传统的总监办管理模式，由业主承担总监办的大部分职责

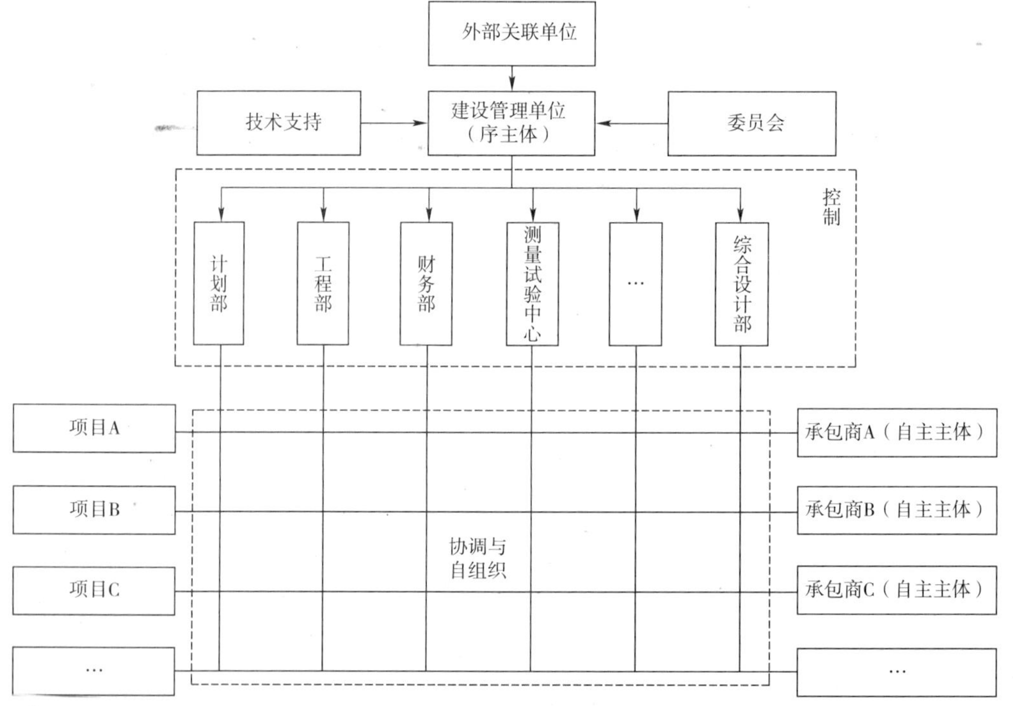

图 7-10　大型工程组织一般结构

工程建设管理模式确定了建设期间的管理单位(业主,项目管理单位或工程建设指挥部等),他们负责工程建设的总体规划、工程标段划分、总体进度、科研规划、承包商的选择、大型工程问题的决策、内外单位的协调、施工阶段的综合控制,如质量、进度、安全、环保等方面。由此可以看出,建设管理单位是大型工程组织的序主体,负责构建工程建设的适宜性环境(包括银行、政府等外部环境和内部制度环境),建立组织平台,统筹规划和协调参建单位有序合作,建设工程文化来降低工程复杂性。

依据工程采取的承发包模式,建设管理单位设立配套的职能部门来履行管理责任,这是大型工程组织序主体实施综合控制的手段,它是连接序主体和自主主体的"接口"。

围绕着工程建设特点和目标以及施工单位能力,工程组织一般包括计划部、综合设计部、工程部、财务部以及综合决策部。其中计划部主要负责工程的总体规划、招投标及合约管理,以及对工程施工进度的跟踪控制;综合设计部负责统一工程设计标准和规范、编制设计办法、组织管理设计单位开展初步设计、技术设计和施工图设计的监督和审查;工程部负责施工指南编制及技术交底的管理、施工监理的安排、工程目标(质量、安全、进度、成本等)综合控制及施工方案的审查及变更管理工作;财务部负责资金筹措与管理、编制资金使用计划、负责对资金使用情况实施监督和管理、负责办理会计事项、组织审计力量对建设资金的收支情况进行设计、负责协调与财税等部门工作;综合决策部实质不是常设机构,而是在面临重大决策时,由建设管理来组织相关领域专家、行业主管及参建单位开展多次综合研讨,确定决策方案。

大型工程结构复杂,涉及多类型的工种,且各工种可能会并行开展,如港珠澳大桥涉及桥梁工程、人工岛工程、隧道工程、机电工程、接线工程等,为了协调工程建设顺利开展,有必要将总体工程划分为各个独立的项目,成立项目部。项目部由建设管理单位和承包商组成来实施工程建设和管理,从而形成了职能和矩阵相结合的平衡矩阵模式。这种包含项目组织的结构体系更有利于整合资源,留给承包商(自主主体)较大的自由空间,且信息流通更快捷。

为了应对工程的开放性,大型工程组织结构需要保持与外部的开放性和动态性,其中一方面体现在组织的矩阵制的柔性上,另一方面组织结构中设置外部关联单位和委员会。其中,外部关联单位主要是与工程相关的行业和政府部门,协调工程建设过程中的社会问题(如拆迁等),并参与审查工程重大方案审查;委员会实质上是建设管理单位根据工程建设的挑战,聘请国内外相关领域的专家和学者,为工程建设提供智力支持,如专家咨询与顾问委员会等。

综上所述,依据工程具体特征,大型工程组织平台概念模型上建立的组织结构呈现出明晰的责、权、利结构,具有稳定性和柔性的统一。在应对复杂问题解决上能快速整合资源,形成合力;在组织控制上综合了控制和自组织相结合的方式,表现在工程管理的职能部门和项目制的结合。

7.3.2 大型工程组织的职能体系

基于大型工程组织所面临的任务和组织结构的一般形态，采用系统分析和系统综合、系统分解和系统重构的方法来进行组织的功能设计和优化。

组织功能可以从业务维、组织维和阶段维来分解。从业务维考虑，可以突出专项业务、对口管理及全局协调；从组织维考虑，可以以工程项目为核心，按照设计、施工、监理等单位进行划分，各个单位之间在全局理念下，既明确责任，又相互协作，在实现各自目标的同时实现工程的整体目标；从阶段维考虑，可分为规划管理、设计管理、施工管理、竣工验收管理等阶段，这一划分实现了工程的动态演化，从工程全生命周期的角度，透视出各阶段的主要任务及相关性。如果将组织维、阶段维和业务维集成在一起，则更能体现工程的整体性，全方位地从工程全生命周期观测每个参与方、每个阶段在工程管理中的角色、任务、责任和目标，实现系统资源优化配置和目标的均衡与协调。如图 7-11 所示。

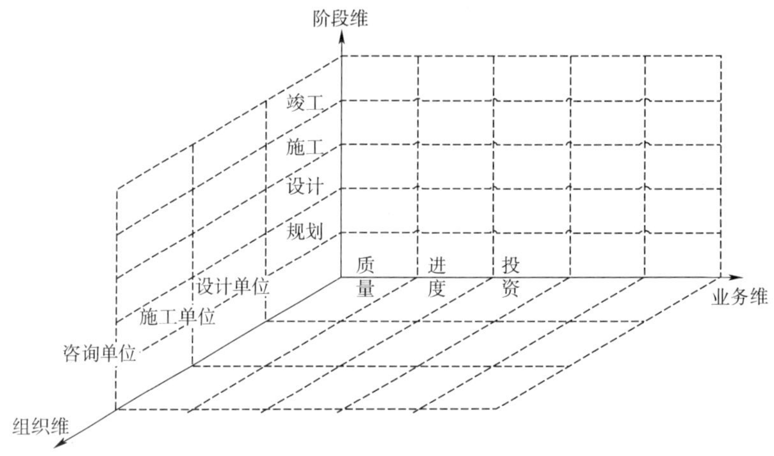

图 7-11 大型工程建设的三维结构

通过对工程目标的分析、控制、管理和保障，系统地分解与重构了大型工程组织在业务维、组织维和阶段维的具体职能，形成了大型工程组织管理的职能体系，主要集中在复杂性管理和系统管理两个层面上。如图 7-12 所示。

(1)复杂性管理。通过组织平台和结构设计重点实现对复杂性决策、组织协调、技术创新及现场综合控制等复杂性问题的管理能力。

(2)系统管理。通过组织结构设计实现了对工程管理的保障层、管理层及控制层的管理能力。

组织保障层主要为管理层和控制层的工作提供组织制度保障与基本服务。管理模式是用来处理业主与各工程参与方的关系，一个适合工程本身的组织管理模式，能够有效地配置资源、适应工程本身的特点、满足工程参与方的要求，同时能够帮助业主在质量、安全、时间和投资等领域，比较顺利地取得预期效果。指挥部在设计全过程中对设计工作进行计划、调控，并组织实施和审查一系列管理活动，并对工程质量、进度和投资进行控制管理。各项管理和控制当然离不开管理制度。有序高效的管理和松弛有度的控制都要通过完善、系统、有效的规章制度来保证，各项管理和控制工作的科学化、规范化、制度化也体现在各项制度的建设上，制度也只有落实到各项管理和控制活动中，才能发挥它的作用。文化是工程建设强大而深刻的推动力，管理执行力从长远看，不仅依靠强制，更依靠文化。

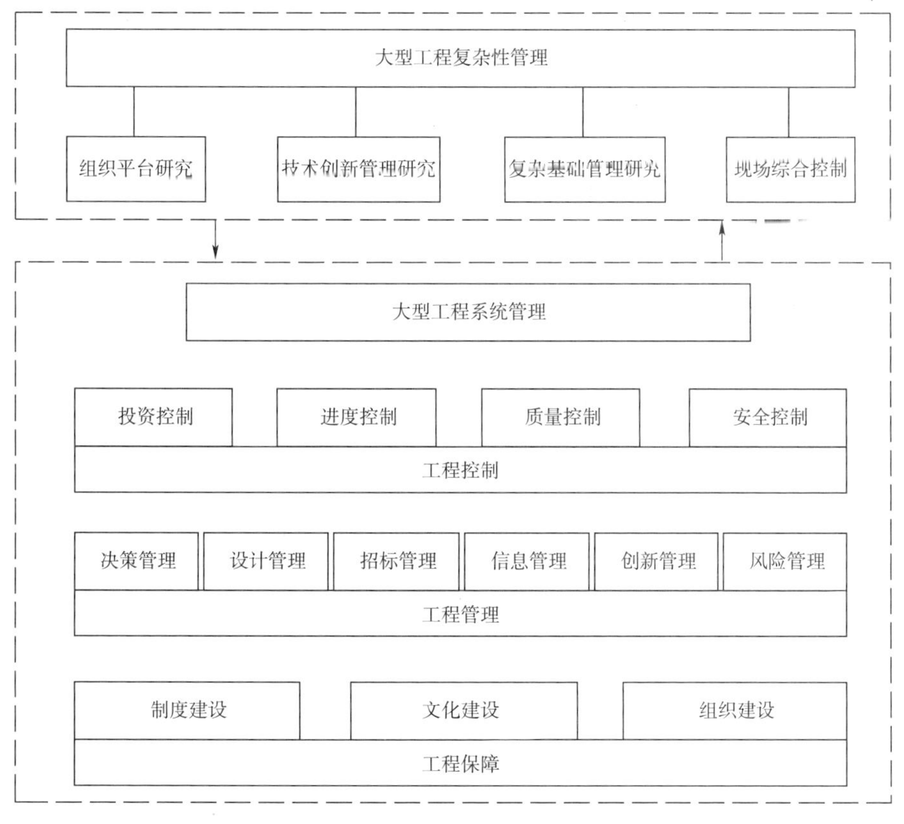

图7-12 大型工程组织的职能体系

组织管理层以基础建设为保障，为大桥建设提供资源和技术支撑。招标采购管理为项目的建设提供了物资资源，严格规范的招标采购程序可以使得投资控制更加规范、合理、经济、有效；创新管理为大桥建设提供了新的技术资源，为工程建设中的技术难题提供解决方案；高效的信息管理强化了工程管理的科学性和规范性，为各项控制工作提供了动态、实时的信息数据资料，使得有效实时控制成为可能；风险管理可以让大家对困难有充分估计，对各种意外有心理准备，对各种潜在危险提早做出防范工作。决策、设计、招标、信息、创新和风险六大管理模块是协调统一的整体，工程建设任一子项目，都需要通过这六个模块提供各类资源的支持，从工程初期的决策，到招标采购管理提供物质资源，再到信息管理和创新管理提供信息和技术资源，而风险管理则贯穿项目的始终，对它们的精细执行最终将落实到四大控制目标上。

组织控制层在管理层的配合下，主要对关键管理环节实施实时跟踪和适时约束。工程的安全、质量、进度、投资各项控制活动是在一定的组织、制度、文化环境下进行，同时它们需要各管理层工作的支撑、配合与协作。例如：进度控制在招标采购管理中的适度超前原则中得到体现；安全控制得到风险管理的有力配合等。控制层的各项目标是总目标"安全、优质、高效"的具体落实。

第8章 大型工程建设管理组织的柔性控制机制

大型工程组织功能的有效发挥依赖于组织控制机制的设计,从而实现对组织平台中主体行为的有效规范和引导。由于工程组织主体行为的多样性和复杂性,对其组织管理不能只采取一种模式和机制,而要实现组织控制和自组织控制相结合的柔性控制机制。

本章分析了大型工程组织平台的协同类型,分析了序主体和自主主体的行为及其相互博弈关系,在此基础上研究大型工程组织的控制和协调机制。

8.1 大型工程组织平台的协同机制

8.1.1 组织平台的协同类型

控制论理论指出协同是各种分散的作用在联合中使总效果优于单独效果之和的相互作用[99]。组织平台提供了异质主体协同运作的环境,为主体之间的相互学习提供了条件,做到组织平台的功能协同、过程协同和信息协同,实现资源和能力的涌现。

8.1.1.1 功能协同

功能协同是组织中的主体通过联合,发挥各自的优势来完成特定目标。大型工程的建设主体数量众多,且存在着多个层级,组织平台的一个重要任务是各参建单位之间做到合作有效,又能降低成本。在不同的技术、社会、经济环境下,工程管理模式在发生不同的演化,如指挥部管理模式、业主和监理模式、设计总承包和施工总承包、总承包模式以及项目管理模式等都是为了更好地做到主体之间的功能协同,避免主体在合作过程中发生较大的交易成本。

如大型建设工程技术创新系统中业主、设计单位、施工单位、大学、科研机构、专家、顾问、监理各负其责,相互协调,联合解决技术难题,它们之间的关系是复杂的网状结构[138],如图8-1所示。

8.1.1.2 过程协同

大型工程不仅具有时间上的序列性,而且还具有空间上的分割性,这就要求组织平台上的建设主体在活动和任务的安排上做到有序,并且在空间上做到分布式群体协同。

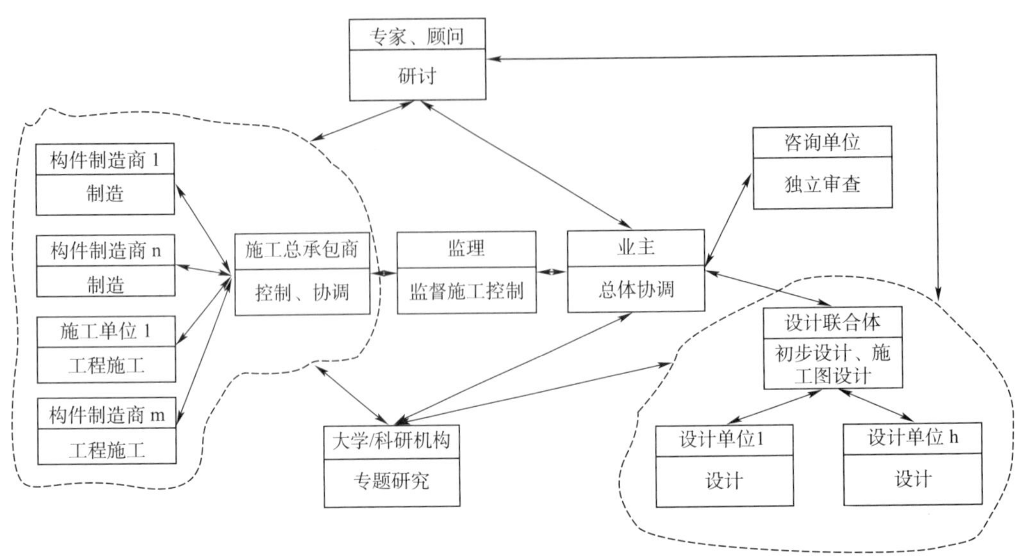

图 8-1 大型工程技术创新系统的主体关系

传统方式下,工程建设的业主、设计单位、承包商及分包商、供应商主要是按照线性的方式协同,见表 8-1;而在大型工程建设过程中,涉及的问题复杂,需要多个建设主体协同来实施工程建设,见表 8-2。

传统方式下组织的过程协同 表 8-1

主体	计划	设计	实施	施工
业主	定义范围:需求和约束	—	—	—
设计单位	—	选择方案来满足业主功能需求	—	—
承包商和分包商	—	—	选择方案来满足业主的时间和成本需求	建造
供应商	—	—	投标	制造和运输
用户	—	—	—	—

大型工程组织的过程协同 表 8-2

主体	计划	设计	实施	施工
业主	定义范围:需求和约束	提供较清晰的指导	提供较清晰的指导	帮助解决不确定的问题
设计单位	评价主要方案	评价方案来满足业主功能需求	评价方案来满足业主功能需求	解决不确定的问题

续上表

主体	计划	设计	实施	施工
承包商和分包商	检验主要的建设方案,提供关于成本效率、计划和物资需求内容	从成本、计划和物资方面评价方案	从成本、计划和物资方面评价方案	建造
供应商	特殊设备和构件信息	评价方案来预防冲突	评价方案来预防冲突	制造和运输
用户	提供实际需求信息	从运作和维护角度评价方案	从运作和维护角度评价方案	—

对比两个表可以发现,大型工程组织协作矩阵的“空白”大大减少,这意味着此时平台内部的协同工作大大增加,也为平台提供了形成合力的条件。

8.1.1.3 信息协同

大型工程组织平台上资源涌现主要是以知识和信息为载体的,通过对不同领域、不同类型知识和信息的转化来实现信息的重构和协同。

信息具有时空特性,其中时间性主要表现为经验、知识(显性知识和隐性知识),空间性主要表现为信息存在于不同的载体中,这说明要实现组织平台上不同主体之间信息的交互,就需要对存在于不同的“组织场”中的知识和信息进行重新表达、实现信息的转化。信息协同的任务就是对信息的时间性和空间性进行协调和控制。

大型工程组织平台上信息协同主要包括不同领域内知识和信息的转化和协调以及不同性质的知识转化和协调。不同领域信息转化最直观表现为从业主提出需求信息到设计单位设计方案,再到施工单位施工,实现了从概念系统到现实系统的转化,这其中需要业主、设计单位、施工单位等主体提供一套标准的符号系统来进行建模和转化。不同类型的信息转化表现为定性定量知识的转化,显性知识和隐性知识的转化。从定性到定量的知识转化表现为异构—同构—异构的过程,而隐性知识向显性知识的转化表现为社会化—外部化—综合化—内部化(SCEI)过程[139]。

针对大型工程中面临的复杂问题,组织平台需要充分发挥专家的经验、技能、知识,通过类比或模仿的方法对问题进行分解和重构,并开展大量的基础研究和应用研究来进行方案的论证。首先是问题识别和确定多种可能方案阶段。业主、参建单位明确问题的性质、任务,搜集各方面的数据、信息,展开多领域的专家会议,对问题各抒己见,得到若干定性的假设或推断,形成难题的多种解决方案。其次是对多种可能的方案进行试验、论证、确定预案的阶段。各领域的专家和参建单位从不同角度对技术难题的可行性方案进行定量分析,对上一步意见进行修正、完善和补充,并提交预案;最后是技术方案最终确认阶段。各领域专家在进一步的定性、定量基础上,把不同的结论(方案)在一个共同的环境中讨论、相互启发和提炼,在多种方案(结论)的基础上形成统一的方案(结论)。

上述过程充分表明了在组织平台上不同主体间实现信息的时空协同。如图 8-2 所示。

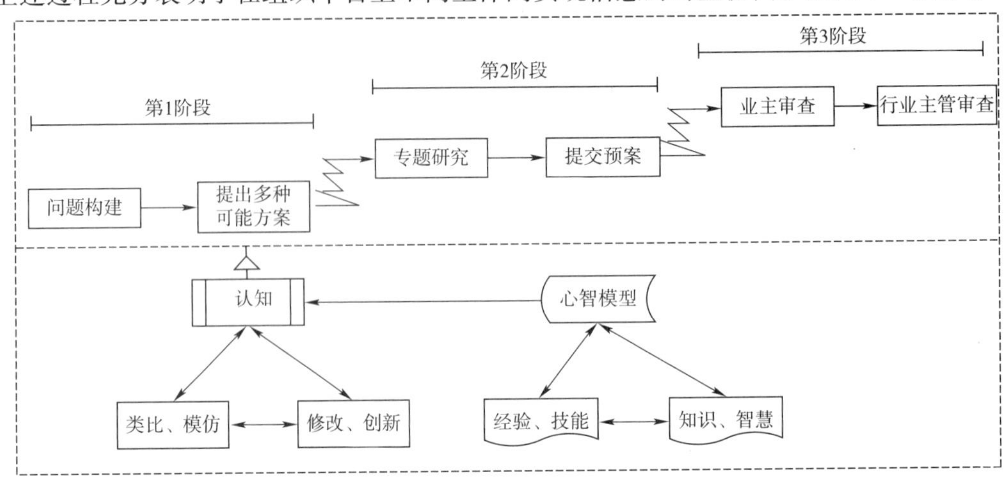

图 8-2　大型工程组织中的信息协同

8.1.2　组织平台的协同机制

组织平台上的主体依据承担的任务而分工协作，主要表现为三种协作方式：某一主体对另一主体的依赖；主体之间相互依赖；主体之间没有必然的依赖关系，可以用“凹凸槽原理”来表示[140]。其中图 8-3a）表示 B 对 A 的依赖，如工程建设中，设计单位和施工单位对科研单位的依赖；图 8-3b）表示 A、B 两者之间的依赖关系并不非常明显，如业主和指定分包商的关系，他们都和总承包商关系密切；图 8-3c）表示 A、B 两者相互依赖，如设计和施工。

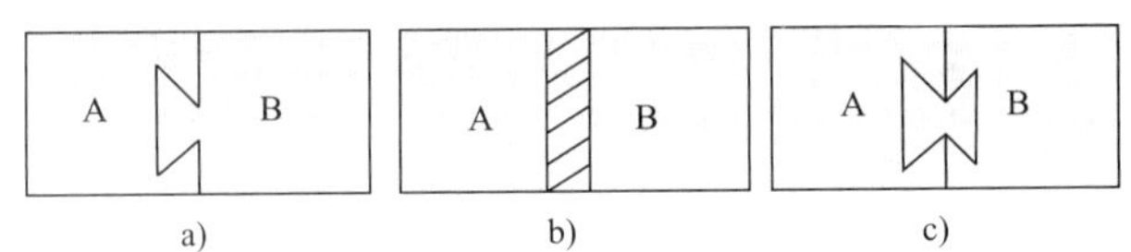

图 8-3　凹凸槽原理结构

大型工程组织平台上主体协同的关键是连接各方的接口设计，有关资料指出工程管理的困难往往都集中在接口上，有效的接口管理往往更能提高其绩效[141][142]。Stuckenbruck 认为项目涉及多个人、组织单元和很多子系统，要想使得组织系统有效实施工程建设，则必须对这些主体进行集成。对于接口的理解往往存在着多种层面的认识，如 Pavitt 和 Gibb 将其分为物理、契约和组织三方面的接口[143][144]。如图 8-4 所示。

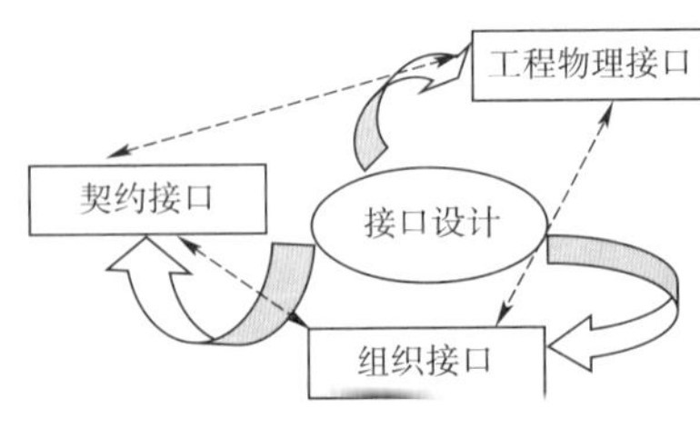

图 8-4　工程接口类型

组织平台中主体协同接口主要存在以下三种情况：图 8-5a）为主体之间线性相关，这类接口主要发生

在简单工程上，工程建设主要依据成熟的标准和规范，严格按照程序进行，如采取设计—招标—建设管理模式；图 8-5b）为非线性相互作用，主体之间接口很多，实线表示正式的契约关系，虚线表示非契约关系，这类接口较多存在于大型工程组织中，这也说明主体之间的协调难度较大；图 8-5c）为各主体的交互都建立在一个平台上，这样的接口往往最能节约交易成本，但这种往往很难实现，如工程总承包方式下总承包商对分包商的协调。

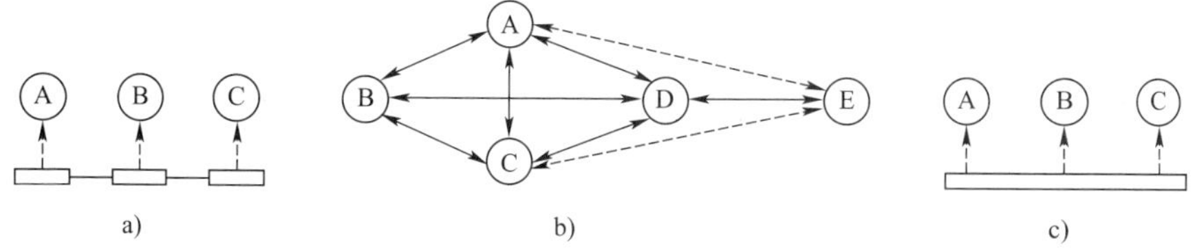

图 8-5　大型工程组织平台协同接口类型

大型工程组织平台的接口设计依据工程、环境和主体能力选择或设计有效的管理模式；对工程建设的物理结构进行分解，主要是依据工作结构分解进行[143]，明确工作任务和任务之间的接口以及完成任务所需的资源；依据工作的实际情况，建立组织内主体协作的接口，实现组织内资源的分配，主要是组织结构分解。

依据主体之间的依赖关系和接口类型，综合分析大型工程中面临复杂任务时主体之间的协作方式，可以将其组织平台的协同机制更具体划分为三种类型：合同契约、关系契约和组织关系。

（1）合同契约的协同机制

合同契约是指工程建设过程中独立的实体（企业、科研院所、高校等）以法律规定的方式明确各自的权责，它贯穿于工程实施的全过程和全方位，对整个项目的实施起总体控制和保证作用。业主方为了实现工程的总目标，同勘探设计方、承包方、材料设备供应方等签订合同；承包商为了完成它的承包合同责任也会同专业施工单位、劳务公司等订立分包合同。

大型工程建设过程中，平台主体（主要是业主）在项目开始过程中要依据自身的管理能力、行业环境和工程的实际情况，选择有效的管理模式和承发包模式，构造整个工程的组织平台，它直接决定着后期的契约结构。

（2）关系契约的协同机制

合同契约具有较强的刚性，但由于大型工程建设过程中存在着不确定性因素，代表正式关系的合同中不可能涵盖所能的情况，只依靠合同条款处理所有问题是不完备的；另外，过分的强调“按合同”执行，强调各方的责任、权利、义务，“先天性”的将合同放在了两个对立面，而这会使得工程参与各方追求短期利益，并容易产生沟通、协作方面的障碍[145][146]。

关系契约是指在普通契约的基础上更加关注社会背景和人的行为复杂性，在关系契约发挥作用的地方，当事人人数不必限定在两人，契约的形式比较灵活，契约的标的也并非是可精确度量的，而且契约在订立之初也不必将未来发生的所有事情明确订入契约之内，当事人双方随着契约关系的进展可以不断进行再交涉，在发生争议的情况下，当事人经常采取一定的措施来对纠纷进行协调，并继续维持他们之间的关系，而不是要么履约要么解除契约的僵化处理方式[90][147][148]。

大型工程的组织平台上关系契约协同表现为工程项目的参建方在按照合同规定执行的同时，在面对无法预测的复杂问题时，可以采取灵活的方式来进行处置。这种契约关系表明主体之间不仅只是关注短期利益，而且更加关注长期合作，同时也体现出一切服务于工程的理念。其关系契约的表现形式多样，如现在 Partnering 模式、动态联盟、战略联盟等方式，它们共同的特征是建立一种高度信任的关系，在这种关系下，为了取得共同的长远利益，要求项目参与各方克服短期行为。

(3)组织关系的协同机制

组织关系的协同机制是面向具体任务的团队合作关系，它不再以衡量各方的利益为主线，而是强调任务的完成。团队合作关系表现为工程建设过程中多主体的跨职能合作。

对于主体之间是以任务目标、面临的问题而形成的组织协作，管理主体需要从机制、协议、文化和技术等方面入手来进行接口的设计。在机制和协议方面，管理主体要建立一种多方合作的有效制度，如工作例会制度；在文化方面，管理主体要培养主体对工程任务和目标的认同，树立“合作共赢”的理念，工程建设者有一种崇高的使命感来配合工程的建设，它是主体协同的“润滑剂”；在技术方面，管理主体要建立信息沟通和共享平台，为主体之间的沟通创造条件。因此，组织中团队的接口可以归纳为规则、制度、文化、契约、工作例会、惯例、使命、目标、愿景、忠诚等方面。

综上所述，组织平台的协同机制在宏观层次上表现为合同契约关系，在中观层次上表现为关系契约，而在微观层次上表现为组织关系。见表 8-3。

大型工程组织平台的协同机制 表 8-3

层级	机制	接　口
宏观	合同契约	正式合同
中观	关系契约	正式合同、信任关系、战略联盟
微观	组织契约	工作任务、机制、流程、文化、例会、信息平台

8.2　大型工程组织的主体利益冲突与控制

8.2.1　大型工程组织的主体博弈行为

大型工程组织涉及多个利益干系人(主体)，每个干系人是以自身利益最大化为目标

的实体单位。由于各个主体所承担的任务既相互独立，又相互关联，主体之间的目标和利益存在着多种对立和统一的关系。为了各自的利益，各主体更多从工程需要和自身利益出发来设计和实施工程建设方案，彼此之间构成信息不对称的博弈关系[149]。

依据工程任务和活动的分解，大型工程组织的主体之间构成了动态的网络层级关系，不同的层级序主体并不相同。最下层是主体行为层，即各自主主体根据自身的环境和任务进行活动；中间层是群体行为层，即多个主体构成的序主体，对下层进行控制和协调；最上层为大型工程的组织层，由整个工程建设层面上的序主体来负责工程战略、组织设计、资源统筹和自主主体的协调。如图 8-6 所示。

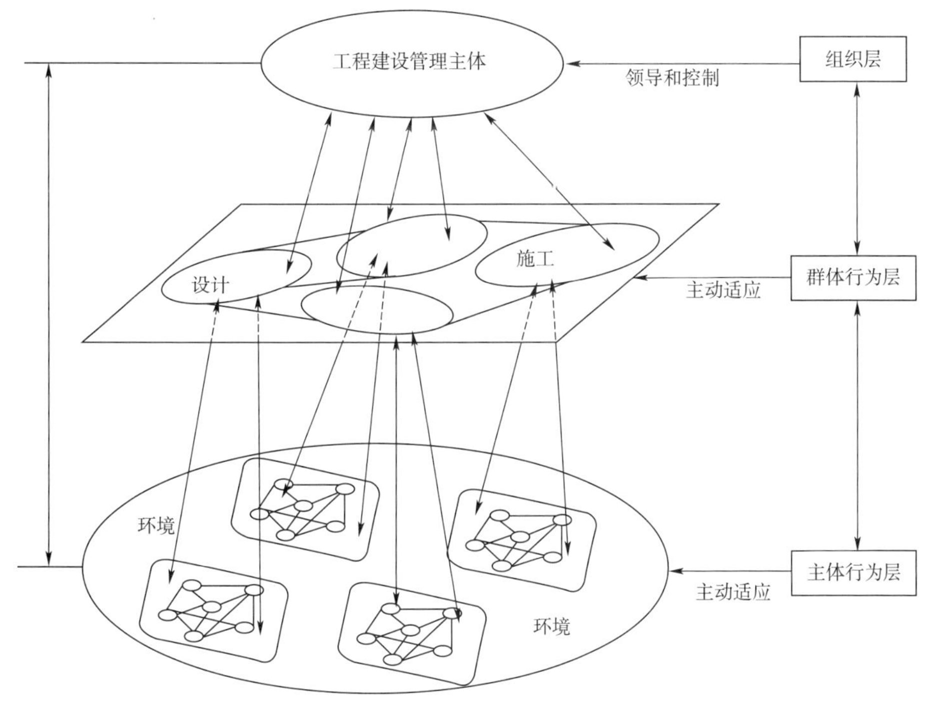

图 8-6　大型工程组织主体的层级

由图 8-6 可知，大型工程组织主体之间的博弈行为主要发生在多个层级的主体之间，主要表现为序主体和自主主体、自主主体与自主主体之间。大型工程组织中序主体与自主主体构成主从关系，序主体的任务是确定任务边界，分配任务并授予相应的权利。这种主从关系与传统的组织内外关系很相似，但随着认识的增加和大型工程的建设需求，它们逐渐从对立的关系向合作关系转化，序主体以“利益共享、风险共担”为原则，采取组织“统一性”和“多样性”相结合的方式，营造良好的环境来激励和诱导自主主体行为。

传统工程组织管理中，以业主或者其他管理单位为序主体来管理和控制相关建设单位，与设计单位、施工单位、科研单位构成了“零和博弈”关系。序主体把自主主体看成是“自私”的，因而通过设计各类规则、机制和流程来规制参建单位行为，尽可能减小其利益空间,如压价,严格按照合同规定执行等。这种博弈关系抑制了自主主体的积极性和能动性,并且存在偷工减料的投机行为,从而降低了工程质量。

当今,大型工程建设涉及专业知识较多,且存在着诸多的不确定性和复杂性,作为序主体的建设管理单位很难提前确定工程建设全过程的内容,建设过程中对设计单位、施工单位存在着资源依赖,需要序主体和自主主体的信任和合作,使得各自优势得到充分发挥,构成的是"非零和博弈"关系,这种关系实质上使组织边界呈现扩大和模糊的趋势[150],以至于出现"虚拟组织"、"战略联盟"、"建设联盟"等形式[151][152]。

工程建设活动的前后序列关联性强,且在某个活动节点下是多主体联合完成,自主主体的交互密切[117]。在此过程中,自主主体之间博弈关系表现为多种行为,有的呈现利益相一致情况,而有的则呈现出利益冲突情况。工程建设中咨询单位、设计单位和科研单位往往利益一致,但设计单位和施工单位存在着冲突,设计单位更多依据工程物理特征,采取现有的经验、知识和标准来进行设计,而施工单位则同样关注自身的施工经验和能力,但由于彼此双方信息不对称和约束关系弱,双方都坚持自己方案来降低成本、保证收益,最后造成了设计归设计、施工归施工的现象,难以保证工程质量。

因而自主主体之间的行为主要是按照社会、行业既定的制度和文化来约束各自行为、分割利益,但当制度和文化缺乏或正在转型时,自主主体的协调就需要通过外界力量的干预,如序主体的引导、裁定等。

8.2.1.1　序主体和自主主体的非合作博弈

在大型建设工程活动中,业主和承包商分别作为序主体和自主主体,他们处在利益纽带的两端,其原始状态是对立的。业主想要在最少支付的情况下得到最好的建设成果;而承包商则希望以最少的努力得到最高的报酬。各方都希望降低成本、增加收益,这种个人理性可能会使双方陷入囚徒困境。

业主根据工程建设需要划分标段,面向社会发布招标公告,寻找合适的建设单位,也就是承包商。有意参建的施工单位作为潜在承包商参与到投标活动中来,编制投标书。由于招投标主体地位本身的区别,业主在整个招标过程中总是处于主动地位,承包商显得较为弱势。业主往往通过地方保护主义、议标、转嫁资金危机等形式来抢占投标方的利润并推卸风险。承包商面对这些威胁,只能通过行贿、私下交易等不正当手段来试图避免,或者承包商在签合同时先承诺业主的要求,而在后期施工中再损害质量来予以弥补。为了防止承包商违反正常工作秩序,业主除了规范自身行为、严格招标程序以外,还会在招标书中制定许多预防条款,为合同签订后的施工管理作铺垫。在相关招标文件、条款的基础上,业主还会针对自身工程需要加以补充和修改,并附加一些必需的管理条例,例如材料价格波动时的调差管理、施工现场安全守则、物资采供管理办法等。

规范的招标程序仍然不能阻止冲突的产生。承包商为了中标,往往尽量压低报价,甚至超出正常的支付范畴。这虽然可以帮助他们获得进入工程的机会,但为日后实际建

设埋下了隐患。过低的报价使得承包商入不敷出，迫使他们偷工减料，减少人力资源投入；或者承包商向业主提出提价要求。从而双方展开争辩，互不退让，耗费精力。在这种情况下，业主为了防止拖延工期、保证工程质量，便依照政策法律或经济制裁来胁迫承包商继续正常施工。如果业主对承包商采取经济制裁，或业主本身就存在资金漏洞，不能按时支付承包商应得款项，那么承包商就会进一步陷入经济困境——"干得越多赔得越多"，最后只得停工撤走。业主面临工程停滞的威胁而被迫接受或部分接受承包商的要求，或者补偿拖欠承包商的工程款。在此纠缠过程中，造成工程建设进度缓慢和工期拖延，而业主为了保证工期，便督促承包商加大建设力度，增加人力等资源投入，必须使工程按合同要求如期交付。如此一来，承包商又得增加成本，可能造成新一轮的入不敷出，所以承包商只能另辟蹊径来寻求增益，例如索赔、变更、调价公式等。除了工期限制，业主可能还想要在建设过程中临时变动工作范围，补充建设内容，这无疑也增加了承包商的工作压力和成本付出，造成持续不断的承包商索赔、业主反索赔的过程。

总之，业主和承包商针对对方的策略，会不断提出自己的对策，而本次的对策又会引发下一轮的冲突……这个过程反复进行，直到工程结束。

以上的非合作博弈过程是在自然状态下、纯粹以利益主体个人意志为主导的结果。根据非合作博弈理论中的"囚徒困境"模型可以知道[153]，在不加约束的一次性博弈过程中，利益主体自发决策的结果，只会造成两败俱伤。最常出现的结果是生产力的下降或成本的上升[154]，这些现象会导致项目陷入恶性循环或过早终结[155]。

业主和供应商利益主体之间的单纯冲突之所以会导致两败俱伤这样的极劣结果，究其原因主要有以下三点：①决策人处于相互利用且利益部分冲突之中；②每一个人都是理性的，是有意识的局中人，是有利害关系的对局者，即总是试图做出对自己最有利的选择；③决策者之间相互隔离，不可订立攻守同盟，也无法预先知道对方的选择[156]。其中，前两条隐含在每一次采购活动当中而不可改变，而第三条是可以人为控制并加以改进的。如果想要化解冲突并最终达到帕累托最优，只能从第三个原因入手寻找方法。

8.2.1.2 序主体和自主主体的合作博弈

理论与实践都证明，如果利益主体相互合作，追求集体的利益最大化，那么冲突就可以自然而然得到化解，并且每一个参与人都可以得到比冲突时更好的支付，达到"双赢"甚至"多赢"[157]。

这里将用合作博弈的原理证明上述观点。在"囚徒困境"中，两个利益主体互相敌视，凭借防备心理，做出自认为不会吃亏的决策，却反而导致两人都没有得到最优支付，得不偿失。这是在一次性合作活动中当两个参与人之间信息屏蔽无法沟通时出现的情况。如果增加合作次数，打破信息封闭，我们就会从博弈当中得到不一样的结果。根据美国学者艾克斯罗德在《合作的进化》中的研究[158]，如果博弈次数未知（无限），参与人就会意识到，当持续地采取合作并达成默契时，参与人就能持续地获得最大支付，这可以用“囚徒困境”模型来验证。与持续对抗相比，显然前者更符合参与人的利益需要。这样，合作的动机就显现出来。

除了博弈的次数增多可以引发合作以外，博弈者的数量和惩罚机制也可以导致合作联盟的出现。一般来说，博弈者数量少、博弈联盟小而稳定时更容易达成合作；另外，通过制定严格的惩罚制度，威胁参与人不敢随意背叛，也可以外在地促进合作联盟的构建。

具备了上述各条件的利益主体之间可以形成合作联盟。但是合作联盟结成后并不是一劳永逸的，而是非常脆弱的，时刻有可能重新分崩离析，因为有一个关键性的问题需要解决，那就是利益分配问题。通过合作，实现的是集体利益最大化，而联盟中的每个参与人能获得多少支付还有待商榷。利益分配的合理与否，直接决定了合作联盟是否能够继续生存下去。有一条基本定律需要遵守，那就是每个参与人在合作以后得到的支付应当不小于对抗时的所得——这样才说明合作是有价值的。利益分配方案的生成一般是通过有效的磋商，即所有参与人共同讨论形成一套大家都可以接受的分配方案。根据 Cheung 和 Chuah 对 63 个案例的研究[159]，开诚布公的对质和磋商是化解冲突、取得共识的最有效的办法。

大型工程组织的序主体（业主）在与承包商合作过程中，通过制定合理的制度来建立双方合作的条件，比如，业主为了避免市场波动给承包商带来的影响，在合同签订时确定了“材料差价调整原则”，充分体现“利益共享、风险共担”原则。在面临建设所需材料具有垄断性或处在单纯的卖方市场时，供应商对资金担保和支付方式提出了较高要求，承包商很难一次性提供资金，业主从合作共赢的角度为其提供资金担保，并在特殊情况下，业主自行组织采购，为工程赢得时间和质量，从而进一步加强了业主和承包商之间的联盟关系。由此可知，业主和承包商的合作联盟赖以维持的条件是业主与供应商能够通过有效磋商，协调彼此间的利益分配并最终达成有约束力的利益分配协议。

8.2.2 设计单位、施工单位与业主的利益博弈及协调

大型工程建设过程中设计单位和施工单位往往因各自的利益诉求而损害工程质量，业主在其中需要充分发挥其引导性和规范性的作用。下面以设计施工总承包模式下的工程设计方案变更过程中的设计单位和施工单位的利益冲突和博弈模型来阐述大型工程组织的主体利益冲突和管理机制[160]。

设计施工总承包模式（Design-Build，DB）是指工程业主将工程项目的设计和施工合并招标，由中标人（即工程总承包企业）按照合同约定，承担工程项目的设计和施工，并对所承包工程的质量、安全、工期、造价等全面负责的一种工程项目管理模式。设计施工总承包模式通过采用业主和总承包商单个契约下的组织管理，减少合同和协调界面，减少索赔，提高设计方案的可施工性，有效地降解大型工程管理复杂性，提升工程管理绩效。

长期以来，我国重大工程建设管理主要采取设计—招标—施工管理模式（Design-

Bid-Build,DBB),设计人和承包人分离,且由于设计人关注的重点偏好于结构的安全和可行,承包人关注的重点偏好于方案的经济和技术的方便运用,双方利益取向不同导致彼此之间信息共享困难、设计方案的可施工性差,协调周期长等问题。因此,2006 年 12 月,交通运输部决定在广东、河北、福建、陕西、北京五省市开展设计施工总承包试点工作。但由于传统 DBB 模式的制度锁定、DB 模式下对承包商资质要求等因素导致承担 DB 任务的总承包商几乎都是由设计单位和施工单位组成的联合体。联合体成员的内部管理成为 DB 模式下的管理难点和重点,尤其是双方在设计方案更改过程中的联动机制与利益协调成为 DB 模式实施中的核心与关键问题。

DB 模式联合体内部管理机制设计面临的主要挑战来自于成员之间的利益博弈,尤其工程设计方案更改更是涉及设计单位和施工单位的成本和资源等利益冲突。在此情况下,本部分分析了 DB 模式下大型工程设计方案更改的基本过程,构建了设计单位和施工单位对工程方案更改数量的 Stackelberg 博弈模型,给出影响方案更改数量的关键要素。

8.2.2.1　模型假设与描述

由于工程的复杂性、市场上承包商的能力及相关法律法规对资质要求,我国大型工程 DB 总承包商一般都是由独立法人的设计单位和施工单位构成的联合体,并由其中一方担任联合体的牵头单位。在工程方案设计过程中,施工单位提前介入到工程设计中,使得设计单位与施工单位形成紧密的联动关系,以形成合理的施工方案。由于设计单位和施工单位往往以追求效用最大化为目标,因此施工单位对方案修改提出的数量和设计单位所愿接受的数量之间存在着利益博弈的“讨价还价”过程,如图 8-7 所示。

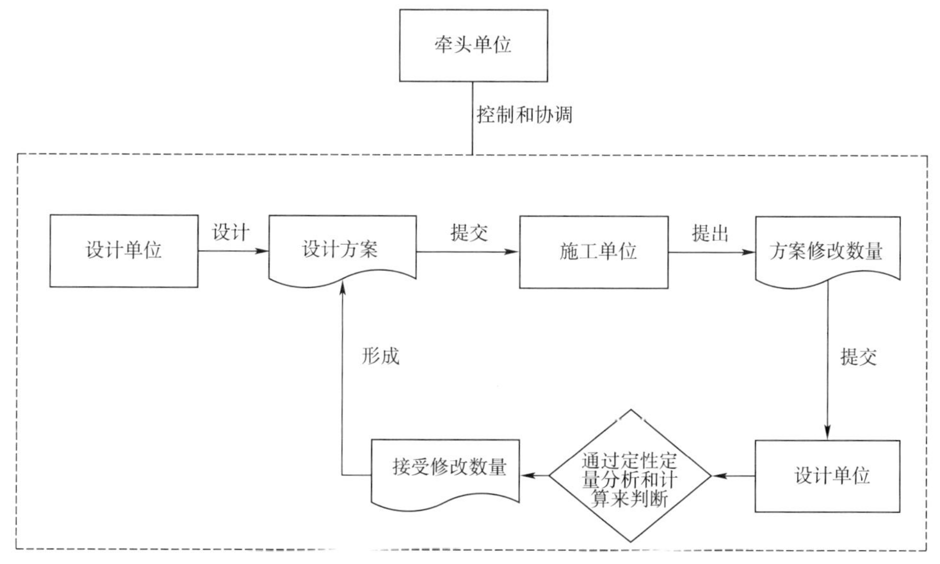

图 8-7　设计方案更改过程

首先,设计单位依据业主需求、工程施工环境和自身经验对工程方案进行设计,并将其及时交给施工单位进行审查。接着,施工单位会依据具体施工环境、施工资源和自身施工能力提出设计方案的更改要求。最后,设计单位会对施工单位提出的要求进行定性分析和定量计算,有选择性地同意方案的修改和重新设计。在此过程中,联合体的牵头单位、业主、咨询单位、监理单位等会对设计和施工进行监督和协调。

将上述施工单位提出设计方案更改数量和设计单位所接受数量视为两阶段的 Stackelberg 博弈,分析博弈双方在此过程中产生的收益及成本,从而建立其收益函数,在此基础上对其博弈过程进行分析。在博弈过程中,双方均遵循收益最大化的原则进行决策,并假设更改方案所产生的边际成本相同,边际收益也相同。其博弈的时间顺序如下:①作为 Stackelberg 领导者的施工单位从方案的可施工性和经济性等方面,提出更改方案的数量 $m \geqslant 0$;②设计单位在收到施工单位提出修改方案数量 m 后,将对改进这些方案所产生的成本和收益进行分析,确定接受方案更改数量 r,其中 $0 \leqslant r \leqslant m$;③设计单位与施工单位分别确定其收益 $U_E(m,r)$、$U_S(m,r)$。可知,方案更改的数量最初由施工单位提出,将由设计单位最终确定。

(1)设计单位收益与成本分析

设计单位对设计方案的优化能直接节约成本、缩短工期,同时也能进一步提升设计单位的能力,为未来创造更多的盈利机会。但更改设计方案也会额外增加设计单位的成本,如人力资本成本、学习成本等。

首先,设计单位优化设计方案的收益主要来自于联合体内部的利益共享。根据联合体内部协议,设计单位和施工单位对方案改进而带来收益按照一定的比例进行分配,同样对于风险和损失也明确共担原则。设计单位和施工单位能力越高,无论是方案更改的提出还是接受方案的优化设计所产生的风险较小,成功率高。设计单位接受设计方案更改数量 r 所带来的收益可表示为式(8-1)。

$$R_b^e(r) = k_1^e \cdot \theta \cdot \lambda \cdot r \tag{8-1}$$

式中,$R_b^e(r)$ 表示设计单位的收益;k_1^e 表示联合体内部收益分配系数,$k_1^e \geqslant 0$;θ 表示施工单位综合能力,$\theta > 0$;λ 表示设计单位综合能力,$\lambda > 0$。

其次,设计单位在优化和重新设计方案过程中,会投入人力资源成本,对于一些数量较小、局部性的优化,成本增加较慢;而对于方案的重大调整,设计单位要投入大量人力资源成本及学习成本,其成本增加速度加快,因此可假定设计单位对方案更改的资源投入成本与 r^2 成正比。另外,设计单位能力越强,其花费的学习成本及更改成本越低,且设计单位与施工单位在方案更改过程中的良好沟通也会缩减更改成本,见式(8-2)。

$$C_b^e(r) = \alpha \cdot \frac{r^2}{\lambda} \tag{8-2}$$

式中,$C_b^e(r)$ 表示设计单位因更改方案而增加成本;α 表示设计单位和施工单位在联动过程中因存在沟通障碍、信息封闭、不信任等影响设计施工联动的系数,$\alpha \geqslant 0$。

再次,设计单位需承担因拒绝方案更改而带来后期施工不成功所产生的损失。且设计单位对方案更改的拒绝会影响施工单位和其后期合作的可能性,如施工单位是牵头单位情况下,甚至会强迫设计单位离开联合体。因拒绝施工单位提出方案更改而给设计单位带来的损失见式(8-3)。

$$L_b^e(m,r)=k_2^e(m-r)^2 \tag{8-3}$$

式中,k_2^e 表示拒绝更改方案而导致施工失败所承担损失的系数,$k_2^e \geqslant 0$。

在上述分析的基础上,结合式(8-1)、式(8-2)、式(8-3)可得当施工单位提出方案更改的数量为 m 时,设计单位接受方案更改数量 r 的收益函数见式(8-4)。

$$\begin{aligned}U_E(m,r)&=R_b^e(r)-C_b^e(r)-L_b^e(m,r)\\&=k_1^e\cdot\theta\cdot\lambda\cdot r-\alpha\cdot\frac{r^2}{\lambda}-k_2^e\cdot(m-r)^2\end{aligned} \tag{8-4}$$

(2)施工单位收益与成本分析

设计方案是编制施工组织设计的基础,包括资源的获取、重要时间节点安排、施工工法等。由于设计单位往往缺乏对工程现场的深入勘察以及缺少了解施工单位的施工装备和施工工艺,因而设计单位最初提供设计方案的可施工性较差。施工单位采用此设计方案进行施工时,难以保证工程进度和质量,且会产生巨大的成本。因而,实践中,施工单位针对工程环境、任务和自身能力向设计单位提出的方案更改要求。

施工单位通过对设计方案的优化可以提高方案的可施工性,节约施工单位对相关重要设备投入及施工工艺研发,并且通过对设计方案的进一步优化可提高施工的综合效益,如进度加快、质量可靠、成本节约等。设计单位接受方案更改的数量越多,施工单位因此所获的收益越大。在此过程中,设计单位和施工单位能力较高,其方案的更改更加有效,所得的收益就越大,见式(8-5)。

$$R_b^s(r)=k_1^s\cdot\theta\cdot\lambda\cdot r \tag{8-5}$$

式中,$R_b^s(r)$表示施工单位因方案更改数量 r 所带来的收益;k_1^s 表示联合体中施工单位所分享收益的系数,$k_1^s \geqslant 0$。

设计单位将设计方案提交给施工单位进行审查时,施工单位要投入足够的人力资源进行图纸审查和对施工现场进行具体的勘察、开展试验工作,因此提出方案更改数量越多,其投入成本越大。施工单位能力越高所要耗费的成本就越低,施工单位如果与设计单位缺乏沟通,则所耗费更高成本,见式(8-6)。

$$C_b^s(r)=\alpha\cdot\frac{m^2}{\theta} \tag{8-6}$$

式中,$C_b^s(r)$表示施工单位因提出方案更改而耗费的成本。

设计单位对施工单位提出方案更改中拒绝的部分将迫使施工单位不得不额外投入更多资源和研发新工艺来匹配设计方案,且不合理的施工方案更易导致后期施工不顺利，甚至失败，这都将增加施工单位施工成本，用式(8-7)表示。

$$L_b^s(m,r)=k_2^s\cdot(m-r)^2 \tag{8-7}$$

式中，$L_b^s(m,r)$表示施工单位因设计方案未更改而增加的成本；k_2^s 表示施工单位投入设备、劳动力、材料等成本及方案失败所承担成本的参数，$k_2^s\geqslant 0$。

在上述分析的基础上，结合式(8-5)、式(8-6)、式(8-7)将得到施工单位在设计单位接受更改方案数量 r 时的收益函数，见式(8-8)。

$$\begin{aligned}U_S(m,r)&=R_b^s(r)-C_b^s(m)-L_b^s(m,r)\\&=k_1^s\cdot\lambda\cdot\theta\cdot r-\alpha\cdot\frac{m^2}{\theta}-k_2^s\cdot(m-r)^2\end{aligned} \tag{8-8}$$

8.2.2.2　不考虑序主体干预的博弈分析

首先，不考虑设计单位与施工单位具有牵头人(序主体)进行协调和控制情况。设计单位与施工单位对方案更改的博弈是一个动态博弈过程，可以采用逆向归纳法求解[153]。

首先计算设计单位对施工单位提出方案更改数量的最优反应，即 $\max\limits_{0\leqslant r\leqslant m}U_E(m,r)$。对式(8-4)求关于 r 的一阶偏导，并令其等于0。经过化简后：

$$r^*=\frac{\lambda^2\cdot k_1^e\cdot\theta\cdot\ +2m\cdot\lambda\cdot k_2^e}{2\alpha+2\lambda\cdot k_2^e}>0 \tag{8-9}$$

且可证二阶条件$\dfrac{\partial^2U_E(m,r)}{\partial r^2}<0$ 成立。

(1)当满足 $2m\cdot\lambda-\lambda^2\cdot\theta\cdot k_1^e\geqslant 0$ 时，则 $r^*\in[0,m]$，此时 $r=r^*$ 是式(8-4)的最优解。

由式(8-9)可知：①施工单位提出更改方案的数量 m 越大，设计单位最终接受更改方案的数量 r 也将越大；②施工单位的能力 θ 越高，设计单位接受更改方案的数量 r 越大；③如果 k_1^e 越大，即在联合体中共享收益比例越大，则设计单位接受更改方案的意愿越强；④如果 α 越大，即设计单位和施工单位之间存在不信任，沟通困难，则设计单位接受更改方案的数量 r 越少。

(2)当 $2m\cdot\lambda-\lambda^2\cdot\theta\cdot k_1^e<0$ 时，则 $r^*>m$，且式(8-4)在 $r\in[0,m]$ 单调递增，因此 $r=m$ 是式(8-4)的最优解。

在此情况下，设计单位完全接受施工单位提出方案更改的数量，可能原因是联合体中施工单位具有绝对的支配地位，设计单位类似于其分包单位，完全听从施工单位的指示和安排，这种情况虽有利于施工方案的改进，但不利于保证设计方案的独立性，难以保证工程质量。

在博弈过程中，由于施工单位能够了解到设计单位在其更改方案数量 m 下的最优反应，因此施工单位能够根据上述条件预测出其选择更改方案数量为 m 时，设计单位的决策 $r(m)$。因此，在博弈的第一阶段，施工单位将选择方案更改的数量为$\max\limits_{m\geqslant 0}U_S(m,r(m))$。

将 $r(m)$ 带入式(8-8)，对其求关于 m 的一阶导数，并令其等于0，经化简后得：

$$m^{*}=\frac{\lambda^{2}\theta^{2}[k_1^s k_2^e\alpha+k_1^s(k_2^e)^2\lambda+k_2^s k_1^e\alpha]}{2\alpha[\alpha^2+2\alpha k_2^e\lambda+\lambda^2(k_2^e)^2+k_2^s\alpha\theta]} \tag{8-10}$$

且可证二阶条件 $\frac{\mathrm{d}^2U_S(m,r(m))}{\mathrm{d}m^2}=-\frac{2\alpha}{\theta}-2k_2^s(1-\frac{\lambda k_2^e}{\alpha+\lambda k_2^e})<0$ 成立，因此 $m=m^{*}$ 是施工单位选择工程方案更改的最优数量。

由式(8-10)可知：①项目法人给予方案变更而带来收益分配给施工单位、设计单位的越多，施工单位越有优化方案的动力；②设计单位和施工单位沟通不畅、信任不足等会使得施工单位不愿提出更多的方案更改数量；③设计单位和施工单位能力越强，施工单位所提出的设计方案更改数量越多。

因此，将式(8-10)带入式(8-9)，我们可以得到设计单位最优的接受更改方案的数量 r^{*}。

$$r^{*}=\frac{k_1^e\theta\lambda^2+k_2^e\lambda^3\theta^2[\alpha k_1^s k_2^e+\lambda k_1^s(k_2^e)^2+\alpha k_2^s k_1^e]}{2\alpha(\alpha+\lambda k_2^e)[\alpha^2+2\alpha\lambda k_2^e+\lambda^2(k_2^e)^2+\alpha\theta k_2^s]}$$

8.2.2.3　考虑序主体干预的博弈分析

基于上述对工程设计方案更改的博弈分析可知，施工单位和设计单位在设计方案更改的选择上更多是从自身利益最大化角度出发，偏离"服务于工程"的建设原则，难以保证工程建设的质量。因此，联合体的牵头人(序主体)有必要引入相关奖惩机制来监督和协调博弈双方的行为。

假设牵头人能够正确判断出施工单位所提出更改方案中的合理部分，且牵头人将对不合理的部分进行处罚，设单位处罚系数为 μ。设计单位依据牵头单位判定合理的部分进行全盘接受。假设施工单位提出更改方案中被牵头单位判定为合理部分的概率为 p，不合理部分的概率为 $1-p$，则设计单位接受改进的数量为 $r=m\cdot p$。

下面将分析存在联合体牵头人协调下的施工单位的决策。在式(8-8)的基础上，施工单位在联合体牵头人介入下的收益函数见式(8-11)。

$$U_S'(m,r(m))=R_b^s(r(m))-C_b^s(m)-L_b^s(m,r(m))-\mu\cdot(1-p)\cdot m \tag{8-11}$$

对式(8-11)关于 m 求一阶导数，并令其等于0，得式(8-11)的一阶条件为

$$\frac{\mathrm{d}'U_S(m,r(m))}{\mathrm{d}m}=0$$

经过化简后可得：

$$m^{*}=\frac{\lambda\theta^2p-\mu\cdot\theta(1-p)}{\alpha+\theta k_3^s(1-p)^2} \tag{8-12}$$

且可证二阶条件 $\frac{\mathrm{d}^2U_S'(m)}{\mathrm{d}m^2}=-2\frac{\alpha}{\theta}-2k_3^s(1-p)^2<0$ 成立。

由式(8-12)可知：联合体牵头人的介入能够在一定程度上改变设计单位和施工单位

原有的博弈关系，施工单位在提出方案更改数量时必须考虑到牵头人的监督，牵头人能力越强、惩罚力度越大，则提出方案更改的数量越少。在实际工作中，牵头人还通过聘请独立咨询单位加强对设计单位的设计管理。另外，联合体中设计单位或施工单位的能力对比也会影响对方案更改的选择。在我国当前信誉体系及市场不完善情况下，项目法人有时会强势介入到方案更改过程中来保证设计方案更改的独立性和有效性，但这又会削弱 DB 总承包商“创造性空间”，导致承包商的不满。

综上所述，大型工程建设过程中，各自主主体之间为了各自的利益，往往采取了不适合工程建设的方法和措施。大型工程组织中序主体负有综合协调和统筹的责任，通过制定相关制度和措施来监督各主体的行为，并采取惩罚等措施来诱导自主主体从服务于工程建设的角度来调整自身行为。

8.3　大型工程组织的诱导控制

针对上述主体之间的博弈行为，大型工程组织必须确定合适的控制和协调机制。工程中主体之间的关系主要包括横向的分包关系和纵向的协作关系[161][162]，如图 8-8。

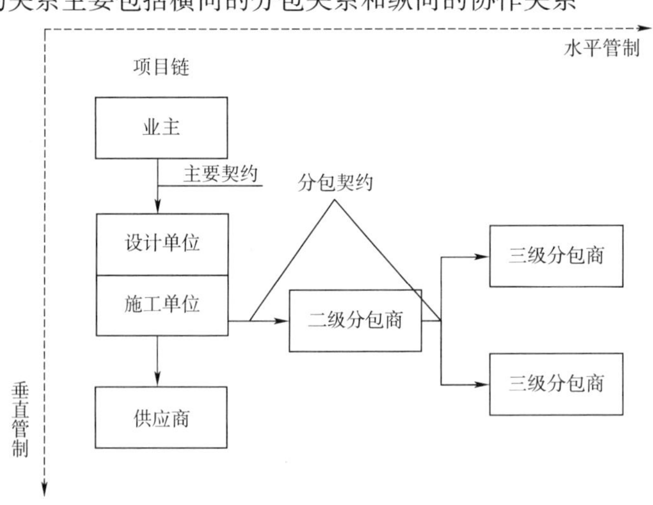

图 8-8　大型工程组织中参建单位关系

水平管制主要是主承包商和分包商关系，垂直管制主要是工程中不同功能主体之间的关系，他们通过契约连接。契约设计的目标是整个组织管理系统的利益在不损害各自主体利益的基础上，接近或达到 Pareto 水平。在进行正式系统的契约设计的同时，还要进行非正式契约设计，如“关系契约”和“心理契约”等。关系契约是广泛存在于组织中的，可以强烈影响个人或组织行为的不成文规章。如建立合作的伙伴关系（Partnering 组织）和良好的沟通机制等，另外心理契约是加强对主体理念和价值观的培养，形成多方协同，如建立合作共赢的理念，尊重和信任各建设主体等。水平管制更多是强调正式契约，

上层主体实施的直接控制较多,而垂直管制中各自主主体之间差异较大,存在着相互的资源依赖,主体之间很难实施直接的控制关系,因而在正式契约外,更加强调关系契约和心理契约。

组织的自主主体在具体的工程实施过程中表现为组织的内部关系,建立在契约以下的工作关系。要保证组织的绩效,组织需要建立适宜性的控制和协调机制。

从序主体和自主主体关系来看,由于大型工程建设过程中的复杂性,序主体无法做到全面的认识工程、把握工程的复杂性和对工程建设所需要的知识把握,因而序主体很难通过具体的管理技术来约束自主行为,如制定清晰、明细的控制机制和流程,而不得不从对自主主体的行为控制向结果控制转变[110]。这种情况下,自主主体在工程建设中就存在着较大的自由空间,依据具体的工程环境,多样性地选择工程方案以提交序主体满意的结果。序主体为了获得满意的结果,须通过设定相关的奖惩机制来激发自主主体设计和实施更符合工程条件的建设方案。

因而,大型工程组织中主体的协调机制主要是以自主主体的自组织和序主体的协调控制相结合的诱导控制方法,主体的行动表现为"统一目标、分头行动"。具体来说,序主体要使这种诱导控制有效必须做好以下三个方面:

8.3.1　工程建设目标

针对大型工程规模庞大、系统复杂,存在"点多、面广、量大"现象,各系统与主体工程之间、系统各分项之间界面关系错综复杂,相互关联的特点,序主体通过系统的分解工程活动,确定主体完成任务的清晰界面,凝练和综合工程目标,"硬"指标主要通过协议的方式分配到相关自主主体,而对于软指标则通过主体认知、文化的方式进行传递,如树立工程价值观、工程文化等。

序主体在确定工程目标时,必须考虑其负责活动的层级,不同层级的工程目标差异较大。从总体层次来看,大型工程往往集行业工程、社会工程、国家战略工程于一体。它的价值观的形成既是价值观凝练与综合的过程,也是群体对工程认识的比对、逼近、收敛不断深化、全面最终形成共识的过程,如图8-9所示。

从具体工程活动来看,序主体在凝练和综合工程目标时,需要集成不同阶段和不同主体目标,建构统领工程建设与管理的目标体系。具体过程主要包括:①辨析工程多目标的属性、特征,识别其相关性,对工程多目标依据不同属性进行分类,识别出每个类别中的关键目标。②资源和不确定性分析。对每个类别的目标,采用相应的模型,以定性和定量相结合的方法,分析目标实现需要的资源及可能面临的不确定性分析,综合评价目标的可行性。③冲突分析与目标协调。分析目标间的矛盾和冲突,对冲突的目标进行多手段协调,获得统一的无冲突的目标。④目标评价与权化处理阶段。对统一的目标实行评价,评价其在整个目标体系中应该占据的比重,然后对其进行权化处理,形成综合目标。

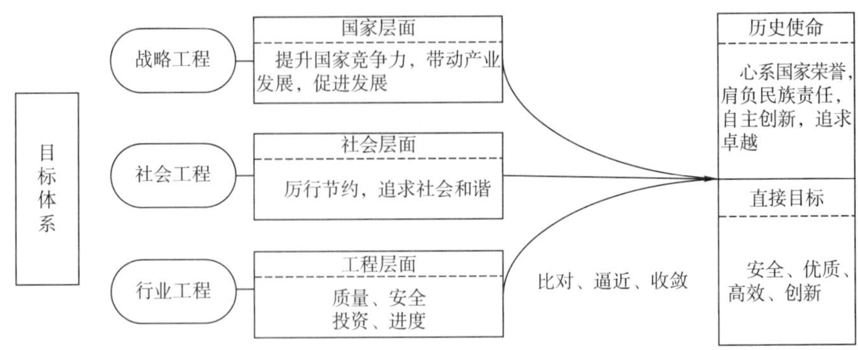

图8-9 大型工程建设目标

自主主体在接受序主体分配的任务和目标后，根据自身的经验、标准和能力分析具体完成任务的手段、方法和技术。由于多种不确定性因素的存在，自主主体可能对原有的目标进行调整，甚至重构，但必须从服务于工程角度出发，并及时与序主体沟通。

8.3.2 诱导控制环境

组织中的自主主体要能开展有效的自组织活动，序主体必须建立相应的支持条件和环境来触发自组织、协调自组织。

自组织（自主管理）就是主体具备在面临问题时具备选择和决策的权力[163]。在信息不确定、任务不明确的情况下，自主管理中的角色不只是单一的，而是根据任务特征而确定主体具体角色。因而，序主体的任务之一是界定任务边界，赋予自主主体相当的权力，建立有效的信息沟通和培育自主管理的环境。另外，序主体不是单纯的领导和监管，而是要作为一个引导者和培育者的角色。

序主体通过对信息流动速度、主体的多样性程度、关联程度、权力差异程度、奖惩措施以及组织内的文化等方面进行控制从而来诱导自主主体开展自主管理。

(1)共享信息。自主主体要能处置所面临的不确定任务时，就必须通过自身的努力，如研究、学习、集成其他主体（行业、团队、专家）知识等方式来认识问题，提高自身的认知能力，通过试验等方法来降低问题的复杂性，其中信息是其传递的内容。作为序主体来说，要建立相关机制和平台来促使信息在组织中快速流通以及共享，降低信息的不对称性，尽可能的向自主主体提供有效信息。如在招标过程中，采取“带案招标”的方式就是一种搜集组织系统外部可能有用的方式，在其过程中，向投标单位提供已经获得的科研资料和已有供应商的信用档案。在管理组织内部，序主体建立了一套信息化系统，使得各参建单位都能在第一时间快速获取信息。

(2)主体的多样性。多样性造就了适应性，当组织所面临的任务不确定时，序主体很难在一开始就确定驾驭这些复杂性所用到的资源，而是根据主体所完成任务的范围，有

选择性地保持主体的多样性程度,使得这些异质性主体在集成时涌现出新的能力。如大型工程设计涉及多个专业的知识,在缺乏单个单位具备此能力的情况下,往往采取设计联合体方式,即由多个单位联合组成设计承包商,发挥各自优势。

(3)主体的松散关联。组织中的主体关联程度主要表现为松紧耦合,如果关联密切,则组织的复杂程度会提高,而且会造成扯皮现象。如在工程建设过程中,设计、科研、咨询、施工、控制等分别由不同主体承担,而且相互关联密切,但由于每个主体都强调自身利益,往往造成责任不清,工作效率较低。大型工程采用设计总承包和施工总承包模式,就使得主体关联关系呈现松紧耦合错落有致的情况,设计单位、施工单位关联较弱,而其所负责协调的主体,则关联较强。关联较弱往往给主体提供较大的自主权力。

(4)权力的差异。权力是序主体对自主主体控制的关键要素。自主主体要能处置复杂问题,一方面通过自身的学习来提高认知能力,降低对象的复杂性,而更重要的一方面要具备一定的权利来整合资源,协调相关主体来完成任务。实际上,不同的管理模式的差异往往都存在于建设主体的权力差异上,如指挥部管理模式,指挥部是一切重大问题的决策主体;对于总承包模式,总承包商是建设过程中的决策主体,而对于采用设计总承包和施工总承包模式则对应的是在设计阶段,设计承包商具有协调科研单位、施工单位和咨询单位的权力,而在施工阶段,施工总承包商则具备在供应商的选取上、科研单位、设计单位的协调上决策权。

(5)建立相关奖惩措施。序主体对自主主体开展自主管理控制参数的一个很重要的方面在于一系列奖惩措施。如在总价合约方式下,业主为了工程建设质量,鼓励施工单位开展新材料、新工艺和新技术创新,节约的资金归企业所有,且在创新过程中与其共担风险。序主体通过设置社会监理和政府监理以及独立审查机构等对施工现场进行监督。

8.3.3 自组织中的领导

工程的复杂性决定了组织不能采用单纯的刚性控制技术。多元异质主体的利益不一致性很难做到完全的自组织管理,要使组织的绩效达到满意效果,必须在自组织管理中进行适当的领导和控制,即自组织和控制相结合的协调机制。

序主体对于自主主体的领导方式主要集中在维护组织的长期有效性、协调主体冲突、资源的动态配置、平衡组织的统一性和多样性、对自主主体的完成成果进行综合评价。

(1)组织的长期有效性。序主体要不断通过培育、教育等方式帮助自主主体树立一切服从于工程建设的价值观,促进其树立关注长期利益的观念,避免过分的关注短期利益。

(2)协调自主主体冲突。序主体通过建立相应的监督和协调机制来平衡自主主体的利益冲突和运作冲突,如建立各类的例会制度。

(3)资源的动态配置。工程建设中关键资源可能被多个主体使用,序主体要依据任务的活动序列和关键路径进行合理的安排和调度。另外,根据工程建设需要,序主体要动态地整合外部资源,保持组织边界的动态。

(4)平衡组织的统一性和多样性。组织统一性就是建立各类统一的标准和规范,它是效率的保证;组织的多样性讲究多样性的机制、文化等,它给主体提供了创造性的空间。序主体要做到组织效率和创新的平衡。

(5)综合评价。序主体对自主主体的管理主要集中在成果管理上,因而需要建立一套有效的综合评价指标体系以及评价方法。

综上所述,大型工程组织对主体主要采取诱导控制机制,它是一种混合的控制策略,是在自主主体自主管理基础上整体协调控制,依据面临的不确定性,动态调整控制内容,其流程如图8-10所示。

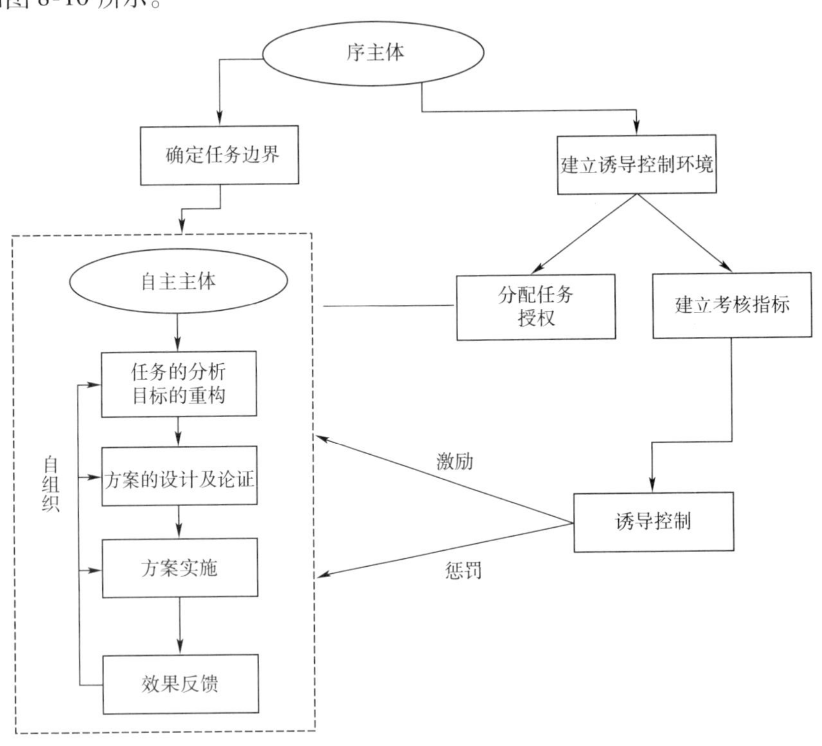

图8-10 大型工程组织的诱导控制机制

第 9 章　港珠澳大桥前期决策机制

在一国两制背景下,港珠澳大桥前期重大决策实践深刻的反映了两种体制、多主体合作、超大规模跨境等条件下的工程前期决策问题之复杂、过程之艰难。历经六年的摸索与实践,在中央政府和粤、港、澳三地政府的共同努力下,港珠澳大桥顺利完成了一系列重大问题论证与决策,为新形势下超大型跨境工程项目前期工作的开展及粤、港、澳三地的深入合作积累了宝贵经验。

本章给出了港珠澳大桥建设的前期决策历程、分析了前期决策的主要组织结构及重大决策机制。

9.1　港珠澳大桥工程概况

9.1.1　港珠澳大桥项目的提出

改革开放以来,广东省充分利用毗邻港澳的地理优势,积极引进外资和技术,地区经济得以迅猛发展,并带动了珠江三角洲区域经济实力的快速提升。然而,由于香港与珠江西岸交通联系的薄弱状况,制约了香港与内地的交流和合作,也在一定程度上影响了大珠三角地区的快速发展。20 世纪 90 年代中期,为了改变香港与珠江西岸交通联系的被动局面,珠海与香港曾讨论修建连接珠海至香港的伶仃洋跨海大桥,但由于时机尚未成熟,该计划并没有取得实质性进展。

随着香港、澳门的回归及港、澳、内地经贸合作的广泛开展,加快推进涉及港澳的交通基础设施建设,促进大珠江三角洲区域协同发展显得日益迫切。特别是,在国际金融危机不断扩散,并对实体经济影响日益加深的情况下,加快实现粤、港、澳三地交通网络布局,形成大珠江三角洲、泛珠江三角洲区域综合竞争优势,具有更为重要的战略意义。

21 世纪初,香港、澳门与内地有关方面提出修建连接香港、珠海与澳门跨海大桥的建议,得到中央政府与香港、澳门特别行政区政府及有关部门的高度重视和认可。2002 年 11 月,国务院总理朱镕基访港之际,明确表示中央政府支持兴建港珠澳大桥。随后,国家发展与改革委员会与香港特区政府共同委托国家综合运输研究所对香港与珠江西岸交通联系进行研究,完成了《香港与珠江西岸交通联系研究》,从宏观层面对港珠澳大桥建设的必要性和可行性开展调研与论证工作。研究结果表明,在规划的横跨珠江口的伶仃洋大桥、南海大桥、港珠澳大桥中,港珠澳大桥具有重大的政治及经济意义,是最具迫切性和必要性的项目。

2003 年 7 月 31 日,在北京召开的第四次内地与香港大型基础设施协作会议上,粤、港、澳三地政府代表确认了港珠澳大桥的必要性和迫切性,并一致认为项目应及早进行。2003 年 8 月 4 日,国务院正式批准粤、港、澳三地政府成立"港珠澳大桥前期工作协调小组"全面开展前期工作,港珠澳大桥项目进入实质性工作阶段。

9.1.2 港珠澳大桥项目的内容

港珠澳大桥跨越珠江口伶仃洋水域,联结香港特别行政区、广东省珠海市和澳门特别行政区,跨海桥隧全长约 35km,总投资超过 700 亿元,属于超大型跨界交通基础设施项目,是列入《国家高速公路网规划》的重要交通建设项目,其基本功能是解决香港与内地(特别是珠江西岸地区)及澳门三地之间的陆路客货运输要求,建立跨越港、珠、澳三地、联结珠江东西两岸的陆路通道。根据工程可行性研究方案,港珠澳大桥项目组成主要包括:香港侧接线、香港口岸工程、海中桥岛隧主体工程、澳门口岸、澳门连接桥、珠海口岸及珠海侧接线工程,其项目组成及内容分别为:

(1)香港侧接线,自粤港分界线向东,经散石湾、大屿山机场南接入香港口岸;总长约 12.6km,为常规中等跨度桥梁及道路。

(2)香港口岸工程,香港政府拟在香港机场东北海面填筑人工岛(面积约 130 公顷)修建香港口岸,用地需填海形成。

(3)海中桥隧岛主体工程,自大桥轴线与粤港分界线交点向西至珠海、澳门口岸,主线全长约 29.6km,采用桥隧组合方案(其中隧道长 6.648km)。

(4)珠海侧接线,自珠海口岸区,终点联结广珠西线高速公路,是国家高速公路网中珠江三角洲环线的组成部分,接线长 13.89km;包括地下隧道长约 2.785km,穿山隧道长约 2.82km,桥梁长 5.986km,其余为道路长约 2.3km,沿线设 3 座立交。

(5)珠、澳口岸,澳门口岸总用地约 65.77 公顷,珠海口岸用地面积为 101.1 公顷;同时为实现珠海口岸与珠海接线地下隧道衔接,隧道人工岛用地 13.9 公顷。根据珠海、澳门达成的意见,珠海、澳门口岸及珠海口岸隧道人工岛将同岛设置,由内地统一填岛,总填海面积约 212.22 公顷,划分为珠海口岸区、澳门口岸区、主体工程管理区、珠海接线地下隧道人工岛区、公共交通区。

(6)澳门联结桥,自澳门口岸联结澳门新城 A 区的桥梁,总长约 200m,为常规桥梁。

上述各项工程有不同的建设主体,按照各自程序进行建设:

(1)香港侧接线及香港口岸:由香港政府出资、按照香港建设程序及管理要求负责建设管理。

(2)海中桥岛隧主体工程:由粤、港、澳三地政府共同成立的机构负责建设管理,中央政府和三地政府出资本金,按收费还贷模式进行融资建设,按照内地建设程序及法规进行建设,接受香港、澳门政府监管。

港珠澳大桥工程概况如图 9-1 所示。

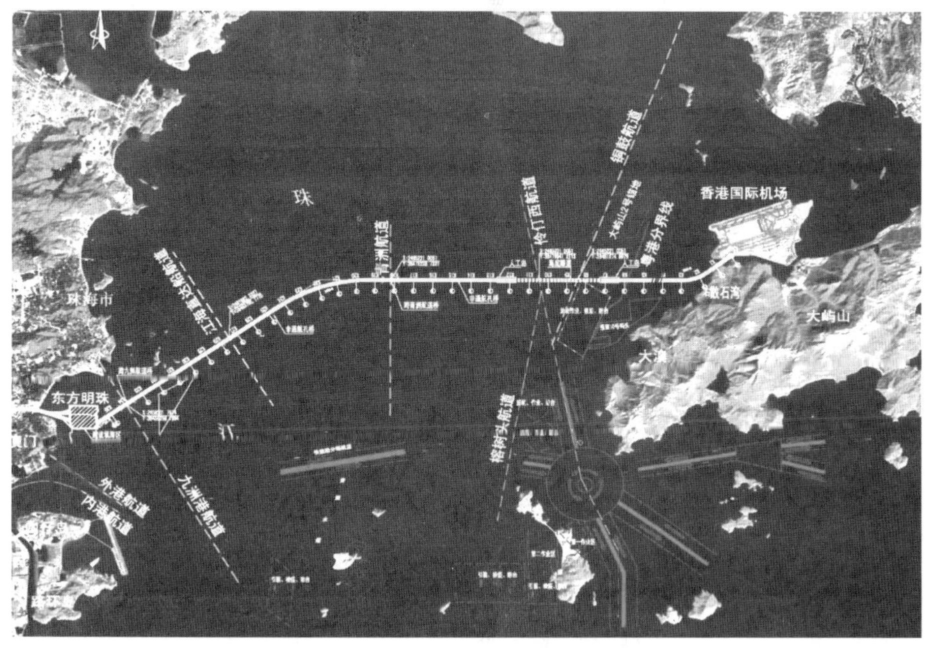

图 9-1　港珠澳大桥工程概况

(3)珠海接线:由广东省政府按照内地建设程序及法规进行建设。

(4)珠海、澳门口岸,人工岛填筑:由粤方组织代建,建成后各方协调确定各自拥有区域,分摊填岛建设成本,然后,按照各自建设程序负责各自辖区内工程建设,澳门在珠海海域拥有填海并在其上建设工程,但应经中央批准。

港珠澳大桥起自香港大屿山散石湾,至珠海/澳门口岸区,通过珠海联结线与京港澳高速公路相接,海中桥隧采用桥隧组合方案总长约 35.6km,其中:粤港澳三方合建的大桥主体工程长约 29.6km,香港段(起自香港散石湾,止于粤港分界线)长约 6.0km。由于大濠水道和伶仃洋西航道为深水航道,是广州港、深圳西部港区等到港万吨级以上船舶进出的主要通道,主航道河段采用隧道方案(隧道长约 6.7km),其余采用桥梁方案。为实现桥隧转换,隧道两端各设置一个人工岛。口岸采用“三地三检”模式分别由各方建设各自独立管辖,香港口岸设置在香港境内;内地(珠海)口岸和澳门口岸在澳门东侧明珠点附近内地水域填海同岛设置,珠澳口岸人工岛填海总面积 216.43 公顷;珠海联结线全长约 13.9km,全线设置互通立交 3 处,隧道总长 5.61km,桥梁约 6.0km。根据本项目所在区域的路网规划及功能定位,按“就高不就低”的原则,技术标准应能同时满足三地要求。主要技术标准为:海中桥隧工程主线和珠海联结线采用六车道高速公路标准,其中海中桥隧工程主线设计速度为 100km/h,桥梁总宽为 33.10m,隧道单幅宽度为 14.25m,

净高 5.1m;大桥的设计使用寿命为 120 年。通航标准执行交通运输部《关于港珠澳大桥通航净空尺度和技术要求的批复》的要求。

9.2 港珠澳大桥前期决策的挑战

9.2.1 港珠澳大桥前期决策背景分析

推进珠江三角洲地区区域经济一体化,带动环珠江三角洲地区快速发展是新时期新形势下国家为保持经济稳定繁荣制定的宏观发展战略,港珠澳大桥的建设正是实施这一战略的重点工程项目。作为深化港澳与内地合作的一次重要实践,港珠澳大桥承载着促进港澳与内地从交通汇通、经济一体化到文化融合的历史使命,如何以全局性的政治眼光和长远性的战略谋划制订各项重大决策方案至关重要。同时,由于港珠澳大桥的特殊性,大桥的建设者希望将大桥建设成为传世项目。大桥的建设目标是:建设世界级的跨海通道;为用户提供优质服务;成为地标性建筑。由此可见,港珠澳大桥前期决策具有特殊的背景,这也对前期决策提出了更高的要求,主要体现在:

9.2.1.1 涉及"一国两制"背景,战略地位高

港珠澳大桥涉及"一国两制"背景,建成后将成为全球独一无二横跨两种社会制度、三个地理界线的跨海通道,对粤、港、澳三地经济社会发展影响巨大,因此工程的战略地位高。

在新的历史时期,加快推进涉及港澳的基础设施建设,对香港、澳门的繁荣稳定,对泛珠三角地区的可持续发展,对国家长期战略远景的实现都具有十分重要的意义。2003 年 6 月 29 日、10 月 29 日,中央政府同香港、澳门特别行政区政府签署了《内地与香港关于建立更紧密经经关系的安排》和《内地与澳门关于建立更紧密经贸关系的安排》,标志着内地与港澳经贸交流与合作进入了新的历史阶段;2004 年 6 月 3 日,粤、港、澳举行"泛珠三角区域合作与发展论坛","9 +2"地方政府领导人共同签署《泛珠三角区域合作框架协议》,泛珠三角区域将在包括基础设施建设、区、市产业与投资、旅游等十大领域加强合作;2007 年 6 月 29 日及 2008 年 7 月 29 日,《〈内地与香港关于建立更紧密经贸关系的安排〉补充协议四》及《〈内地与香港关于建立更紧密经贸关系的安排〉补充协议五》签订,再一次将内地与香港的经贸合作推上了新的台阶。2008 年 12 月 19 日,中央政府出台 14 项措施支持香港与澳门经济稳定发展,明确提出将协助港珠澳大桥主体工程尽快动工。2009 年 3 月,温家宝总理在答记者问中再一次清楚地表明了中央政府将加快推进涉及港澳的基础设施建设,特别是将极力促进港珠澳大桥的开工建设,力保香港与澳门的稳定发展。由此可见,推进港珠澳大桥工程建设,既顺应了区域一体化和经济全球化的趋势,也符合三地人民的共同愿望。中央政府及三地政府对大桥建设的推动与支持,充分体现了政府全局性眼光和长远性的战略规划。因此,港珠澳大桥前期决策不是看三五年,也

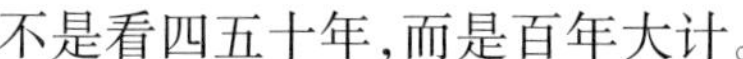

不是看四五十年，而是百年大计。

9.2.1.2 工程复杂，决策难度大

港珠澳大桥工程总投资超过700亿元，内容涉及特大、特长海中桥梁（含多种桥型方案）、长大海底隧道、深水人工岛填筑、口岸规划及布置、地下明挖/暗挖隧道、山岭隧道、交通工程等多个领域和专业，建设项目多，工作量大，技术十分复杂。特别是在深水条件下修建长达6.7km海中沉管隧道技术、深水填筑人工岛并进行地基加固处理技术、岛隧衔接技术及"三地三检"口岸规划及布置等方面可供参考的技术经验不多，具有很高的难度。

大桥地处珠江口外伶仃洋海域，区域自然条件十分复杂。大桥为大型跨海工程，跨海长度达36km，要求选择能快速施工的方案以加快建设进度，降低建造成本，由于大桥位于海洋性气候中，对结构的耐久性提出了更高的要求。

桥位处通航密度大、等级高，同时桥区锚地分布多，要求在路线方案选择及桥跨布置中处理好大桥与锚地的关系，设置足够的通航孔以满足通航要求，减少建桥对航运的影响；大桥东岸有大屿山国际机场，西岸有澳门机场，离机场较近处的桥梁建筑高度将受到机场限高的制约，特别是东岸大濠水道通航孔方案，桥下通航净空要求高，桥塔高度又受到大屿山机场航空限高的制约，工程方案选择范围受到制约。根据初步计算，桥区设计风速达50.6m/s，大濠水道处船舶撞击力达4万t，基岩埋深近100m，这些都大大增加了方案选择及结构设计的难度。

桥位区易受台风影响，热带气旋、大雾、暴雨等灾害性天气出现频率高，对施工工期及施工安全会带来不利影响。桥位区水深变化大，特别是长度最长的非通航孔桥区段，与杭州湾大桥及东海大桥相比，水深较浅，同时两岸一定区间受到大屿山机场及澳门机场限高的制约，大型设备难以进入作业，降低了施工效率。

此外，大桥建设将会对项目范围内的社会经济发展、土地利用、军民生活、自然生态及景观产生深远的影响，因此，工程建设在满足其自身工程技术合理性的同时需兼顾航运、水利、渔业生产等多方面功能，减少对海洋生态环境和海洋野生动物生活环境的破坏。特别是，大桥桥位所在珠江口穿越国家一级保护动物中华白海豚保护区，需制订合理的建设施工方案，提出切实可行的环保措施。

9.2.1.3 世界级工程，决策要求高

基于国家战略层面和长期发展需求，港珠澳大桥不仅是一座联结香港、珠海和澳门的陆路通道，更是实现粤、港、澳经济一体化，深化港澳与内地政治、经济、文化融合的桥梁。为了将工程打造成"世界级跨海通道、地标性建筑"，港珠澳大桥提出"就高不就低"技术标准的原则，使其成为迄今中国建筑史上技术最复杂、建筑标准最高的项目。港珠澳大桥设计寿命120年、抗震设防烈度八度等高标准都是中国之最。另外，香港政府对于港珠澳大桥在景观、生态保护、环保等方面的要求十分严格，同时由于大桥为国际所关注,在建设过程中更需要把国际上最新的理念和最好的技术纳入工程。

由此可见,在多元工程建设体制与文化背景下,要将港珠澳大桥打造成世界一流精品工程,需要充分借鉴和发挥粤、港、澳三地在工程项目管理中的优势,也需要吸收国内外大型工程建设管理经验,广泛利用国内外智力资源,通过优势资源整合,形成决策合力,以全方位提升港珠澳大桥品质。

9.2.2 港珠澳大桥前期决策主要任务

港珠澳大桥前期决策问题之复杂、决策过程之艰难,无论在国内还是国际都十分罕见。由于工程规模宏大、技术覆盖面广、地理位置特殊,大桥前期工作面临着可借鉴经验缺乏、三地司法体制与建设程序存在差异等严峻挑战。

为了有效保证大桥前期各项工作的开展,国务院决定由国家发展与改革委员会牵头成立港珠澳大桥专责小组,负责协调各方权责与利益。由粤、港、澳三地政府联合成立港珠澳大桥前期工作协调小组全面负责大桥前期工作。2004 年 6 月,港珠澳大桥前期工作协调小组办公室在广州正式成立,作为前期工作协调小组的办事机构,自 2004 年开始,按照国家基本建设审批要求,大桥前期工作协调小组同工可论证单位及专题论证单位一起,围绕宏观经济评价、工程建设必要性、交通量分析及预测、建设规模及建设条件、桥位方案、工程方案、环境影响、投资估算、财务分析、投融资方案、经济分析、建设管理模式等内容开展了大量的调研、分析与方案论证工作,先后完成了 29 个专题 46 份研究报告。

具体地看,前期决策阶段的主要任务包括:

(1)在现场踏勘、资料收集和征求意见的基础上,按照《水运、公路建设项目可行性研究报告编制办法》(1998 年版)、《公路建设项目可行性研究报告编制办法》(讨论稿,1996 年版)规定,对港珠澳大桥项目影响区内社会经济发展及远景交通量进行预测,依据交通量预测结果,结合项目功能、在路网中的作用,研究论证项目建设规模、技术标准,对多个桥位走向方案及各路线可能的桥型方案进行研究,对工程施工期及运营期对环境的影响进行评价,对投融资方案及项目的经济效益进行分析,对项目跨界建设、施工、管理中需协调解决的问题进行论证和研究。

(2)在研究论证的基础上,对下述问题做出最终决策:大桥桥位选择问题、落脚点及走向方案问题、工程结构形式问题、航运与相关产业协调问题、水利防洪问题、生态环境保护问题、建设目标和建设标准问题、交通管理与路网设计问题、景观规划问题、项目使用功能规划问题、运营管理的需求问题、维护标准问题、信息资源规划问题、施工与资源规划问题、投融资模式问题、口岸与跨界管理问题、三地协调机制框架协议问题、设计管理与招标模式问题、建设管理模式与制度设计问题、大型跨海通道可持续发展问题、基建程序与法律冲突问题等。

9.2.3　港珠澳大桥前期决策基本原则

鉴于大桥前期工作的复杂性及所面临的问题，为保证大桥前期决策质量，遵循如下原则开展前期论证与决策工作：

(1)系统性原则

港珠澳大桥规模庞大、工程复杂，工程建成将对国家及粤、港、澳三地的社会经济及生态发展产生深远影响，对于港珠澳大桥是否建设、如何建设、大桥建设对外部环境的影响等一系列问题，应进行系统思考和坚持科学态度。在充分调研、广泛深入论证的基础上制订科学有效的实施方案，对于工程建设对环境产生的不利影响，应进行全面深入的研究论证，制定合理的应对措施，尽可能减少或降低由于工程建设带来的负面效益。

(2)民主性原则

粤、港、澳三地政府是港珠澳大桥前期决策的核心主体，三方按照“任何决策事项需三方政府同意方能通过”的原则，共同对前期论证阶段的各项问题予以协商决策。中央政府对涉及中央事权及三地存有争议的问题予以协调解决。同时大桥前期决策需充分尊重相关利益主体意见，在广泛深入的民主论证基础上进行决策。

(3)开放性原则

鉴于大桥前期决策特殊问题多，可借鉴经验少，因此前期论证过程中应充分发挥三地优势，吸收国内外大型工程建设管理经验，广泛利用国内外智力资源，构建高效的决策平台，以保证论证与决策的科学性与可靠性。

9.3　港珠澳大桥前期决策的复杂性分析

港珠澳大桥前期决策问题涉及因素多、影响范围广，面临诸多复杂性的挑战。要在此种情况下保证决策的科学性与有效性，就必须对复杂性进行管理。虽然港珠澳大桥前期决策问题所涉及的内容各不相同，其复杂性产生原因也多种多样，但是从总体上来说，主要原因可归结为以下几点：

(1)多元体制与复杂背景导致的复杂性

港珠澳大桥联结香港、珠海和澳门，在“一国两制”原则下，三地政府对公共工程的建设管理存在差异，具体表现在：①在法律制度层面，三地公共工程建设、运营管理的相关法律、法规不同。内地公路交通基础设施的建设管理主要依据《中华人民共和国公路法》、《收费公路管理条例》、《建设工程质量管理条例》、《公路建设管理监督管理办法》、《中华人民共和国招标投标法》、《公路建设市场管理办法》等，香港交通基础设施建设的主要法律依据是《道路工程条例》及《工程环境保护条例》等，澳门的公共工程建设主要依据《公共工程承揽合同》(法规74/99/M)。②政府管理体制层面,三地政府对公共工程的管理体制、方式及工作程序存在差异。内地现行的公路建设一般要求首先成立项目法人,由项目法人对建设项目的筹划(前期工作)、资金筹措、建设实施、运营管理、债务偿还和资产管理全过程负责,而香港的政府投资项目,除某些专业技术工作和施工外,基本都由政府机构独立完成,政府机构充当项目业主角色,负责落实、完成项目的管理组织,质量、进度、资金等各方面工作,在施工过程中,由路政署派出本部门的工程师或委托外部的顾问工程师常驻工地监管、监督工程进展和合同执行情况。澳门政府投资项目管理程序及方式与香港相同;③在技术层面,三地建设、运营技术标准存在差异。内地公路交通基础设施的技术标准依据为《公路工程技术标准》,香港没有专门的设计、施工标准,但其标准体系主要参考英国的工程技术标准,澳门则主要依据葡萄牙的工程技术标准。④在社会环境与文化背景层面,三地体制的不同以及社会经济发展水平的差异,也会使得三地在建设理念上存在明显分歧,例如香港方面可能更加关注安全因素、环保因素,内地则可能较多地从经济、节约的角度考虑问题等。

此外,一国两制背景下,港澳在世贸组织中独立主体地位和基本法赋予的高度自治使得三地之间的区域冲突不同于传统的一个国家内的区域冲突,不能简单按照一个国家内区域冲突的实践去操作,同时港澳与珠海所在广东省政府在大桥项目所涉及事项上的权限范围不对等的情况,使得粤、港、澳三地在重大问题决策的法律依据、争端协调、决策组织等方面都存在障碍。

由此可见,港珠澳大桥前期决策各项问题中都普遍存在着多样性,例如法律依据的多样性、工作程序的多样性、价值观念的多样性等,并由此产生了诸多复杂性。而要降低这些复杂性就必须加强三地政府之间的沟通,建立强有效的沟通机制,并在合理的法律框架下寻求一致的解决方案。

(2)参与主体多元及主体博弈行为导致的复杂性

港珠澳大桥跨越香港、澳门和珠海三个地区,工程建设规模浩大,粤、港、澳三地中的任何一方面都难以完成该项目,因此需要三地政府共同投资建设,这就决定了香港、澳门和珠海在港珠澳大桥前期决策中享有平等决策地位,并且按照“任何事项均需三方一致同意方能通过”的原则进行决策活动。然而,香港、澳门和珠海三地政府代表了不同的利益群体和利益需求,并且大珠三角“一国、两制、三地”的政治、经济因素,加之珠三角向来较为保守的心态,区域协作问题要复杂很多。为了争取各自的利益,香港、澳门和珠海都会坚持各自的立场,从而不可避免地产生矛盾与冲突,导致共识形成的困难和决策过程的曲折。

同时由于港珠澳大桥是一项规模宏大、技术难度大、工程艰巨、涉及面广的系统工程,因此在前期论证中涉及众多论证单位、科研单位等,参与主体的多元化也给前期论证组织工作增加了协调与管理难度。

(3)问题复杂性与决策主体能力局限性之间的客观矛盾导致的复杂性

港珠澳大桥桥位问题、投融资问题和口岸问题等前期决策问题都是具有高度复杂性的非结构化问题，由于决策主体的有限理性，通常决策主体在决策之初很难对问题的性质和所涉及的因素有清晰、全面的认识，因此对于这一类问题的认识和解决必然需要经过逐步深化的过程，而这一过程中也会产生决策主体认知的复杂性，从而导致决策过程的不确定性、复杂性涌现和动态演进，进一步增加了决策的复杂性。

要有效应对上述复杂性，提高决策的正确性与有效性，港珠澳大桥前期决策管理中应做到：

(1)针对多元体制与文化背景以及多元主体及主体自主博弈的问题，应加强对多元决策主体(即决策群体)的管理，促使多元决策主体之间的沟通与了解，从而最大限度降低多元体制和文化背景产生的矛盾与冲突，促使群体协同。由于决策主体是具有复杂性的主体，因此在对主体管理过程中需要采用控制和自组织协调相结合的方式。

(2)针对决策问题的客观复杂性及决策主体认知复杂性，应采取符合对复杂问题认知规律和群体共识形成的决策流程进行决策，并加强对决策过程的管理，一方面保证决策过程的有序性，另一方面保证决策路径朝向正确的方向演化。

(3)针对决策主体能力不足的问题，应根据决策需求整合资源，形成集成优势应对复杂性。提高决策主体能力的方法或者通过整合新的主体资源，促使主体间优势互补，或者通过知识集成、共享基础上的知识创新，即通过新知识的产生提高主体认识复杂性和驾驭复杂性的能力。

由于上述管理都必须建立在复杂性管理的思维上，因此，港珠澳大桥前期决策各项活动以综合集成管理为指导，并在实践中取得了积极有效的成果。

9.4　港珠澳大桥前期决策群体的协同管理

港珠澳大桥项目的直接受益人及主要资源提供者为粤港澳三方，因此在法律允许范围内粤、港、澳三地政府是港珠澳大桥前期决策核心主体，同时大桥涉及三地法律的协调及国内法规的调整，涉及政府有关部门的行政审批管理及如何利用“一国两制”优势推进项目进展和必要的中央政策支持，需要中央政府及国家有关部门参与决策。另外，由于大桥决策涉及领域广，技术问题复杂，也需要专家群体及咨询团队的论证研究与智力支持，由此形成了多元化、多层级结构的决策群体。实现群体协同是决策群体综合集成管理的重要任务，港珠澳大桥前期决策实践中群体协同管理机制与策略主要包括：

9.4.1　建立政府主导下的分层决策与协调的组织结构

港珠澳大桥前期决策主要采取分层决策组织管理结构(图 9-2)。

第一层级:港珠澳大桥专责小组负责决策由港珠澳大桥前期工作协调小组提交的议案和重大问题以及中央政府明确的其他职责,主要是从国家层面解决大桥项目前期工作中涉及中央事权及三地存有争议的重大问题。

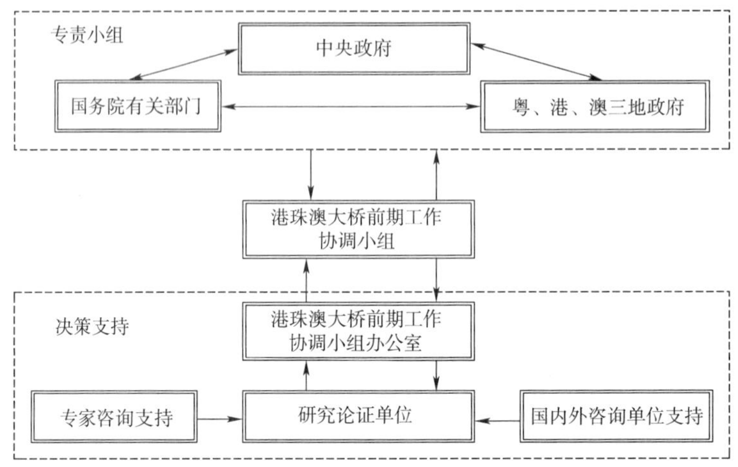

图 9-2　港珠澳大桥前期决策组织管理结构

第二层级:由粤、港、澳三地政府组成的港珠澳大桥前期工作协调小组负责大桥前期工作中的各项问题进行协调、决策。

第三层级:港珠澳大桥前期工作协调小组办公室按协调小组要求和决策需求组织开展大桥前期工作,听取各方意见,经协调小组同意后组织咨询、论证,并可将有关意见作为工程可行性报告编制依据,跟踪和设计可行性研究报告等前期工作的进度,审核有关意见或专题研究报告,提出意见和建议供协调小组决策,协调解决前期工作中的其他问题。

9.4.2　对决策问题进行分类,明确各决策主体职责

港珠澳大桥前期决策利益主体众多,决策事项复杂,为了保证决策过程的科学有序,港珠澳大桥前期决策管理者根据决策问题基本属性对其进行了层次划分,在问题分类基础上,针对每类问题的决策特点,明确决策主体、职责及决策程序,从而将决策问题、决策主体与决策程序有机结合起来,形成了港珠澳大桥前期决策基于问题导向的决策程序体系。

按照决策问题的基本属性,港珠澳大桥前期决策问题主要包括以下五类:①基本法律问题。由于港珠澳大桥涉及“一国两制”,港澳地区与内地实行不同的法律体制,因此大桥前期决策涉及众多的法律方面问题的决策,主要包括粤、港、澳三地协议以及前期决策过程中涉及政府授权及司法管辖权等问题,例如工程建设过程中依据何种法律体系,在跨境实施管理中是否允许“跨境授权”以及“上下分别授权”等。②工程方案与技术标

准问题。工程方案与技术标准的确立是项目前期重大决策问题，与粤、港、澳三地有关技术法规密切相关。工程方案包括桥梁相关方案（如未来发展规划、建设时序等）、基本设计方案（如大桥占地、结构等）、工程设计方案（技术标准确定后的方案）及交通行政管理的技术方案（如交通标志、通信系统等技术方案及标准）。③经济财务政策问题。直接影响项目收益的政府政策类决策问题，包括有关融资和涉及项目公司方案的选择及项目经济和资源政策问题，如大桥资产权属，有关土地、税收、政策融资、收费等政策方面的决策问题。④公共事务管理决策问题。例如出入境管理，海关、边防、治安、检查检疫等，这类问题决策受到三地法律、行政法规约束，需要三地政府协商。⑤有关项目公司决策问题。针对工程建设阶段的项目公司组织形式与运行方式等的决策问题。

上述五类决策问题，第一类问题需要中央政府决策，中央政府及三地政府形成共识；第二类问题影响项目收益，并且涉及三地技术法规的调整，主要与项目工程方案所在地的水文地质、地理、环境情况有关，因此其决策主要根据三地政府的技术协调原则，由专业管理部门及专家意见决定；第三类问题属于重大公共事务管理问题，本质上属于三地重大关系处理及公共政策法规协调问题，因此需要由粤、港、澳三地政府联合决策；第四类问题主要涉及三地政府有关决策和承诺，与中央政府政策有关；第五类则与投资者关系密切，决策核心主体为投资主体，对于港珠澳大桥来说其投资主体即为粤、港、澳三地政府。

由此可见，决策问题属性、影响范围不同，其决策涉及主体及决策程序必然有所差异，按决策问题分类建立程序体系既能够保证各项决策不越权、不缺位，同时还能够有效提高决策和执行效率，是港珠澳大桥综合考虑国内外不同经济、法律主体合作进行项目建设管理的成功经验。港珠澳大桥前期决策事项、各主体职能见表 9-1。

港珠澳大桥前期决策事项、各主体职能　表 9-1

主职职责及决策事项		决策主体			
		中央及三地政府	三地协调委员会		投资主体
			委员会（协调会）	专业小组或办事机构	
基本法律问题	三地协议 特许经营权 司法管辖权	决定权 审批原则、框架 决定基本方案 批准实施方案	决定和签订	编制协议文本	不参与
工程方案与技术标准问题	桥梁相关方案 桥梁工程方案 技术标准	审批 审批 审批原则	提出方案	组织方案论证	不参与
经济财务政策问题	投融资方案 土地、补贴、税收等 大桥所有权和权益 大桥收费	审批 审批 审批 决定基本框架	决议和提出方案 决议和提出方案 决议和提出方案 根据框架决定	提出方案建议 研究和提出建议	不参与

续上表

主职职责及决策事项		决策主体			
		中央及三地政府	三地协调委员会		投资主体
			委员会(协调会)	专业小组或办事机构	
公共事务管理决策问题	安全、海关、交通等基本方案与实施方案	决定审批或核准	提出方案或决定	编制方案	不参与
有关项目公司决策问题	项目公司基本方案 项目招标 特许权协议 基本管理制度	批准或核准	提出方案或批准或决定	编制方案	协商建议

9.4.3 建立分层群体协商的决策机制

(1)专责小组会议,建立中央层面的协调机制

港珠澳大桥涉及一国两制,牵扯粤、港、澳三地直接利益,因此在决策过程中三地政府必然会立足于各自的立场提出种种约束和意见,虽然粤、港、澳三地确立了联席会议机制协调和解决冲突,但是由于三地政府在决策中地位平等,当存在重大分歧时,很难通过平等协商的方式解决冲突与矛盾,此时就需要中央政府充分发挥其主导和协调作用。

在大桥前期工作开展初期,粤、港、澳三地政府平等协商的决策方式对于三地政府达成共识发挥了积极的作用。但是随着项目的逐渐推进,粤、港、澳三地政治法律经济环境的复杂性日益凸显,前期决策中任何事项均需三方一致同意的决策方式呈现出决策较慢、不能适应必须及时和日益深入的协调需求等问题。要提高决策效率、加快工程进展,必须建立更加有效的决策组织保障体系及协调机制。成立中央政府主导下的专责小组的必要性体现在:

第一,港珠澳大桥具有重要的政治意义,对国家安全有一定影响,中央介入前期决策具有政治必要性与法律合理性。

第二,港珠澳大桥特殊背景涉及如何利用一国两制优势推进项目进展及必要的中央政策支持;三地法律法规的差异在工程决策过程中可能需要通过特别立法或三地行政区域间管辖权调整实现利益均衡与协调,涉及政府有关部门的行政审批管理,上述事项均属于中央事权范围,超越了粤港澳三地权限,应由中央政府参与决策。

第三,三地政府在投资理念和具体管理制度方面存在巨大差异,仅仅依靠三地自由协商方式不能适应港珠澳大桥项目的复杂性,这将导致决策迟缓。成立由中央政府牵头的协调机构,能够站在国家战略高度做出有利于全局的抉择,有利于项目的平稳推进。

在充分吸收三地协调决策模式优点和经验的基础上，根据大桥前期决策需求，2006年12月底，中央政府决定成立港珠澳大桥专责小组，负责协调由港珠澳大桥前期工作协调小组提交的议案和重大问题以及中央政府明确的其他职责，解决大桥项目前期工作中涉及中央事权及三地存有争议的重大问题。其基本职能包括：中央政府负责批准项目基本设想，指导签订三地协调，指导和处理有关项目的法律和公权事务协调方案的确定及相应的决策、沟通及协调，在粤、港、澳三地政府就有关三地社会、经济关系处理意见不一致时进行必要适当的协调沟通；国务院及港澳办、发改委、交通运输部等部门职能是根据中央批准的方案、三地协调，分别行使基于宪法和组织机构法明确的与大桥项目有关职责，落实相应的政策支持。当有关法律的解释和调整涉及立法机构全国人大的决定时，国务院及有关部门按照中央批准的方案，按程序与全国人大沟通，获得法律批准。

2007年1月9日，港珠澳大桥专责小组召开第一次会议，在中央政府的协调下，三地政府对口岸设置、投融资安排、中华白海豚保护区等重大事项达成一致意见，并获得了原则性解决意见，进一步加快了港珠澳大桥项目的进程。

可以说，港珠澳大桥专责小组的成立完善了港珠澳大桥前期决策的组织体系与协调机制，从而形成了港珠澳大桥专责小组—港珠澳大桥前期工作协调小组—港珠澳大桥前期工作协调小组办公室为核心的决策组织体系以及专责小组协调机制、前期工作协调小组会议机制以及决策支持平台有机结合的分层协调决策机制及支持平台，有力地保障了大桥前期决策的科学性、民主化和有效性。

(2)联席会议，三地政府自组织协调的主要形式

港珠澳大桥前期决策包含多元化的决策主体，其中粤、港、澳三地政府是决策核心主体，并对各项问题具有关键决策权。由于粤、港、澳三地在体制、文化及建设管理等方面的差异性，三地政府之间不可避免地存在对问题认识上的差异性，导致决策的复杂性。在此种情况下，粤、港、澳三地政府决定通过召开联席会议的方式召集各利益主体针对大桥前期工作中各项重大问题进行沟通、协调，以便在充分发扬民主的基础上加强彼此之间的沟通与了解，在平等协商的基础上形成具有约束力的规范性意见。自2003年8月至2008年12月31日，港珠澳大桥前期协调小组共组织召开九次联席会议（会议具体内容如表9-2所示），先后就大桥两岸登陆点及接线方案、桥位方案、白海豚、防洪、台风、通航、海事、航空限高、投融资、口岸布设等问题达成初步共识，并在科学论证、专家支持的基础上，形成了最终的解决方案。可以说，联席会议的召开及时协调解决了三地在项目论证中的分歧、难题，有效保证了项目的进展。联席会议是粤、港、澳三地前期决策的重要协调与保障机制，由于港珠澳大桥前期工作协调小组是粤、港、澳三地政府分别派员组成的工作机构，因此港珠澳大桥前期工作协调小组会议即为三地议事协调的主要形式。

(3)前期工作协调小组对论证过程的组织协调

贯彻协调小组的有关会议精神,充分利用国内外智力资源,构建高效的决策支持平台,为协调小组决策提供科学依据与参考是前期工作协调小组办公室在大桥前期决策过程中的核心任务。自2004年3月,港珠澳大桥前期协调小组办公室成立以来,按照协调小组历次联席会议达成的共识,办公室在各项重大决策问题广泛调研、征求意见和深入分析的基础上,充分利用国内外智力资源和专家群体优势,开展专题研究、科学论证、沟通协调与专家评审工作,期间共邀请国内外各领域专家数百名,召开近百次协调、咨询与评审会议,并先后由国家发展与改革委员会、交通运输部、水利部、港澳办、环保总局、农业部、国土资源部、国家海洋局等有关部门参与并主持了相关专题审批与报告审查工作,有效地保证了前期决策与论证的科学性、全面性和有效性。

港珠澳大桥前期工作协调小组联席会议 表9-2

会议	时间	主要议题	结论
第一次联席会议	2003年8月29日	1. 三地对大桥建设的总体设想; 2. 三地对大桥前期工作的意见	1. 开始对水文、环保、走向等问题进行研究; 2. 确定了工作开展形式与主要内容
第二次联席会议	2003年10月12日	1. 三地对大桥前期工作的意见; 2. 前期工作开展的方式及内容交换意见	1. 决定成立大桥前期工作协调小组办公室; 2. 三地同意直接委托具有经验、技术实力及熟悉珠三角情况的设计单位进行大桥工程可行性研究; 3. 确定工程可行性研究基本内容,并由办公室进一步策划及协调小组讨论
第三次联席会议	2004年7月22日	对工程可行性研究初步成果中的大桥路线走向方案、补充专题及部门专题提前或交叉实施问题、大屿山锚地油轮作业区问题、口岸管理模式等问题进行了讨论	1. 同意办公室提出的在原有论证专题的基础上补充开展防洪、港口航道、船舶航行条件及大桥海域使用论证四个专题研究; 2. 决定增加口岸管理模式议题,认同“一地三检”口岸管理模式,建议尽快开展该专题研究
第四次联席会议	2004年12月17日	对大桥工程可行性研究主要结论、协调通航标准事项、白海豚自然保护区有关问题、投融资方案研究、三地框架协议及工可具体报批途径等问题进行了讨论	1. 同意委托中国水产科学研究院南海水产研究所开展中华白海豚自然保护区研究工作; 2. 确定了投融资决策的原则,即三方同意大桥建设原则上由社会投资,政府可考虑政策上予以支持

续上表

会议	时间	主要议题	结　　论
第五次联席会议	2005 年 4 月 2 日	对大桥走线及着陆点、口岸查验模式、项目范围划分及投融资等问题进行了讨论	1. 同意技术方案论证会专家组推进的工程桥位方案，同意参考专家组意见推进下一步工作； 2. 请国务院港澳办组织有关部门提出口岸查验模式方案报国务院批准； 3. 同意采用招标方式确定投资主体及项目初步设计承担单位，由办公室开展前期准备工作； 4. 要求办公室就成立具有法人资格管理机构进行论证
第六次联席会议	2006 年 7 月 14 日	对工程可行性研究进度报告中隧道人工岛位置、“三地三检”口岸方案研究、投融资方案深化研究等问题进行了讨论，达成初步共识	1. 同意开展“三地三检”研究，包括每个地区三个口岸方案的可行性，并进行比选； 2. 同意对计划中的五种投融资模式进行深化研究
第七次联席会议	2007 年 6 月 1 日	对专责小组第一次会议召开后，粤港澳三方的进展情况进行了介绍，对大桥通航标准、项目报批程序、大桥投融资及补贴等问题进行了讨论	1. 要求对东人工岛布置的最佳方案进行深入的经济技术论证； 2. 同意在公规院编修完成工可报告并经协调小组三方对工可报告的工程技术方案内容进行明确； 3. 要求对大桥补贴方案进行深入研究后提交协调小组； 4. 同意开展补充地质勘探工作
第八次联席会议	2008 年 2 月 28 日	着重就大桥投融资建设实施方案及下一步工作进行了深入讨论，达成了重要共识	1. 同意立即开展并启动深化设计工作； 2. 三方同意工可报告的审查、投资人招标准备工作与深化设计工作同步进行； 3. 同意采用统一建设模式，合作建设大桥主体工程，其余各自负责建设和运营； 4. 确定三方投资责任及政府补贴分摊比例
第九次联席会议	2008 年 11 月 27 日	听取了关于港珠澳大桥工程资本金以外部分资金融资方案、项目管理组织架构及运作模式、项目主要任务时间表等工作汇报，就项目融资方案、项目管理组织架构及工可报批等问题进行了讨论	1. 同意办公室推荐的融资方案，粤、港、澳三方提交各自政府审定； 2. 香港、澳门原则上同意办公室提出的组织架构及运作模式，要求研究不同阶段的详细组织架构； 3. 同意 2008 年 12 月 1 日开展大桥主体工程的初步设计招标工作

9.5 港珠澳大桥前期决策过程管理

港珠澳大桥前期各项重大决策方案的形成都是遵循复杂决策问题认知规律,按照从定性到定量的综合集成方法反复论证、不断比对优化的结果。为了加强对复杂决策过程的管理,港珠澳大桥主要采取了以下策略:

(1)决策过程是以问题为导向展开的各项活动的序列,因此决策问题的性质和特点决定了决策过程的特点。港珠澳大桥前期决策问题具有典型的非结构化特征,决策主体的理性决定了很难在决策之初获得对决策问题的全面与系统认识,也很难识别出对决策具有影响的各种因素,而这些不确定或未知因素将会导致决策过程的不确定性和复杂性涌现。因此,为了避免由于对决策问题认识不全面而对决策过程造成影响,在决策之初,港珠澳大桥前期工作协调小组通过整合资源,如资料收集,对国内外工程建设经验及建设主体进行调研、访谈等方式,最大限度地吸收国内外工程及建设主体的知识、经验,以得到对决策问题相对完备的认识与界定,从而最大限度地降低了由于决策主体认识局限性对决策过程产生的不利影响。

(2)复杂问题决策过程是曲折的,并且存在诸多不确定性因素,同时复杂问题的决策过程也是群体共识形成的过程。由于决策群体也自身存在复杂性,其对问题的认识以及价值偏好也随着对问题的深入认识而不断变化,从而使得决策过程具有动态演化的特征。

通常决策论证是项目主体组织论证单位进行的,而决策过程则是以决策主体为核心的,因此形成了决策过程中的两条线路:一条线路面向具体问题,是以论证单位为核心的复杂问题求解过程;一条线路面向决策主体,是以决策主体共识形成为核心的决策评价与选择过程;而这两条线路之间是相互配合、共同促进的过程。在决策过程中,港珠澳大桥前期决策协调小组主要通过定期与不定期群体研讨的方式协调与控制决策过程,以促进过程中两条线路的协同。

通过对港珠澳大桥前期决策的分析,其决策过程的协调与控制节点主要存在于以下几个关键环节:

①界定决策问题性质、论证内容及技术路线。

由于决策问题的复杂性及决策主体的有限理性,通常决策主体在决策之初难以对决策问题性质作出正确界定,此时就需要通过开放式群体研讨的方式,广泛收集资料、征求意见,寻求专家的支持与帮助,以形成对问题的经验性假设,并明确论证的内容。例如港珠澳大桥桥位决策的第一个环节即为在广泛收集有关各方和社会各界对本项目路线走向意见的基础上,由三地共同形成工程方案论证的基本内容。可以说,该阶段是决策的起点,对于决策过程具有导向作用,如果该阶段对问题界定正确,并且能够最大限度地识

别决策影响因素，就能够有效降低不确定性对决策过程的影响，有利于降低决策过程复杂性。

②论证形成具有比选价值的方案。

该阶段实际上主要为对论证内容开展论证工作，并在得出基本论证结论的同时形成具有比选价值的多个备选方案，并对各个方案的优劣进行比较分析。当论证单位获得多个备选方案时，则需要决策核心主体对方案进行讨论研究，一方面是对论证单位论证内容、论证方法以及论证中间结果的审查，一方面是决策核心主体根据论证结果进一步确定对问题的认识及决策方案的评价。此外，该环节实际上也是决策主体做出是否根据外部环境变化对决策论证内容及方案进行调整和优化决定的重要一步。考虑到成本和时间约束，该阶段决策主体通常会做出初步决策，即在现有的方案中选择 2 ~3 个备选方案进行深化研究与论证，由此可见，该阶段实际上也可看作是群体初步共识形成阶段。

③决策方案选择。

该阶段通过对备选方案的深化研究与论证得出论证结果并提供给决策主体做出最终选择。实际上，通常论证过程中的群体研讨不是一次、两次就能达成初步共识的，而是一个反复论证、群体多次研讨的过程。例如对于港珠澳大桥投融资决策问题，其决策过程持续了四年之久，由于不确定因素对于投融资决策方案制订产生了决定性的影响，因此需要不断对方案进行调整和优化，而这一过程中任何关键性问题都需要组织决策主体进行群体研讨获得一致性结论后才能开展论证工作。因此，群体研讨即为决策过程中两条线路协同的最关键、最有效的方式。

(3)柔性策略对于应对过程中的不确定性和复杂性具有明显优势。对于决策过程中出现的新问题，决策主体主要采取柔性组织策略，根据决策需求组织论证主体。港珠澳大桥规模宏大、技术难度大、工程艰巨、涉及面广，在缺乏可借鉴经验的情况下，要保证工程可行性研究符合三地审批要求，符合三地各自的法律、法规规定，需要在广泛调研的基础上，根据大桥实际情况建立符合实际需求的工程可行性论证体系。

由于大桥前期论证是一项十分复杂的系统工程，需要不断根据工作进展和需求确定新的决策问题，并根据决策需求开展进一步论证工作。例如在工程桥位方案决策中，由于推荐方案穿越中华白海豚保护区，从而使白海豚保护问题成为影响工程桥位方案决策的重要因素，需要在工程方案论证的基础上进一步开展工程方案对白海豚保护影响及方案的调整优化研究；在投融资决策中，通过对当前大型工程多种投融资方式的研究，发现法律问题是影响投融资决策的重要因素，从而需要对投融资模式的法律可行性进行多方面论证。由此可见，根据研究进展和决策需求不断补充和完善论证体系，是保证大型工程前期论证科学化和有效性的重要方式。在这个过程中，具有决策权的三地政府通过联席会议及时对决策问题性质进行界定，达成共识，是保证决策民主化的有利选择。

第 10 章　苏通大桥工程建设组织管理

苏通大桥工程建设不仅面临着工程规模大、结构复杂、参建单位多、建设环境复杂等“显性”复杂性，而且还有动态开放、资源约束、多要素非线性关联等“隐性”复杂性，由此而带来了工程组织管理挑战。

本章重点分析了苏通大桥工程建设组织管理所面临的技术、体制和队伍、多建设单位等所带来的管理挑战。运用前文的理论分析了苏通大桥组织管理模式与组织平台，并进一步给出了苏通大桥工程组织结构和主体协调机制。

10.1　苏通大桥概况

苏通大桥跨越浩浩长江，位于江苏省东部南通市和苏州(常熟)市之间，大桥北岸与连盐通高速公路及宁通启高速公路相连，南岸与苏嘉杭高速公路及沿江高速公路相接，是交通部规划的“沈阳至海口”国家重点公路跨越长江的重要通道，也是江苏省公路主骨架网的重要组成部分。苏通大桥位置如图 10-1 所示。

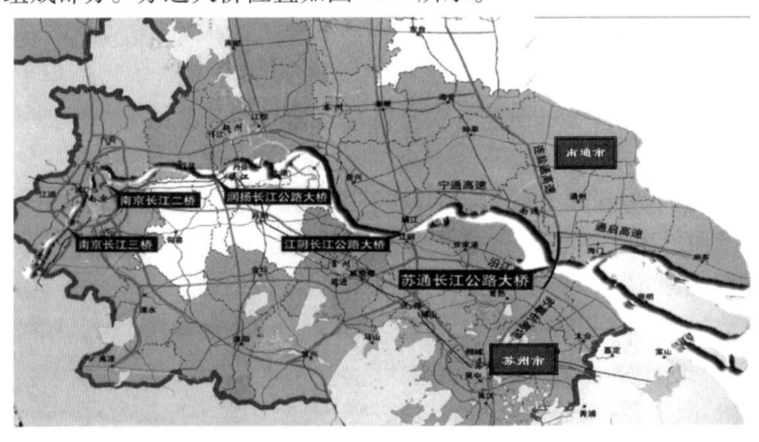

图 10-1　苏通大桥位置

苏通大桥雄踞我国经济最为活跃的长江三角洲地区，紧邻上海市。大桥南岸的苏州是历史文化名城，改革开放以来，经济蓬勃发展，位居国内前列。大桥北岸的南通是国家 14 个开放的港口城市之一，自古以来就是江海门户，但长江天堑的阻碍，给苏州、南通的区域经济发展和文化交流造成了极大的不便。因此，苏通大桥的建设真可谓：一子下活，

满盘皆通。

苏通大桥工程由北接线、跨江大桥和南接线三部分组成，路线全长 32.4km，其中北接线长约 15.1km，跨江大桥长约 8.2km，南接线长约 9.2km。跨江大桥由北引桥、主桥、辅桥和南引桥组成。引桥为 30m、50m 跨径现浇预应力混凝土连续梁桥和 75m 跨径预制悬拼连续梁桥；辅桥为(140 + 268 + 140)m 三跨连续刚构桥；主桥为七跨双塔双索面钢箱梁斜拉桥，主跨 1088m，全长 2088m，通航净空尺度为高 62m、宽 891m，满足 5 万吨级集装箱货轮和 4.8 万吨级船队通航需求。设计风速 49.4m/s，抗震标准为 1000 年至 2500 年重现期。工程于 2003 年 6 月 27 日开工，原计划 2008 年底建成通车。

10.2　苏通大桥工程组织管理面临的挑战

10.2.1　技术跨越的挑战

我国大跨径桥梁建设在技术标准、规范、桥梁结构专用减震设备的研发、施工技术的成套性和工法，施工设备研发及施工控制技术等方面均有明显不足。国内外对许多关键技术问题还缺乏深入研究，对技术积累和发展重视不够。

苏通大桥是首座跨径超过 1000m 的斜拉桥，由于其建设条件、规模和结构形式均发生了质的变化，因此必然面临着技术上的跨越。在设计方面，要进行抗风、抗震、防船撞、防冲刷标准研究及制定；在特大型群桩基础施工方面，要研究深水急流中施工平台搭设技术；在 300m 高塔施工中，要研究高塔锚固区结构，钢混共同作用机理；在拉索制作和施工中，要开展 1770MPa 高强度镀锌钢丝研发等；对这些技术难题的攻关没有现成的标准和规范可以借鉴，只有建立有效的组织体系和制度来整合资源，引入专家智慧，将设计、科研、施工、咨询力量整合起来，通过科学试验、计算、分析来实际技术突破[164]。

10.2.2　建设体制和建设队伍不成熟

苏通大桥工程建设正值我国经济转型时期，新的融资模式、建设理念和管理模式被不断引入，但由于我国设计单位和施工单位缺乏独立承担苏通大桥建设的能力，相关的监督体制还不完善，因此在选择融资方式、承发包模式以及组织设计上必须综合考虑工程特征、社会环境和地方工程建设管理经验等多方面因素。另外，在计划经济向市场经济体制转型过程中，我国施工人员的技术水平还不高，这些将会对工程建设质量产生影响，工程组织有必要采取措施来提高施工人员水平，保证施工方案被高质量执行。

10.2.3　参建单位多元化

苏通大桥工程建设涉及气象水文、地质勘测等基础资料采集的研究单位，独立技术咨询及审查单位、设计单位、施工单位以及监理单位。为了保证工程设计质量，采取设计联合体方式，选择以中交公路规划设计院为主体单位、江苏省交通规划设计院和同济大学建筑设计研究院为合作参加单位。在主体工程施工方面，分别由中交第二航务工程局有限公司和中交第二公路工程局有限公司承担，丹麦 COWI 公司进行全过程技术咨询，日本长大株式会社承担主桥抗震性能研究和复核验算等，北京建达道桥咨询公司、北京中交公规路桥技术有限公司、浙江大学、西南交通大学进行设计方案咨询审查。另外，由交通部和和江苏省人民政府联合聘请了以两院院士和国外知名桥梁专家为主的苏通大桥技术顾问，组建了技术专家组。

由上可以看出，苏通大桥工程建设涉及多个不同主体，由于各自的属性不同而产生价值观和利益冲突是必然存在的，组织必须设计一套有效的制度、规范来协调各主体有序工作。

10.3　苏通大桥工程组织模式与平台解析

10.3.1　苏通大桥工程组织模式

鉴于苏通大桥的公共基础产品属性、建设环境复杂及我国目前工程建设市场还不成熟和完善的现状，交通部和江苏省交通厅在充分调研国内外建设市场，并在江苏省十多年交通工程建设经验的基础上，设计了相应的组织模式，并在实践过程中，进行了一系列的管理创新，使之不仅符合当前中国国情，而且更具备现代工程管理特色。

根据我国基本建设程序和交通部关于工程建设实行“四制”管理的规定，苏通大桥管理组织系统设计主要考虑两个问题：一是确保政府在苏通大桥建设全过程高效的领导、有效的监督，并为工程实施提供良好的建设环境；二是保证投资业主的法人地位。按照上述原则，苏通大桥建立“省部协调领导、专家技术支持、公司筹集资金、指挥部建设管理”的组织模式和平台，如图 10-2 所示。

苏通大桥工程组织包括众多的自主主体，其中有的是单个主体，有的是多主体集成为一个主体，如由省政府和交通部组成的协调领导小组。主体之间存在着纵向关联和横向关联，其中建设指挥部是工程组织的序主体，但又是领导小组的一般主体。

在工程建设期间，序主体——指挥部建立了完善的组织运行机制，对外与政府主管部门、金融机构、现场监督、航道管理、海事部门等开展协调工作，为工程建设创造良好的环境。对内，针对苏通大桥是一个多学科、多专业协作的复杂系统工程的特点，指挥部对设计、施工、监控、监理、科研等各个主体的职能与权益明确界定，并积极探索新的组织机制，例如在引桥和索塔施工中，采用了施工单位总承包模式，由总承包企业来整合所需资源；在工程设计阶段，实行了设计专题及科研以设计单位为管理主体的机制，有利于设计、科研实现“无缝衔接”。另外，针对苏通大桥复杂的建设情况成立了苏通大桥技术顾问和专家组，为工程建设提供智力资源，在应对重大的技术方案和协调技术难题时，由省部领导小组组织国内外专家、指挥部和各参建单位综合研讨，寻求问题的解决方案。

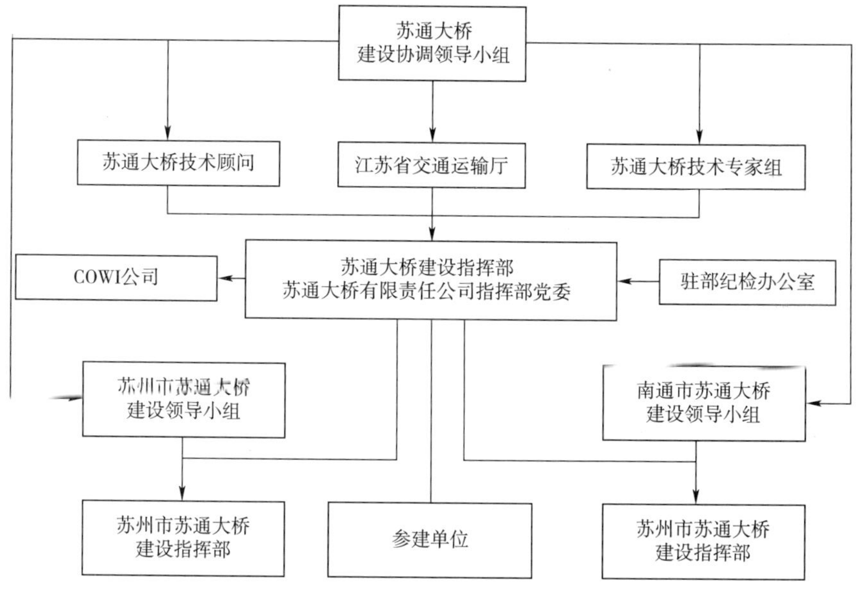

图 10-2　苏通大桥工程建设管理模式

苏通大桥的工程组织具备了前文所述大型工程组织的一般性特征：多中心——指挥部、设计总承包、施工总承包，多力场——集中控制与分散控制，管理核心——指挥部，专门的决策机构——省部协调领导小组及专家技术小组。

10.3.2　苏通大桥工程组织平台及其运作机制

苏通大桥工程建设一方面面临着规模大、结构复杂、技术涉及面广、自然环境复杂等特点，另外一方面正面临我国经济转型期间，设计单位和施工单位的能力还不足。苏通大桥采取了指挥部建设管理模式，形成了“一桥七方”——建设、设计、施工、监理、科研、咨询、海事的合作模式，在协作过程中既有正式的合同契约关系，也有非正式的关系契约，彼此相互补充，如图 10-3。苏通大桥建设指挥部作为组织的序主体构建了有效的组织平台，面临建设过程中的管理、技术等难题，能迅速整合资源，形成新的驾驭工程复杂性的能力。下面以苏通大桥主塔基础冲刷防护技术方案的解决为例来说明其具体运作[9]。

10.3.2.1　问题的分析与归纳

2002 年 4 月，中港二航局开工之初，8 根直径 1.4m 的，重达 12t 的钢管“试桩”全部被一场洪水冲垮[165]。这种现象表明冲刷带来的问题非常突出，如不能有效解决，不仅会

给工程施工带来多方面的困难，而且严重影响了大桥工程质量及安全。

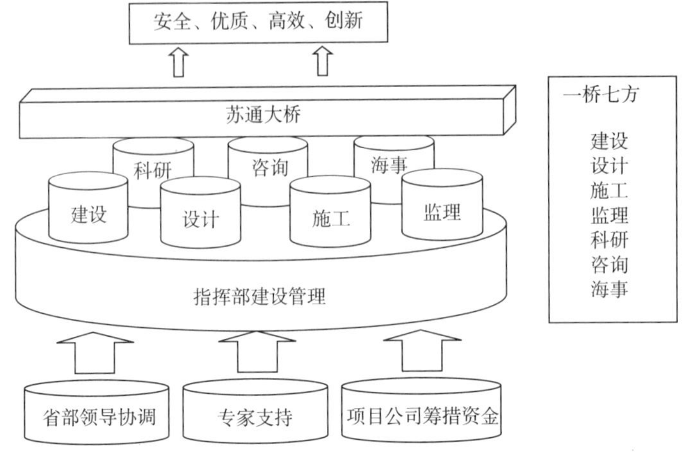

图 10-3 苏通大桥工程组织平台

(1)问题的分析

从技术角度看，冲刷带来的问题非常突出，主要表现在四个方面：①平台难度增加；②安全度降低；③钻孔桩施工风险增加；④桩基入土深度减小，承载力降低。从系统角度看，这一问题充分反映了系统复杂性的特征。具体来说，防护工程规模大，现场条件复杂，施工难度极大，在苏通大桥这样复杂的水文、地质、河势条件下进行桥墩冲刷防护没有成熟的、可移植的成套技术。

(2)问题的归纳

工程初期就对冲刷防护问题进行了思考和安排，最初确定是临时性防护方案。但根据计算和试验表明，苏通大桥主桥桥墩冲刷最深将达到 38m，这将严重影响桩基承载力并威胁结构安全，必须对河床进行永久冲刷防护。国内外缺乏相关理论与经验，因此解决这一问题的技术表现出很强的综合性。

(3)问题解决的背景

①在当时情况下，苏通大桥建设指挥部经过调研着重考虑了三种方案：一是软体排方案。这种方案已有成功应用的先例，但它不适用于航运繁忙，施工密集的水域，无法满足施工船频繁起、抛锚需要；二是海洋冲刷防护方法。由于苏通大桥桥区水流速度大、流态复杂，难以适用；三是水利工程冲刷防护方法，该方法在深水条件下无法实施。②施工单位缺乏独立解决问题的经验和能力。中港二航局、路桥集团二公局的施工主体，江苏省交通规划设计院、苏通大桥设计项目组、上海航道勘察设计院、中铁大桥勘察设计院等单位都缺乏解决此类问题的经验和能力。

在这种情况下，苏通大桥建设指挥部发挥充分整合国内外技术与智力，协调设计单位、施工单位、科研单位、咨询单位、监理单位、计算单位等联合开展工作，形成解决问题

的新能力。

10.3.2.2　官、产、学、研的资源整合

为了解决单一施工单位攻关能力不足的问题，苏通大桥建设指挥部对南京水利科学研究院、江苏省交通规划设计院、COWI 国际咨询公司、中港二航局、路桥集团二公局等单位的技术资源进行了集成。

南京水利科学研究院在冲刷防护模型及试验方面具有较强的能力，江苏省交通设计院对主塔基础方案的设计熟悉，COWI 国际咨询公司实施过大量的大型工程咨询工作，具有丰富的经验。另外，在方案的设计过程中，中港二航局、路桥集团二公局施工单位紧密配合方案研发。

经过上述集成，组成了南京水利科学研究院、COWI 咨询公司和江苏省交通规划设计院等单位组成“强强联合”的攻关小组，以及有效的“官、产、学、研”的技术创新平台。如图 10-4 所示。

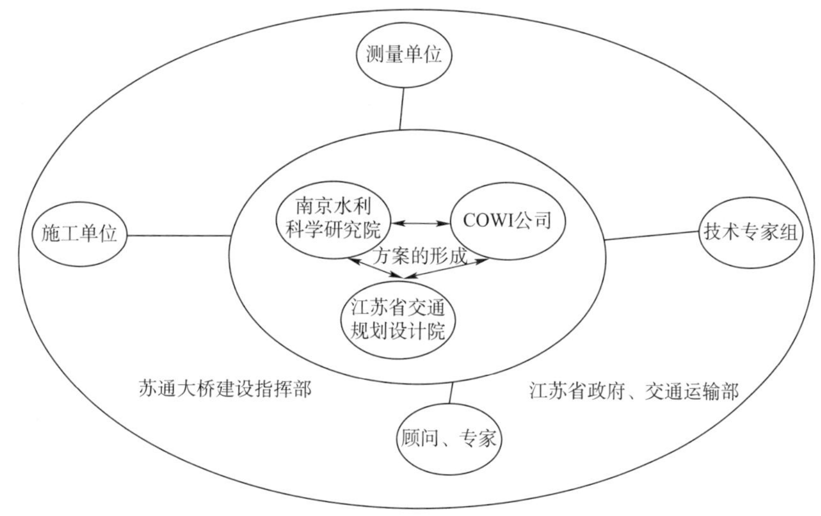

图 10-4　苏通大桥主塔基础冲刷防护技术创新平台

10.3.2.3　多主体的协调运作

苏通大桥建设指挥部通过多种形式来有效汇集国内外有关专家的经验和知识，在非典期间，通过电话与国外专家探讨，吸取国外海洋工程、水利工程的经验。2003 年 5 月底，江苏省苏通大桥建设指挥部在南京主持召开了“苏通大桥主桥桥墩冲刷防护技术方案研讨”电视电话会议，南京水利科学研究院、中港二航局、路桥集团二公局、苏通大桥设计项目组、上海航道勘察设计院、中铁大桥勘察设计院和江苏省交通规划设计院等单位的专家和代表出席会议。会议交流了国内外研究成果，就主桥基础冲刷防护设计方案和关键技术问题进行了研讨。

同时，苏通大桥指挥部组织科研单位用单波仪、多波仪等先进设备测探桥墩冲刷线

以下的地质情况，利用浅地层地震波法对河床防护结构部位进行扫描，对河床抗冲性能、桥墩局部冲刷等方面进行了大量实验，咨询单位根据已有的基础数据和经验，提出可能解决方案的概念模型和概念设计方案，设计单位依据概念设计方案进行详细的方案设计，并由相关机构开展大量的试验，为验证和细化方案提供依据，在此过程中，组织多次专家研讨，确定了永久性防护方案。

另外，指挥部还专门成立了冲刷防护领导小组，全面协调、负责冲刷防护工程实施。组织了设计、施工、监理等各方对防护材料的抛投工艺、抛投设备和抛投时间等方案细节进行大量的深水试验和深入研究。

南京水利科学研究院开展大量的冲刷防护试验，获取基础资料，如河床抗冲性能试验为桥墩局部冲刷试验的模型设计提供依据；通过对4种主墩墩型进行了冲刷试验，得出了各桥墩的最大冲刷深度和冲刷范围；结合国内外已有的研究成果，对消能和护底两种防护措施的防护效果进行了验证。根据试验结果，结合苏通大桥桥位处水文、河床、基础式和施工方案特点，确立了冲刷防护设计应遵循的原则。

COWI公司依据南京水科院对最大局部冲刷深度和冲刷范围的研究结果，分析了施工条件、水流速度太大、沉淀太厚，采纳的冲刷防护方案应相对简便、可靠，抛投冲刷防护材料之前无需太精确的疏浚标高，同时还允许分块防护，最终总体上形成防护能力。根据这一分析，COWI公司放弃了大型预制沉床、条筐或大型竹子/柳条沉床等方案，由于这些现场水速非常大，这些方案很难控制。最终，COWI公司，根据经验提出了主塔基础结构冲刷防护的概念设计，主要包括核心区域、永久防护区、护坦区，如图10-5所示。

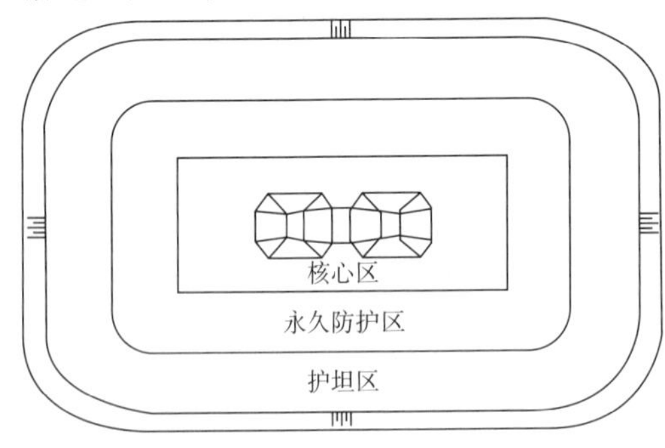

图10-5　概念方案

江苏省交通规划设计院根据南京水利科学研究院的试验成果和COWI公司提出的三层概念设计方案进行详细方案设计。在设计过程中，还要联合科研机构进行方案试验。南京水利科学研究院对此开展了防护材料单件稳定重量试验，通过试验确定冲刷防护工程中采用的砂袋和块石等防护型材料单件稳定重量，通过对塔墩冲刷防护试验，对防护设计方案进行了初步验证；通过护坦冲刷稳定性试验，为合理设计护坦布置方案提供试验基础等。

为了确保方案的有效性和施工过程中一次成功性，苏通大桥建设指挥部还组织不同领域的专家、参建单位，对冲刷方案进行审查。在整个防护工程施工期间，先后召开了18次技术组会议和3次领导小组会议，及时解决了设计、施工中的难题，高效推进了冲刷防护工程方案研究。2003年7月，江苏省苏通大桥建设指挥部在南通主持召开了苏通大桥主塔墩基础冲刷防护施工图设计审查会。会议邀请了15位专家，组成专家组就主桥基

础冲刷防护设计方案和关键技术问题进行了研讨。会议肯定了方案的合理性和可行性，并提出主塔墩冲刷防护顶、底面高程应根据主桥设计要求和水文、河势特点经济确定，根据防护实施情况，进行动态设计，进一步加强对桥位河段河势加强监测等建议。

苏通大桥永久防护工程自 2003 年 7 月开始施工，2004 年 5 月完成施工。累计抛投石料 109 万 m^3，其中砂袋 30 万 m^3、碎石 26 万 m^3、块石 53 万 m^3。近两年的监测表明：防护区结构稳定，护坦区局部虽略有冲刷，但在冲刷试验范围内，河床总体冲淤稳定。永久防护成效显著，它提高了平台安全度、降低了施工风险、节约了今后大量工程维护费用、提高了桩基承载力、创建了一种新的工程理念，对今后工程具有重要参考价值。

苏通大桥主塔基础冲刷防护方案的实施是一个从无到有、从模糊到清晰、从混沌到有序，从不完善到完善的过程。方案的最终形成也是问题与方案不断比对、逼近和收敛的综合集成过程。在此过程中，指挥部作为组织管理的序主体通过充分整合国内外专家的经验和智慧，构建了有效的组织平台，为方案最终形成创造了条件。如图 10-6 所示。

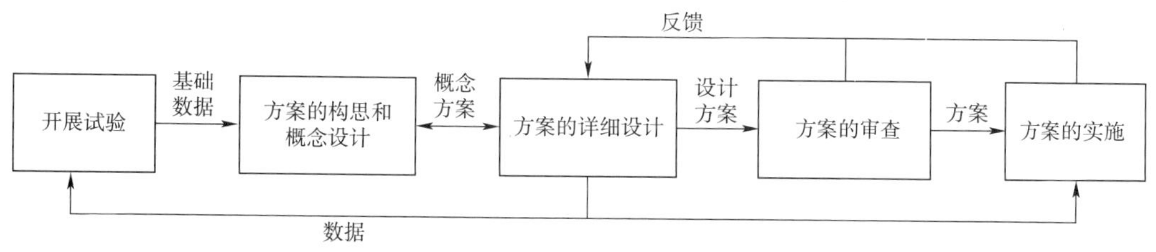

图 10-6　防护方案的形成过程

10.4　苏通大桥工程组织结构和主体行为

基于苏通大桥工程建设承发包模式和组织平台基础上，建立了相配套的组织管理结构，通过规章、制度、协议、程序、会议、标准、约定、细则等方式来控制和协调设计单位和施工单位等运作，确保工程建设质量。

工程建设过程中涉及苏州和南通地方的拆迁等工作，因而在苏通大桥建设指挥部的基础上，分别成立了苏州市苏通大桥建设指挥部和南通市苏通大桥建设指挥部分别负责工程南北接线工程的协调工作。另外，苏通大桥建立了综合处、计划处、工程处、总工室、财务处、安全处来规划、监督和控制工程建设全过程，如质量、安全、进度、资金、合约、信息化、科研、风险管理等。如图 10-7 所示。

高效的运行机制是组织模式成功的前提与保证。为了确保大桥成功建设，指挥部在建设期间，建立了完善的组织运行模式，通过建立有效的决策机制、协调机制、约束机制和激励机制来保障组织的有效运作。

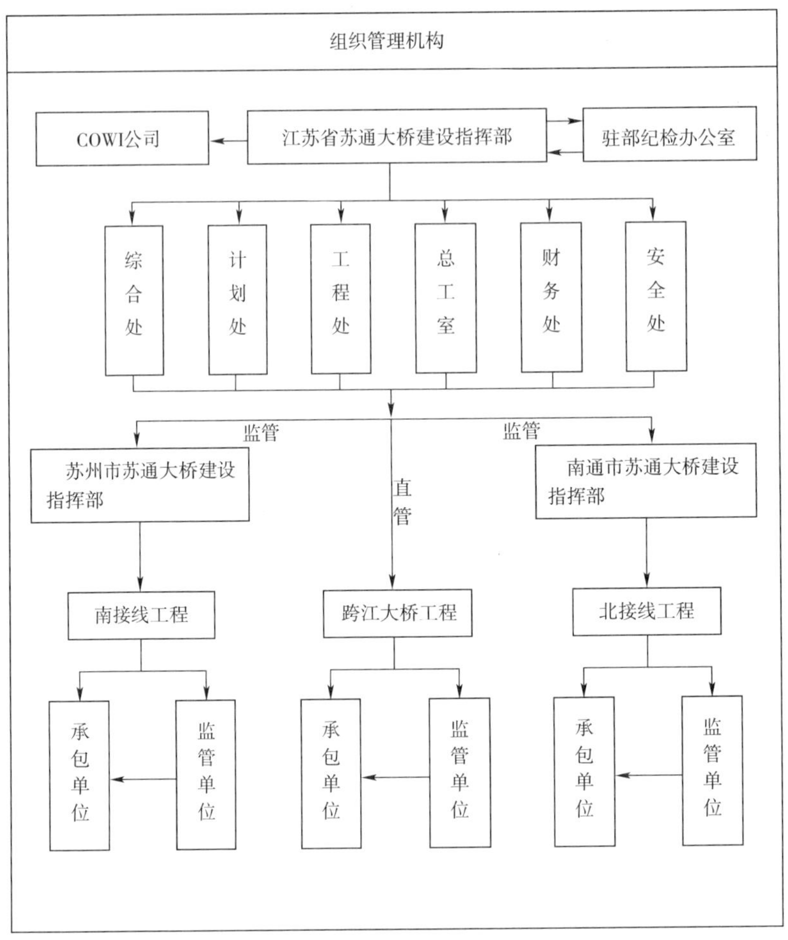

图10-7　苏通大桥工程组织结构图

10.4.1　决策机制

为了及时做出科学决策，苏通大桥指挥部成立了组织决策机构。其中，重大决策机制由江苏省苏通大桥建设领导小组和苏通大桥指挥部两个层面组成。

协调领导小组决定整个苏通大桥项目的实施环境，全面领导和总体部署工程建设，决定工程建设的政策措施和总体目标，检查督促工程实施，协调解决和决策重大问题，以及协调指挥部与苏州、南通市苏通大桥建设领导小组的关系。一年一度的省部建设协调领导小组工作会议，主要讨论总体实施建设计划，概算调整，拆迁工作，政策支持减免补偿税等建设管理过程中的主要困难和重大问题。

建设指挥部负责工程建设期间的招投标、质量、安全、技术方案等方面的决策，其人员组成主要由具有成熟桥梁建设经验的骨干人员以及各类专家组成，具有统管工程建设能力。

10.4.2 协调机制

(1)指挥部组织内部的协调机制。苏通大桥指挥部组织运行机制包括纵向运行方式和横向运行方式。纵向运行方式主要通过定期报告、书面信息以及以计算机为基础的联系方式实现。横向运行主要通过直接联系、任务组和信息系统等方式实现。在工程建设实施过程中遇到问题时,相关处室的管理者和其他成员可以进行直接沟通。当工程建设中需要多个部门共同协调或决策时,就采用任务组的方式,即由不同处室的代表共同组成临时委员会,并负责将任务组的信息传回本处室。

为了使指挥部内部全体员工顺畅的沟通交流,苏通大桥建立了跨职能的信息系统,各部门之间,各部门上下级之间在信息系统平台上可实现充分的交流。信息平台的建立使得职能部门与组织单元之间的界限变得模糊,组织结构呈现出互相交错的网络化,项目内部信息沟通的流畅,苏通大桥指挥部成了互相理解、互相学习、整体互动、协调合作的团队与平台。

(2)指挥部与参建方的沟通。苏通大桥参建方包括承包商、分包商、设计机构、材料设备供应商、项目咨询机构等,指挥部以合同为纽带与之建立了经济关系。对这类关系,最重要的是要加强项目各参与方的相互信任、增强工程各参与方对合同条款的理解、增进组织内部参与方人员的沟通与合作,通过有效的监控,促使各参与方均能正确地执行合同,为此,指挥部建立了专人联系制度,对于每个阶段、每个参建单位,都明确专人建立工作联系,保证了信息的有效沟通与协调,确保对任务的准确理解。苏通大桥指挥部在加强合同管理的同时,经常帮助工程参建单位切实解决所遇到的困难,做好服务工作,为项目合同顺利实施提供了有力保障。面对突发事件,工程指挥部充分考虑实际情况,灵活地处理问题,给予施工方必要的帮助。指挥部还在合同中明确规定,对按期或提前保质保量完成项目建设的单位,指挥部将给予施工方的集体和个人一定数额的奖励。

(3)指挥部与系统外的协调。处理好工程系统外部的关系是工程成功的有效保证。苏通大桥十分注重与外部部门和机构的沟通与协调,使得工程在建设过程中获得各级政府以及相关部门的大力支持。指挥部与系统外的协调对象主要包括政府行业主管部门、金融机构、现场监督、航道管理、渔业部门等。

10.4.3 约束机制

在权力约束方面,苏通大桥实施有效的放权、分权和制权管理制度,建立有效的权力制衡约束机制。

(1)放权。对市场能够满足要求及资源性的材料全部放给施工单位自行采购,指挥部把主要精力放在监管和协调上,真正把该放的权力放下去,该管的地方管起来。

(2)分权。对直接掌管财、物等实权岗位的权力进行适当分解,每笔资金的运转都要经多人审核签字后才能生效，形成了权钱分离、互相制约、规范严密的工作流程，避免了权力运行的扩张和越位。

(3)制权。指挥部建立了议事规则、会议制度及重大决策的实施意义。凡是重大项目审批、大额资金使用、大宗材料采购、设计变更等事项都坚持集体研究、民主决策，既防止了权力的滥用，又提高了决策的科学性。

10.4.4 激励机制

苏通大桥建设的复杂性决定了指挥部在协调参建单位运作上采取了诱导控制方式，通过激励机制来提高他们工作的积极性和创造性。

(1)工程质量的考核与奖励制度。指挥部根据《中华人民共和国建筑法》以及《建设工程质量管理条例》的精神，制订了内部有关建设管理文件，其中包括：苏通大桥施工监理试行办法、苏通大桥施工现场安全守则、苏通大桥施工测量管理办法、苏通大桥质量创优工作实施细则、苏通大桥施工监理现场工作质量考核办法等。这些细则和办法明确了苏通大桥各参建单位的责任，同时也明确了工程质量的具体奖惩措施，其主要精髓就是“优质优价、优监优酬”。

(2)安全考核和激励机制。各建设施工、监理和项目建设管理单位的主要领导是安全生产的第一责任人，安全生产指标是施工建设、监理和管理单位年终评功评奖和项目工程节点评奖中最重要的因素之一，实行安全生产一票否决制，即若安全生产出现问题，则涉及的单位和项目不得参加任何形式的评功评奖活动。一票否决制对各参建单位产生了极大的触动，这一方式将大桥建设的安全生产与各单位、部门的利益相挂钩，使他们将安全生产视为自己的自觉行动。同时指挥部每年年终都要对各参建单位的安全生产情况进行考评打分，并对安全生产实行严格的奖惩制度，对安全生产制度落实不好、安全生产措施不到位、安全生产出现问题的单位进行相应的处罚，而对重视安全生产组织和制度建设、安全生产无事故的单位则给予一定的奖励。

(3)薪酬激励。指挥部按照效率优先、兼顾公平的原则，落实劳动、知识、技术、管理等生产要素参与分配的政策，将人才的收入与岗位职责、工作业绩、实际贡献以及成果转化产生的经济效益直接挂钩，实行多种形式的绩效分配办法，从而构成薪酬激励机制的基础。

(4)文化激励。苏通大桥通过建立“苏通品牌”，树立科学“大工程观”等方式，增强工程建设者的认同感、使命感和荣誉感；建立“尊重劳动、为民造福、尊重科学、勇于跨越”的工程文化来融合不同参建单位，保证工程建设质量。

参考文献

[1] 王进,许玉洁.系统思维视野下的大型工程项目成功标准[J].中国工程科学,2008,10(12):79-85.

[2] 殷瑞钰.工程哲学[M].北京:高等教育出版社,2007(07):66-70.

[3] 盛昭瀚.大型工程综合集成管理[M].北京:科学出版社,2009,117-119.

[4] 汪应洛,王宏波.工程科学与工程哲学[J].自然辩证法研究,2005,21(09):59-63.

[5] 吴广谋,盛昭瀚.系统与系统方法[M].南京:东南大学出版社,2000,45-50.

[6] 保罗·西利亚斯.复杂性与后现代主义——理解复杂系统[M].上海:世纪出版集团,2006.

[7] 查尔斯·佩罗.高风险技术与"正常事故"[M].寒窗,译.北京:科学技术文献出版社,1988.

[8] 赫伯特 A.西蒙.管理行为[M].北京:机械工业出版社,2003.

[9] 李迁,何平,王茜.两型社会进程中的工程管理——第二届中国工程管理论坛论文集[C].长沙:中南大学出版社,2008.

[10] Mike Hobday. Product Complexity, Innovation and Industrial Organization[J]. Research Policy, 1998, 26:689- 710.

[11] 陆宁,冯妍萍,王芳,等.单项工程四大目标的可靠度综合控制[J].西安建筑科技大学学报,2007,39(5):652-656.

[12] 唐·埃思里奇.应用经济学研究方法论[M].朱刚,译.北京:经济科学出版社,2007.

[13] Bill Mckelvey. Complexity Theory in Organization Science:Seizing the Promise or Becoming a Fad[J]. EMERGENCE, 1(1),1999,5-32.

[14] Tom J Peters. Tom Peters's true confessions. on the 20th anniversary of "In Search of Excellence"[J]. Fast Company, 2001, 53(12): 78-81.

[15] 哈拉尔 E.新资本主义[M].黄育,译.北京:社会科学文献出版社,1991.

[16] Halal William E. The New Management[M]. New York: Berrett- Koehler Publisher, 1996.

[17] 金吾伦,郭元林.复杂性管理与复杂性科学[J].复杂系统与复杂性科学,2004,1(2):25-31.

[18] 成思危. 复杂性科学探索[C]. 北京:民主与建设出版社,1999.

[19] 成思危. 复杂科学与系统工程[J]. 管理科学学报,1999,2(2):1-7.

[20] 成思危. 复杂科学与组织管理[J]. 科学,2003,3:6-9.

[21] 于景元, 周晓纪. 从综合集成思想到综合集成实践——方法、理论、技术、工程[J]. 管理学报, 2005,2(1):4-10.

[22] Warfield J N. Twenty laws of Complexity:Science Applicalbe in Organizations[J]. Systems Research and Behavioral Science,1999,16:3-40.

[23] Beer,S. The viable system model: Its provenance,development,methodology and pathology[J]. Journal of the Opertaional Research Society,1984:35:7-26.

[24] 迈克尔·C·杰克逊. 系统思考——适于管理者的创造性整体论[M]. 高飞,译. 北京:中国人民大学出版社,2005.

[25] 约翰·霍甘. 复杂性研究的发展趋势从复杂性到困惑[J]. 科学杂志社,1995.

[26] 顾基发,唐锡晋. 综合集成系统建模[J]. 复杂系统与复杂性科学,2004,1(2):32-42.

[27] 王浣尘. 综合集成系统开发的系统方法思考[J]. 系统工程理论方法应用,2002,11(1):1-7.

[28] 盛昭瀚,游庆仲,等. 大型工程综合集成管理——苏通大桥工程管理理论的探索与思考[M]. 北京:科学出版社,2009.

[29] Lu Yongxiang,Chen Ying. Academic Architecture and Key Techniques of the Humachine System[J]. Chinese Journal of MechanicalEngineering,1995(1):1-7.

[30] 沈小平,马士华. 基于人—机—网络一体化的综合集成管理支持系统研究[J]. 系统工程理论与实践, 2006(08):86-90.

[31] 李勃,王端. 科学决策词典[M]. 北京:经济管理出版社,1995(05):5.

[32] 席酉民. 大型工程决策[M]. 贵州:贵州人民出版社,1988(03):58-89.

[33] 赵亮,刘光忱. 建设监理概论[M]. 大连:大连理工大学出版社,2009,04:51-55.

[34] 张顺江,等. 重大工程立项决策研究[M]. 北京:中国科学技术出版社,1990(10):13-15.

[35] 王晓平. 中国大型工程管理[M]. 武汉:华中理工大学出版社,1993(07):3-10.

[36] 汤伟钢,李丽红. 工程项目投资与融资[M]. 北京:人民交通出版社,2008(07):59-62.

[37] Kottemann J E. Some Requirements and Design Sapects for the Next Generation of Decision Support System[A]. In Proc. Of 19th Annual Hawaii Internation Conference of Systems Sciences[C],1986.

[38] 王众托. 元决策:概念与方法[J]. 大连理工大学学报(社会科学版),1999,23(2):

1-7.
[39] 奚洁人. 科学发展观百科辞典[M]. 上海:上海辞书出版社,2007.
[40] 秦玉琴. 新世纪领导干部百科全书[M]. 北京:中国言实出版社,1999.
[41] 王利平. 管理学原理[M]. 北京:中国人民大学出版社,2003,06.
[42] 安维复. 工程决策:一个值得关注的哲学问题[J]. 自然辩证法研究,2007,23(08):51-55.
[43] 于新恒. 推进公民有序政治参与的对策建议[J]. 长白学刊,2005(05):19-21.
[44] 许耀桐. 改革和完善政府决策机制研究[J]. 理论探讨, 2008,3(142):1-7.
[45] 邢怀滨. 社会建构论的技术观[D]. 沈阳:东北大学,2005.
[46] 周叶中. 宪政中国研究(下册)[M]. 武汉:武汉大学出版社,2006,01:287-290.
[47] 张成福. 责任政府论[J]. 中国人民大学学报,2000(2):75-82.
[48] 高帆. 国家社会科学基金资助课题行政权力与市场经济——政府对市场运行的法律调控[M]. 北京:中国法制出版社,1995,06:227-230.
[49] 汪同三. 中国投资体制改革三十年研究[M]. 北京:经济管理出版社,2010,02:270-280.
[50] 谢琳琳. 公共投资建设项目决策机制研究[D]. 重庆:重庆大学,2005.
[51] 徐友全. 国际建筑业管理体制、法制和机制的研究[J]. 1999(07):24-30.
[52] 刘蔚华,陈远. 方法大辞典[J]. 济南:山东人民出版社,1991(2):400-405.
[53] 胡韫频. 基于三峡工程的重大工程项目投资控制机制研究[D]. 武汉:武汉理工大学,2006,4-10.
[54] 秦明瑞. 复杂性与社会系统[J]. 系统辨证学学报,2003,11(01):20-25.
[55] 刘明广. 复杂群决策系统协同优化方法研究[D]. 天津:天津大学,2006.
[56] 赫尔曼·哈肯. 协同学:大自然构成的奥秘[M]. 凌复华,译. 上海:上海译文出版社,2005.
[57] 哈肯. 高等协同学[M]. 郭治安,译. 北京:科学出版社,1989.
[58] Krugman P. The Self-organizing Economy[M]. Cambridge:Blackwell ,1996.
[59] Corning PA. Synergy and Self-organization in the Evolution ofComplex Systems [J]. Systems Research,1995(6):89-121.
[60] 杨建平. 政府投资项目协同治理机制及其支撑平台研究[D]. 徐州:中国矿业大学,2005.
[61] RC Calia,FM Guerrin,I GLMoura. InnovationNetworks:From Technological Development to Business Model reconfiguration[J]. Technovation,2007,27(8):426-432.
[62] 张杰. 工程项目的协同管理研究[D]. 天津:天津大学,2004.
[63] 安德鲁·坎贝尔,等. 战略协同[M]. 北京:机械工业出版社,2000.

[64] 邱国栋,白景坤. 价值生成分析:一个协同效应的理论框架[J]. 中国工业经济,2007,231(6):88-95.

[65] 杨瑾,尤建新,蔡依平. 供应链企业在协同知识创造中的合作决策研究[J]. 科学学与科学技术管理, 2006(4):149-154.

[66] 哈肯. 协同学[M]. 北京:原子能出版社,1984:240-258.

[67] Correa R C,Ferreira A,Rebreyend P. Scheduling Multiprocessor Tasks with Genetic Algorithms [J]. IEEETrans on Parallel and Distributed Systems,1999,10(8):825-837.

[68] Hoong Chuin,Lau Yam,Guan Goh. An Intelligent Brokering System to Support Multi-Agent Web-Based 4th-Party Logistics[C]. The International Conference on Toolswith Artificial Intelligence,2002:154-164.

[69] L Tracy. Application of Loving Systems Theory to the Study of Managementand Organizational Behavior[J]. Behavioral Seience,1993,38(5):218-229.

[70] 井然哲. 基于自组织协同论的企业集群系统发展机理研究[J]. 管理工程学报,2007(2):52-54.

[71] Finkelstein S,Hambrick D C. Strategic Leadership[M]. NM:WestPublishing Company,1996.

[72] KatzR L. Skills of an Effective Administrator[J]. Harvard BusinessReview,1997,(5):90-102.

[73] 本德拉·贾. 现代公共经济学[M]. 王浦劬,方敏,译. 北京:中国青年出版社,2004:24-29.

[74] 亚瑟·赛斯尔·庇古. 福利经济学(引进版)[M]. 上海:上海财经大学出版社,2009.

[75] 向阳,于长锐. 复杂决策问题求解的定性与定量综合集成方法[J]. 管理科学学报,2001,4(02):25-31.

[76] 于长锐,罗艳,徐福缘. 复杂决策问题的多元化模型体系研究[J]. 管理科学学报,2004,7(02):88-94.

[77] 顾基发,王浣尘,唐锡晋. 综合集成方法体系与系统学研究[M]. 北京:科学出版社,2007,01:164-165.

[78] 顾基发. 意见综合——怎样达成共识[J]. 系统工程学报,2001, 16(05):340-348.

[79] 邓辉,孙景乐,张朋柱,等. 决策任务结构化的群体研讨过程和模式[J]. 系统管理学报,2008,17(05):572-576.

[80] 谢卫红,蓝海林,蒋峦. 组织柔性化管理理论综述[J]. 2003(11):73-76.

[81] J. Rodney Turner. On the Nature of the Project as a Temporary Organization[J]. International Journal of Project Management,2003,21:1-8.

[82] 成虎. 工程项目管理[M]. 北京:高等教育出版社,2004.

[83] Fremont E. Kast, James E. Rosenzweig. General systems theory: Applications fororganizations and management[J]. Academy of Management Journal. 15(4): 447-464.

[84] 成虎,戴洪军,陈彦. 工程项目组织与项目管理组织的辨析[J]. 建筑经济,2008,8(310):62-65.

[85] 丁士昭. 国际工程项目管理模式的探讨[J]. 土木工程学报,2002(1):42-47.

[86] 乐云. 大型工程项目承发包模式分析与思考[C]. 海峡两岸工程管理研讨会论文集,2002.

[87] 陈柳钦. 国际工程大型投资项目管理模式简介[J]. 中国市政工程,2006,1:55-92.

[88] 纪凡荣,成虎. 大型建设项目组织设计研究[J]. 建筑技术,32(8):151-153.

[89] Henry Mintzberg. Structure in 5'S Synthesis of the Research on Organization Design[J]. Management Science, 1980, 26(3):323-341.

[90] Ian R. Macneil. Relational Contract Theory: Challenges and Queries[J]. Northwestern University Law Review, 2000, 94:881-882.

[91] Filipe M. Sntos. Organizational Boundaries and Theories of Organization[J]. Organization Science, 2005, 16(5):491-508.

[92] Joseph E. McCANN, John Selsky. Hyperturbulence and the Emergence of Type 5 Environments[J]. Academy of Management Review, 1984, 9(3):460-470.

[93] 詹姆斯·汤普森. 行动中的组织[M]. 敬乂嘉,译. 上海:上海世纪出版集团,2007.

[94] 魏峰,李燚,张文贤. 国内外心理契约研究的新进展[J]. 管理科学学报,2005,8(5):82-88.

[95] 拉尔夫·D·斯泰西. 组织中的复杂性与创造性[M]. 宋学锋,曹庆江,译. 成都:四川人民出版社,2000.

[96] Lars Lindkvist. Project Organization: Exploring its adaption properties[J]. International Journal of Project Management, 2008, 26:13-20.

[97] Henk W. M. Gazendam. The Concept of Equilibriu in Organization Theory[Z]. Working Paper, 1996.

[98] Alan D. Meyer, Vibha, Gaba, Kenneth A. Colwell. Organizing Far from Equilibrium: Nonlinear Change in Organizational Fields[J]. Orgazaiton Science, 2005, 16(5):456-473.

[99] 李曙华. 从系统论到混沌学[M]. 桂林:广西师范大学出版社,2002.

[100] 卢现祥. 新制度经济学[M]. 武汉:武汉大学出版社,2004.

[101] 詹姆斯 G. 马奇. 决策是如何产生的[M]. 北京:机械工业出版社,2007.

[102] 赵希男,任建国. 社会组织的全息智行结构[J]. 中国软科学,9:117-119.

[103] 韩志刚. 大型复杂系统控制器设计的功能组合途径[J]. 控制工程,2004,11(2):103-107.

[104] 梅建珍.施工人员的多级递阶控制[J].广东建材,2006,12:124-125.

[105] 李俊娥,刘开培,汤莉莉.分层递阶控制系统体系结构的 Hopfield 网络模型[J].计算机工程,2003,29(1):215-217.

[106] Daniel F. Twomey. Designed emergence as a path to enterprise sustainability[J]. Emergence,2006,8(3):12-23.

[107] Steven C. Bankses. Robust Policy analysis for complex open systems[J]. E:CO,2005,7(1)2-10.

[108] 亨克·傅博达.创建柔性企业——如何保持竞争优势[M].项国鹏,译.北京:人民邮电出版社,2005.

[109] 韦克.组织的社会心理学[M].成都:四川人民出版社,2003.

[110] 亨利·明茨伯格.卓有成效的组织[M].魏青江,译.北京:中国人民大学出版社,2007.

[111] Cleland DI. Strategic management: the project linkages. In:Morris PWG,Pinto JK,Editors. The Wiley guide to managing projects. London:John Wiley&Sons Inc:2004.

[112] 杰克·贝蒂.管理大师——德鲁克[M].上海:上海交通大学出版社,1999.

[113] Henry Mintzberg. Patterns in Strategy Formation. Management Science,1978,24:934-948.

[114] Henk W. Volberda. Building Flexible Oraganizations for fast-moving markets[J]. Long Range Planning,1997,30(2):169-183.

[115] Claudio U. Ciborra. The Platform Organization:Recombining Strtegies,Structures,and Surpriese[J]. Organization Science,1996,7(2):103-118.

[116] Julian Birkinshaw, Cristina Gibson. Building Ambidexterity into an Organization[J]. MIT SLOAN MANAGEMENT REVIEW,2004,9:47-55.

[117] Panagiotis Mitropoulos and C. B. Tatum. Management-Driven Integration[J]. Journal of Management in Engineering,2000,1-2:48-58.

[118] ROGER MILLER,BRIAN HOBBS,PMP. Governance Regimes for Large Complex Projects[J]. Project Management Journal,2005,9:42-50.

[119] 查尔斯·汉迪.非理性时代——掌握未来的组织[M].北京:华夏出版社,2000.

[120] 查尔斯·汉迪.超越确定性——组织变革的观念[M].北京:华夏出版社,2000.

[121] 米歇尔·D·迈克马斯特.智能优势:组织的复杂性[M].王浣尘,等,译.成都:四川人民出版社,2000.

[122] 罗珉.组织的维度与复杂性组织系统[J].当代经济管理,2006,128(1):5-8,11.

[123] 刘洪.组织变革的复杂性理论[J] 经济管理,2006,9:31-35.

[124] James K. Hazy. Measuring Leadership Effectiveness in complex sosio-technical systems

[J]. Emergence,2006,8(3):58-77.

[125] Philip Anderson. Complexity Theory and Organization Science[J]. Organization Science,1999,10(3):216-232.

[126] Gerald F. Davis, Christopher Marquis. Perspects for Organization Theory in the Early Twenty-First Century: Institutional Fields and Mechanisms[J]. Organization Science, 2005,16(4):332-343.

[127] 朱国云. 组织理论历史与流派[M]. 南京:南京大学出版社,1997.

[128] 查尔斯·汉迪. 组织的概念[M]. 北京:中国人民大学出版社,2006.

[129] Sven RasegaÊrd*. Some Aspects of the Usefulness of Living Systems Theory in a Municipal Organization[J]. Systems Research and Behavioral Science,1999(16):57-80.

[130] Miller, J. G., and Miller, J. L. Introduction: the nature of living systems[J]. Behavioral Science, 1990, 35:157 - 165.

[131] Stacey, R. D. The Chaos Frontier-Creative Strategic Control for Business, London, UK: Butteworth,1991.

[132] 迪伊·霍克. 混序:维萨与组织的未来形态[M]. 张珍,张建丰,译. 上海:上海远东出版社,2008.

[133] 庞川,黄荣兵,杨缦琳. 项目组织结构及其在我国项目工作中的应用[J]. 管理工程学报,1999,13(2):72-75.

[134] 陆佑楣. 三峡工程建设项目管理实践[J]. 建筑师,2008,3:58-60.

[135] 中国建筑业协会. 北京奥运工程项目管理创新[M]. 北京:中国建筑工业出版社,2008.

[136] 苏通大桥建设指挥部. 苏通大桥国际会议论文集[C]. 2006.

[137] 张宝胜. 杭州湾大桥项目管理的创新模式[J]. 中国公路,2006,16:68-70.

[138] 李迁,游庆仲,盛昭瀚. 大型建设工程的技术创新系统研究[J]. 科学学与科学技术管理,2006,27(12):93-96.

[139] Nonaka I, Takeuchi H. The Knowledge Creating Company[M]. Oxford: OxfordUniversity Press,1995.

[140] 吴秋明. 界面设计的"凹凸槽原理"[J]. 经济管理,2004,4(06):15-19.

[141] Morris, P. W. G. "Managing project interfaces - key points for project success", in Cleland, D. I., King, W. R. (Eds), Project Management Handbook, van Nostrand, New York, 1983, NY, pp. 3-36.

[142] Morris, P. W. G. The Management of Projects, Thomas Telford, London,1994.

[143] T. C. Pavitt and A. G. F. Gibb. Interface Management within Construction: In Particular, Building Façade[J]. Journal of Construction Engineering and Management, 2003,

9:8-15.

[144] Gibb, A. G. F. The management of construction interfaces: Preliminary results from an industry sponsored research project concentrating on high performance cladding in the United Kingdom[C]. SCAL Conventing, Construction Vision, 2000.

[145] Cyert R. M. and Goodman T. S. Creating effective university-industry alliances an organizational learning perspective[J]. Organizational Dynamics, 1997, 25(4):45-50.

[146] Kultti K. &Takalo T. Incomplete contracting in an R&D project the Micronas case[J]. R&D Management, 2001(30):67-76.

[147] Baker G. GibbonsR&Murphy K J. Relation Contracts and the theory of firm[J]. The Quarterly Journal of Economics, 1979(22):233-261.

[148] 刘东,徐终爱.关系型契约特殊类型:超市场契约[J].经济理论与经济管理,2004(9):54-59.

[149] 潘鹏程,刘应宗.建设项目业主-设计方行为分析[J].中国工程科学,2007,9(7):57-60.

[150] 上海福卡经济预测研究所.无边界浪潮[M].上海:学林出版社,2004.

[151] 陈建华,马士华.基于动态联盟的工程项目"三全"集成化管理模式[J].工业工程与管理, 2007, 6:88-93.

[152] Anvuur, A. M., Kumaraswamy, M. M. Conceptual Model of Partnering and Alliancing [J]. Journal of Construction Engineering & Management, 2007, 133 (3):225-234.

[153] 肖条军.博弈论及其应用[M].上海:上海三联出版社,2004.

[154] Larson E, Drexler Jr JA. Barriers to project partnering: Reportfrom the firing line [J]. Project Manage J, 1997, 28(1):46-52.

[155] Terje I. Vaaland. Improving project collaboration: Start with the conflicts [J]. International Journal of Project Management, 2004, (22): 447-454.

[156] 杨足仪.历史之矢的博弈论分析.华中师范大学学报[J], 2001, 40 (3):46-50.

[157] Saunders M. Strategic purchasing and supply chain management [M]. London: Pitman, 1994: 215-239.

[158] 罗伯特·艾克斯罗德.合作的进化[M].上海:上海人民出版社, 1996.

[159] C C Cheung, K B Chuah. Conflict management styles in HongKong industries [J]. International Journal of Project Management, 1999, 17(6): 393-399.

[160] 李迁,张劲文,李真. DB 模式下大型工程设计方案更改的 Stackelberg 博弈模型分析[J].系统工程,2013,6.

[161] V. I. Voropajev, S. M. Liubkin. Managing Complex Projects By Active Hierachical Systems[C]. T. M. Williams (ed.). Managing and Modeling Complex Projects, 1997,

221-236.

[162] Winch, G. M. Managing Construction Projects: An Information Processing Approach, Blackwell, Oxford, 2002.

[163] Vnessa Urch Druskat, Jane V. Wheeler. How to Lead a Self-Managing Team[J]. MIT SLOAN MANAGEMENT REVIEW,2004(9):65-71.

[164] 游庆仲,董学武,吴寿昌. 苏通大桥基础工程的挑战与创新[J]. 中国工程科学, 2007,9(6): 22-26.

[165] 高正荣,黄建维,卢中一. 苏通大桥主塔墩冲刷防护工程关键技术[J]. 水利水运工程学报, 2005(02):18-22.